厦门大学校长基金专项项目成果

中央高校基本科研业务费专项资金资助

(Supported by the Fundamental Research Funds for the Central Universities)

项目编号：20720151102

国家社科基金青年项目"清代广东海岛管理研究"

（14CZS040）阶段性成果

中国海洋文明专题研究

ZHONGGUO HAIYANG WENMING ZHUANTI YANJIU

第十卷
清前期的岛民管理

杨国桢 主编　王 潞 著

人民出版社

《中国海洋文明专题研究》
总　序

　　改革开放以来,中国的海洋发展取得令人瞩目的进步,有力地推动中国现代化进程。进入21世纪,随着中国海洋权益的凸显,海洋意识的提升,中国海洋发展战略上升为国家战略,这是现代化建设的本质要求,也是中国历史发展的必然选择。

　　现代化是现代文明的体现。西方推动的现代化依赖海洋而兴起,海洋文明成了现代文明的象征,随着大航海时代崛起的西方大国不断对海外武力征服、殖民扩张,海洋文明成了西方资本主义文明、工业文明的历史符号。20世纪,海洋文明又进一步被发达海洋国家意识形态化,他们夸大"海洋—陆地"二元对立,宣扬海洋代表西方、现代、民主、开放,而大陆代表东方、传统、专制、保守。在这种语境下,海洋文明的多样性模式被否定,中国的、非西方的海洋文明史被遗忘,以至在相当长的时期内,人们相信:中国只有黄色文明(农业文明),没有蓝色文明(海洋文明)。直到今天,还严重制约我们对海洋重要性的认识。

　　文明是人类生活的模式。文明模式的类型,一般可以按生产方式,或按经济生活方式,或按精神形态或心理因素,或按社会形态来划分。我们按经济生活方式的不同,把人类文明划分为农业文明、游牧文明、海洋文明三种基本类型。现代研究成果证明,海洋文明不是西方独有的文化现象,西方海洋文明在近现代与资本主义相联系,并不等同资本主义社会才有海洋文明。海洋文明也不是天生就是先进文明,有自身的文化变迁历程。濒海国家和民族的海洋文明表现形式不同,都有存在的价值。海洋文明是人类海洋物质与精神实践活动历史发展的成果,又是对人类历史发展产生重大影响的因素,既有积极作用,又有消极影响。树立这样的海洋文明观念,是理解、复原人类海洋文明史,提出中国特色海洋叙事的基础。

不以西方的论述为标准,中国有自己的海洋文明史。中国海洋文明存在于海陆一体的结构中。中国既是一个大陆国家,又是一个海洋国家,中华文明具有陆地与海洋双重性格。中华文明以农业文明为主体,同时包容游牧文明和海洋文明,形成多元一体的文明共同体。海洋文明是中华文明的源头之一和有机组成部分,弘扬海洋文明,不是诋毁大陆文明,鼓吹全盘西化,而是发掘自己的海洋文明资源和传统,吸收其有利于现代化的因素,为推动中国文明的现代转型提供内在的文化动力。在这个意义上,中国海洋文明史研究是中国现代化进程提出的历史研究大题目。只要中华民族复兴事业尚未完成,中国海洋文明史研究就一直在路上,不能停止。

中国海洋文明博大精深,留存下来的海洋文献估计有近亿字,缺乏全面的搜集和整理;20世纪90年代兴起的海洋史学,还在发展的初级阶段,而中国海洋文明的多学科交叉和综合研究还在起步,缺乏深厚的文化累积,中国的海洋叙事显得力不从心,甚至矛盾、错乱。在这种状况下,基础性的理论研究和专题研究任重道远,不能松懈。面对这个现实,我从20世纪90年代开始呼吁开展中国海洋社会经济史和海洋人文社会科学研究,主编出版了《海洋与中国丛书》("九五"国家重点图书出版规划项目,获第十二届中国图书奖)、《海洋中国与世界丛书》("十五"国家重点图书出版规划项目),做了奠基的工作,但距离研究的目标还相当遥远。

2010年1月,在我主持的教育部哲学社会科学研究重大课题攻关项目《中国海洋文明史研究》开题报告期间,教育部社科司领导和评审专家希望我做长远设计、宏大设计,出一个精华本,一个多卷本,一个普及本。于是我设想五年内主编一本40万字的精华本,即该项目的最终成果《中国海洋文明史研究》;一个多卷本,即《中国海洋文明专题研究》(1—10卷),250万字,已经申请获批为"十二五"国家重点图书出版规划项目,并列入创办海洋文明与战略发展研究中心的规划,得到厦门大学校长基金的资助;一本20万字的普及本,后来取名为《中国海洋空间简史》,将由海洋出版社出版。

精华本由该项目的子课题负责人编写,他们都是教授、研究员、博士生导师;多卷本和普及本则由年轻博士和博士研究生撰写。目前这项工作进入尾声,三个本子都有了初稿,虽说修改定稿的任务还很繁重,总算看到胜利的曙光。

最先定稿的是这套 10 卷本。策划之初,考虑到编写中国海洋通史的条件尚未成熟,如果执意为之,最多是整合已有的研究成果,不具学术创新的意义,故决定采取专题研究的方式,在《海洋与中国丛书》和《海洋中国与世界丛书》的基础上,扩大研究领域,继续进行深入探讨。由于中国海洋文明的议题广泛,涉及众多领域,不可能毕其功于一役,我们的团队实际上是"铁打的营盘流水的兵",有进有出,人力有限,一次 5 年 10 册的规模便达到了极限。因此,研究必须细水长流,以后有机会还会延续下去。

由于专题研究需要新的思路、新的理论、新的方法、新的资料,投入与产出性价比低,许多人望而却步。而在那些善用行政资源和学术资源,追求"短平快、高大全"扬名立万的大咖眼里,这只是个"小儿科",摆不上台面。改变这种局面,需要有志者付出更大的努力。所幸入选的 9 位博士年富力强,所领的专题以博士学位论文为基础,驾轻就熟,且先后所花时间长则 8 年,最短也有 4 年,尽心尽力,克服了种种困难,不断充实、修改,终于交出了一份比较满意的答卷。至于各个专题是否都能体现学术研究"小题大作"的精神,达到这样的高度,有待读者的评判。

杨国桢

2015 年 9 月 23 日于厦门市会展南二里 52 号 9 楼寓所

目　录

下编　防民为"盗"：乾隆朝对海岛
聚众的现实应对

绪　言

一、传统中国的海洋与海岛社会

不同的自然地理环境产生了不同的族群以及相伴随的生活方式,语言、宗教、政治、社会、文化的区别由之而来,海洋文明、农耕文明、游牧文明三大文明形态也由此产生。如同农耕世界与游牧世界的区隔,地理边界——海岸线区隔开海域与陆域。在以儒家思想为权威的传统中国社会中,农业秩序被视为维持统治与民众生计的首要事业。相比农耕,海洋需要更有技术性的交通工具和渔猎工具,由于缺乏农耕那样大规模的国家支持,海洋文明经历了长时期迟缓发展。

海岛沟通着陆地与海洋,成为惯于海上求生的人们获取生存资源的延伸地。当面临物质增长与人口增长严重不适应的时候,寻求更多的生存资源就成为沿海民众的必然选择。在传统中国的海上世界,从沿岸的淡水区,近海岛屿周围的浅海区,到远洋深海区的海域空间里,沿海人群的生活形态由定居逐渐过渡为流动性的漂移。沿海民众从追逐渔汛捕捞渔获,到结棚搭寮,依附海岛作为捕捞休憩之所,逐渐演变为在荒岛上繁衍生息,形成渔农聚落。

作为"海中陆地",近海岛屿是海洋文明与陆地文明融合与冲突最突出的地区,这体现在:一方面,作为国家向海洋推进的前哨阵地,岛民是帝国海疆遵循定居生活方式的附产品,陆地资源仍然是岛民赖以生存的物质基础,这和整日驾船、漂泊于海上的人不同。他们和王朝国家所宣扬的正统文化之间存在向心力,对于王朝来说,这也是变幻莫测的海洋所存在的稳定因素;另一方面,因礁石上长有较多的藤壶、牡蛎及低等藻类,是鱼类生存、栖

· 1 ·

息的好地方,海岛周围往往分布着丰富的海洋生物资源,成为沿海居民栖息渔猎之所。在帆船时代,海岛也是船只航行标识和避风栖泊之处。因孤悬海中,大多数海岛地域狭窄、环境脆弱,由于季风与海浪侵蚀,土层浅薄,水质咸化,耕地、淡水和灌溉设施的匮乏使其很难产生精耕细作农业,孤悬海中的地理位置天然阻挡了同内地农耕业之间的紧密联系,居民不得不从事与海相关的营生,呈现出很强的海洋性特质。因此,农垦与海洋谋生手段在海岛相互交错、更替存在。

无论是海岛地处的边缘位置亦或是它的发展模式,都使得其长期成为王朝鞭长莫及的地带。相比大陆地区,落后的生产方式、游走暂住的定居形态、贫瘠的物质条件使得海岛社会发展迟缓。随着精耕细作农业在沿海地区的推进和土地资源的竞争,沿海社会原本靠海为生的人以及在各种力量的角逐中丧失土地的人后退到更加偏僻的濒海和海岛地区。渔民捕捞,商船穿梭,在看似变数无限的海域空间内逐渐形成了相对成熟和稳定的运行模式和组织结构,并不断向更广阔的海域推进。从海岛社会的组织结构、经济模式、生活方式等多个层面来看,国家权力对于海岛历史的发展形态影响深远,除去军事防守,传统中国对海岛最直接的影响即体现为对岛上民众的管理,探究岛民管理的历史有利于揭示海洋文明演变、适应以及成熟的历史过程。

为明晰本著的研究对象,有必要对本著中提到的"岛"和"岛民"概念作一个大致交待。东汉刘熙《释名》中提到,"海中可居者,曰岛,岛到也,人所奔到也;亦言鸟也,物所赴,如鸟之下也"。因此,岛在东汉时特指孤悬海中且可供居住之地,对于水中可居者,则称为"洲","小洲曰渚","小渚曰沚"①。东汉许慎在《说文解字》中同样解释"岛"的含义为可供居住之地,"海中往往有山,可依止曰岛","屿,岛也"②。此后,岛的含义也在不断变化。而今天的"岛"则包括了江海或湖泊里四面被水围着的陆地,《联合国海洋法公约》将"岛屿"定义为:"四面环水并在高潮时高于水面的自然形成

---

① （东汉）刘熙撰：《释名》卷 1,中华书局 1985 年版,第 15—16 页。

② （东汉）许慎撰,徐铉校定：《说文解字》卷 10《山部》,中华书局 2013 年版,第 188,189 页。

的陆地区域",高潮时海面出露的、原称为"礁"和"沙"的区域均被认定为"岛"①。

据统计,我国共有海岛 10100 多个,其中,有居民海岛 500 余个,无居民海岛近万个,距离大陆小于 10 公里的海岛占总数的 66% 以上,距离大陆岸线大于 100 公里的远岸岛屿占 5%②。其中,除海南本岛和台湾、香港、澳门及其所属海岛外,我国 500 平方米以上的海岛 6961 个,这些海岛 80% 以上集中分布在江、浙、闽、粤四省③。中国沿海岛屿 93% 为基岩岛;其余,4% 为堆积岛,主要分布在渤海和一些大河河口;2.5% 为珊瑚岛,主要分布在台湾海峡以南海区;还有少量火山岛,主要分布于台湾岛周边,包括钓鱼岛及其附属岛屿。大多数海岛面积较小,资源种类单一,基岩裸露,土壤瘠薄,植被面积有限。岛上淡水主要来源于大气降水,但大约 85% 的年降水量流入大海,因而大多数海岛淡水缺乏。

按海岛与大陆海岸的远近,一般把今天意义上的海岛划为四类。第一类是外海海岛。它们远离大陆,如东沙、西沙、中沙、南沙群岛。第二类是外围海岛,一般离大陆 30—50 公里,如南澎列岛、佳篷列岛、担杆列岛等。第三类是离岸海岛,一般离大陆 10—30 公里,这类海岛数量较多,如庙岛列岛、马祖列岛、南澳岛、桂山岛、外伶仃岛、万山岛、上、下川岛等等。第四类是近岸或海湾内海岛,数量最多,有些因泥沙淤积已成为陆连岛④。本著中所研究的海岛,并非指今天《联合国海洋法公约》意义上的中国岛屿,而是针对清代前期的有居民岛屿,主要指上述的第三和第四类岛屿,我们姑且称

---

① 《联合国海洋法公约》第 121 条,见傅崐成编校:《海洋法相关公约及中英文索引》,厦门大学出版社 2005 年版,第 43—44 页。

② 《中国海岛志》前言,海洋出版社 2013 年版,第 17 页。

③ 《全国海岛资源综合调查报告》,海洋出版社 1996 年版,第 15 页。又有统计表明:除海南本岛和台湾、香港、澳门等所属岛屿外,面积在 500 平方米以上的海岛有 6500 多个,常住居民岛屿 460 多个,见杨文鹤主编:《中国海岛》,海洋出版社 2000 年版,第 220—221 页。

④ 司徒尚纪:《岭南海洋国土》,广东人民出版社 1996 年版,第 276 页。还有因海岛地貌分作大陆岛、珊瑚岛、火山岛等。参见广东省海岛资源综合调查大队、广东省海岸带和海涂资源综合调查领导小组办公室编:《广东省海岛资源综合调查报告》,广东科技出版社 1995 年版;曾昭璇、黄伟峰主编:《广东自然地理》,广东人民出版社 2001 年版。

之"近海岛屿"。

那么，何谓岛民？这一概念并不具有确定性，至今未有学者给过明确定义。在"岛民"一词出现在文献之前，官方史书将居住在海岛上的人称为"夷"，《尚书》载："岛夷皮服"。据此后为《尚书》作疏作注的《尚书正义》解释"海曲谓之岛，谓其海曲有山。夷居其上，此居岛之夷，常衣鸟兽之皮，为遭洪水衣食不足，今还得衣其皮服，以明水害除也。"郑玄云："鸟（岛）夷，东方之民，搏食鸟兽者也。"①古人常读岛为鸟，因海岛四面环海，鱼类和草本资源丰富，为大批东亚候鸟迁徙、过境、渡冬或繁殖提供了食物，故而沿海岛屿鸟类种类繁多，居住在上面的人常以捕鸟为生。郑玄所云的"鸟（岛）夷"泛指东边的部落，即文献出现的居住在海上的"东夷"，此后，随着中原文化向南方拓展，"岛夷"成为了对靠海为生之人的统称，包括了"南夷"。在中原王朝疆域的不断拓展下，"华"、"夷"观念随之变化。元人汪大渊所著《岛夷志略》即是介绍"中国之外"、"海外夷国"山川、风土、物产、人情的著作，汪大渊在该著中谈到，"海外岛夷无虑数千国，莫不执玉贡琛，以修民职"②，这里用岛夷"修民职"来强调海外各国对元朝的服膺，"民"与"夷"的区别显而易见。自宋代开始，"岛民"一词越来越频繁地被使用，来形容在本国境内岛屿上居住的中国人，从"夷"到"民"的转变反映了海岛居民由域外走向域内的过程。

正如上文所提到，"民"对国家负有责任，岛民的称呼也意味着职责的体现，宋代对获罪流放海岛之人和无籍求生之人称"岛人"，对上纳租赋的普通民众称之为"岛民"，后代延续了这种称法。随着国家对民众户口分类的细化，海岛居住之人有了更多的称呼。明建国之初实行迁民虚岛，曾收编"渔丁、岛人、盐徒、疍户，籍为水军至数万人"③，这里包括隐籍之人，也包括

---

① （汉）孔安国传，（唐）孔颖达疏：《尚书正义》，北京大学出版社 1999 年版，第137 页。

② （元）汪大渊著，苏继廎：《岛夷志略校释》，《中外交通史籍丛刊》，中华书局2009 年重印版，第 5,385 页。

③ （明）方孔炤撰：《全边略记》卷 9，崇祯刻本，《四部禁毁丛刊·史部》第 11 册，北京出版社 2000 年版，第 311 页。

活动在海岛、已编入政府户籍册的渔民、灶户、疍民等。因为明政府放弃了对大多数沿海岛屿的军事戍守和行政管辖，明中叶以后，"岛民"与"流民"并称为亡命之徒，"辽之东南崇山大海，海有岛，流之民聚其间者曰岛民，聚于万山者间曰流民，是皆四方亡命流徒，自食其力而罔知官府之法者，置而不问则无以涣天下之群，而有意外之虞绳之法，则是激以贾祸也"①。明人梁梦龙《海运新考》则将居住在辽东、山东海域海岛上的流民称为"岛人"。嘉靖时，入住田横岛者甚众，其首领数次"以状乞为编氓"。地方官许诺"以蔡人待之，听其留而税其租"。之后，因岛民中有作奸犯科者，当地官府"以计诱之，登岸悉擒其人，火其居，并田横庙毁焉"，这里的"蔡人"亦指迁徙流亡之人②。

清代沿袭"岛民"的称呼，意指居住在海岛之上无匪逆之事的民众。笔者在叙述此群体时，会向前回顾和追溯，故岛民在此为动态身份，意指海岛民众身份合法化的过程，无论是其被政府称为贼寇还是流民，如何被政府认可最终编户齐民是本著讨论的重点。本著所对应的岛民大多原是渔船上的渔民、水手，抑或半农半渔的沿海民众、大陆破产商贩、佣工，也有些声称完全依靠农耕生活的人，他们"耕海作田"逐渐在岛屿上居住下来。

二、海洋史视野下的明清海岛与岛民管理

明代中叶至清代前期是传统中国沿海社会的重要转型期，随着海洋经济的发展，近海岛屿成为沿海民众的聚集地和"海盗"的据点，岛屿在国家海防中的"藩篱"作用更加突出，文人对于海岛问题的著述因此层出不穷，也有偶尔涉及岛民管理的内容和见解，这些在海疆治理视角下的论著为今天的海岛研究留下了珍贵的资料和参考。然而，除了台湾、海南等岛屿的研

① （明）魏焕《九边通考》，《四库全书存目丛书》第226册，齐鲁书社1996年版，第40页。魏焕，"字东洲，长沙人，嘉靖乙丑进士，官兵部职方司主事"，其《九边考》（十卷）作于嘉靖二十年。
② （明）许铤：《地方事宜议·海防》，载《即墨县志》卷10《艺文志·文类（中）》，同治十一年刊本，成文出版社1976年版，第976—977页。"蔡"原指西周初年受分封的蔡国，春秋战国时期蔡国几经灭国与复国，蔡之后裔迁徙流亡，先后有上蔡、新蔡、下蔡、望蔡、高蔡之称。

究,具有学术史意义上的中国大多数近海岛屿与岛民管理的研究要晚至 20 世纪 80 年代以后①。此前,多是学者们在不同时段海域主权争端的背景下,为了对海岛主权寻找法理依据,针对远海岛屿地理位置、命名、渔民开发等问题展开的历史考证②。这是由于一方面,西方史学传入引发国内学者反思中国的海洋发展问题③;另一方面,随着海洋资源开发的推进,中国多元一体的发展轨迹代替以传统农业为中心的发展模式,与海洋有关的自然、社会、人文的历史研究受到关注,海洋史研究成为一个具有丰富内容的研究方向。迄今为止,海洋贸易史、海洋移民史、海上交通史、海防史、海洋渔业史等研究,成果颇丰,这些研究或多或少涉及到近海岛屿岛民历史。

海岛如何走入王朝国家,王朝国家如何对海岛民众进行有效管辖,这类个案研究使得海岛在王朝国家发展进程中的位置与作用逐渐清晰。其中,学者们对海南岛和台湾岛的关注尤甚,前者在秦朝被纳入王朝疆域,并在宋代以后得到很好的开发和管理,后者在清朝有了系统而持久的军政管辖,在汉人迁入海岛之前,此二岛均有土著居民并已获得一定程度的开发,对此二岛民众治理的考察为理解王朝国家与海岛之间的互动关系提供了重要参

---

① 20 世纪 80 年代以前,学者们也曾有过关于近海岛屿的文章,但多是简介性的小文而非学术意义上的探讨,如谭其骧:《历史上的金门与马祖》(原载《文汇报》,1958 年 9 月 27 日),《长水集》下,人民出版社 1987 年版。

② 如陈天锡编辑:《西沙岛、东沙岛成案汇编》,广东实业厅 1928 年版。此后还有,傅崑成:《南海的主权与矿藏——历史与法律》,幼狮文化事业公司 1981 年版;韩振华主编:《我国南海诸岛史料汇编》,东方出版社 1988 年版;林荣贵:《中国历代政府对南沙群岛的管辖》,《中国边疆史地研究》1990 年第 2 期;吕一燃主编:《南海诸岛:地理·历史·主权》,黑龙江教育出版社 1992 年版;米庆余:《钓鱼岛及其附属岛屿归属考——从明代陈侃＜使琉球录＞谈起》,《历史研究》2002 年第 3 期;韩振华:《南海诸岛史地论证》,香港大学亚洲研究中心 2003 年版;王静:《晚晴政府对东沙群岛收复开发及其历史意义》,《学术论坛(理论月刊)》2008 年第 9 期。还有学者在讨论国家海界时涉及与邻国接壤地区岛屿的历史考证,也是出于为国家主权问题寻求法理依据,如刘文宗:《是"海上分界线"还是岛屿分界线》,《中国边疆史地研究报告》第 4 辑,1989 年。

③ 汤因比、布罗代尔等西方学者对于欧洲中心论的重新审视、"全面历史学"的构想对史学发展影响深刻,参见(英)阿诺德·汤因比著:《历史研究》,上海人民出版社 2005 年版;(法)费尔南·布罗代尔:《菲利普二世时代的地中海和地中海世界》,商务印书馆 1996 年版。

考。目前,学者们的相关研究涉及移民、土著、拓垦、户籍制度、行政设置、官僚体系等诸多内容,尤以台湾岛的研究最为深入①。本著对海南岛和台湾岛虽不作特别研究,但作为清代所辖最大的两个岛屿,台湾和海南的管理模式对于周边其他岛屿的研究具有重要的参考价值,特别是清代开海以后被纳入王朝军政管辖的台湾岛,本著仍会将其放置在清代国家海岛管理的大范围内加以适当讨论。

近年来,学者们对一些大中型岛屿如何走入王朝国家的历史进程表现出更大的兴趣,如吴滔从盐业生产和销售的角度探讨崇明岛从盐场到州县的演变过程以及盐场兴废的历史,试图揭示明清“沙洲——海岛型”盐业管理机制及其与州县行政之间的紧张关系,其提出的“沙洲型海岛县级政区”强调了海岛自然地理以及管理制度的特殊性②。陈贤波将涠洲岛地方社会与国家制度互动实态放置在明清长时段中探讨,梳理了明清涠洲岛从珠盗贼穴到国家行政架构建立的过程,作者力图呈现官府与民间、内政与外交、本土信仰与外来宗教等多元素的复杂互动,为理解国家权力在近海岛屿的扩张以及由此造成的独特的海岛文化结构提供了案例③。谢湜在对浙江乐清湾一带的海岛社会与闽粤移民的讨论中,透过谱牒文本,对照官方文书,

---

① 张炎宪:《清代治台政策之研究》,台大历史所 1974 年硕士论文;张世贤,《清代台湾道镇关系》,《台湾风云》1976 年第 3 期;黄秀政:《清代台湾内地化政策的发轫—论蓝鼎元的积极治台主张》,《文史学报》1977 第 7 期;庄吉发:《清世宗禁止偷渡台湾原因》,《食货》1983 年第 13 期;《清初人口流动与乾隆年间禁止偷渡台湾政策的探讨》,《淡江史学》1989 年第 1 期;黄秀政:《清代治台政策的再探讨:以渡台禁令为例》,《文史学报》1990 年第 20 期;许雪姬:《北京的辫子—清代台湾的官僚体系》,自立晚报社文化出版部 1993 版;张胜彦,《清代台湾知县制度之研究》,《台湾文献》1993 年第 2 期;《清代台湾厅县建置与调整》,《史联》1993 第 22 期;《清代台湾支厅制—以淡水厅为例》,《台湾史研究》1998 年第 1 期;张胜彦:《清代台湾厅县制度之研究》,华世出版社 1993 年版;戴炎辉:《清代台湾之乡治》,联经出版社 1979 年版;施志汶:《清康雍乾三朝的治台政策》,台湾师大历史研究所 2001 年博士论文;李祖基:《论雍正年间台湾“番”地开垦政策的变化——以〈巡台录〉为中心》,《台湾研究集刊》2010 年第 3 期。

② 吴滔:《海外之变体:明清时期崇明盐场兴废与区域发展》,《学术研究》2012 年第 5 期。

③ 陈贤波:《从荒岛贼穴到聚落街庄——以涠洲岛为例看明清时期华南海岛之开发》,《中国社会史评论》第 12 卷,2011 年,第 275—297 页。

揭示海岛社区中不同社会身份的各类人群如何在不同时期的制度下谋生、拓殖,重点关注 14—18 世纪王朝海疆经略对海域社会产生了何种影响①。龚缨晏梳理了南田岛封禁与解禁的曲折历程,认为明清时期一直存在着一对矛盾:民众迫切要求开发岛屿,政府则尽力遏制民众的这种要求②。朱波则以海岛政区的形成与演变作为切入点,试图揭示海岛政区在地理特征与管理制度上的特殊性,侧重考察清代海岛厅县建立的历史过程与地理基础③。刘灵坪则考证了清代南澳厅的行政归属与层级④。上述研究对本著诸多问题的探讨提供了借鉴,然因旨趣所在,这些论著并非从岛民视角讨论海岛治理,也未能系统讨论国家制度是如何一步步向大多数沿海较小岛屿的推及过程。笔者虽曾就乾隆朝沿海岛屿岛民管理之策的讨论和出台进行过初步探讨,但囿于篇幅和材料所限,未能将此问题放置在清前期特别是展界之后海洋政策的大背景下去探讨其变迁过程,也未能对海岛管理之策的推行差异和实效等问题进行深入剖析⑤。

在中国海洋史和涉海历史研究呈现繁荣的多元化景象时,国内学者前瞻性地对理论构建进行总结和反思。学者杨国桢强调"以海洋为本位的整体史研究,以海洋活动群体为历史的主角,从海洋看陆地,探讨人与海的互动关系,海洋世界与农耕世界、游牧世界的互动关系",虽然并不否认传统中国海洋社会的边缘地位,但却更加强调"把中国海洋区域——海岸线陆域、海岛和海域作为研究主体"。这种研究方法和理念使我们重新审视以陆地为主的叙事框架,启发我们站在海洋活动群体的角度对我国沿海区域、

---

① 谢湜:《14—18 世纪浙南的海疆经略、海岛社会与闽粤移民——以乐清湾为中心》,《学术研究》2015 年第 1 期。此外,还有罗欧亚对玉环岛的研究,见《从迁界到展界——从浙江乐清湾为中心》,中山大学 2011 年硕士论文。

② 龚缨晏:《南田岛的封禁与解禁》,《浙江学刊》2014 年第 2 期。

③ 朱波:《清代海岛厅县政治地理研究》,中央民族大学 2012 年硕士学位论文。

④ 刘灵坪:《清代南澳厅考》,《历史地理》第 24 辑,上海人民出版社 2010 年版。

⑤ 王潞:《开与禁:乾隆朝岛民管理政策的形成》,李庆新主编:《海洋史研究》第二辑,社会科学文献出版社 2011 年版;王潞:《清初广东的迁界、展界与海岛管治》,《海洋史研究》第六辑 2014 年版。

沿海岛屿及相关海洋区域、海外地区的特殊社会结构及其规律性进行思索①。循着这一研究思路,有学者从海岛开发模式、陆岛移民、陆岛贸易、渔民社会等视角探索海上人群在历史发展中的经济和社会活动。其中,李德元认为大陆向周边岛屿、岛屿和岛屿间的移民在明清时期达到高潮,并从明清时期海岛开发模式差异及原因出发分析了近海岛屿由传统单一的开发模式向以渔业、农业、海上走私贸易等为主的多样开发模式的转变过程②。欧阳宗书考察了明清两代沿海渔业经济与渔民社会的变迁,将国家的渔政管理制度进行了梳理,并对清代海岛渔政管理略有涉及③。穆盛博探讨了舟山海洋区域社会与环境间的互动关系,重点考察那些从渔场获利的人群如何分配海洋资源空间。同时,他非常强调人口增长与国家政策对19世纪以来舟山群岛海域渔业资源竞争与生态环境的影响④。杨培娜以制度变迁为前提,关注王朝体制转变与沿海民众的生产和生活方式变化之间的关系,认为清代渔船制度的建立,与地方社会动乱有关,是王朝尝试进一步规范和管理沿海人群尤其是渔民活动的体现⑤。

　　由关注大人物到更多地关注下层民众,史学界的这种转向也推动了一些中国学的学者将注意力放在特定沿海人群的研究。明清两朝,那些失去控制的海洋社会群体常常被政府指为"岛寇",海上"盗"与"民"的身份变幻莫测,岛民群体的诸多特征与活动轨迹在这些相关研究中得以揭示。其中,穆戴安有关华南海盗的研究试图探寻乾嘉之际华南海盗积聚增加的原因,作者对于18世纪末到19世纪初广东水上世界的独特节奏、隐匿于近海

---

　　① 杨国桢:《海洋迷失:中国史的一个误区》,《东南学术》1994年第4期;《从涉海历史到海洋整体史的思考》,《南方文物》2005年第3期。

　　② 李德元:《浅论明清海岸带和陆岛间际移民》,《中国社会经济史研究》2004年第3期;李德元:《明清时期海岛开发模式研究》,《中国边疆史地研究》2005年第1期;吕淑梅:《陆岛网路:台湾海港的兴起》,江西高校出版社1999年版。

　　③ 欧阳宗书:《海上人家:海洋渔业经济与渔民社会》,江西高校出版社1998年版。

　　④ Micah S. Muscolino, *Fishing wars and environmental change in late imperial and modern china*, Harvard University Asia Center, 2009.

　　⑤ 杨培娜:《"违式"与"定例"——清代前期广东渔船规制的变化与沿海社会》,《清史研究》2008年第2期;《濒海生计与王朝秩序——明清闽粤沿海地方社会变迁研究》,中山大学2009年博士论文。

岛屿的海上人群所惯有的生活方式等面相的细致勾勒,有益于理解海上中国的运行机制①。与此相比,安乐博的海盗研究更加侧重于从地方社会的角度揭示海盗产生的根源与社会背景②,但二者都谈及王朝对华南地区沿海人群(渔民、水手)的管理问题。学者张增信认为海岛和海洋文化的兴起很大程度上要得益于明代中叶以后的"海寇",正是由于海盗的频繁活动,海岛在明末以后成为了向来以大陆为主流的中央体系的一环③。类似的还有郑广南、曾小全、松浦章、刘平等学者们的研究成果,这些研究充分肯定了海盗在开发海岛、建设港口、发展海外交通贸易等方面的贡献,并多有谈及政府应对之策④。

与其说王朝的政策推行是一个自上而下的过程,不如说是国家与地方的互动。近些年,一些学者致力于突破传统王朝政治与制度史的研究架构,注重考察地理环境、气候、历史沿革、地方风俗等差异下的区域社会历史。王朝对一个区域的军事征讨、行政设置到权力、文化渗透,地方如何参与其中并利用这种规范取得资源和身份认同,这同样不容忽视。学者们将这种研究理念运用于对清初沿海社会的探索,陈春声对韩江流域从明代中叶至清初迁海长时段的考察启发我们探究国家政策变化时,注意沿海社会的反应和变化⑤。鲍炜从国家对区域社会的控制入手,认为展界以后,清廷才真正获得在广东沿海一带的控制权,凸现了国家政策在广东沿海社会变迁中

---

① 〔美〕穆戴安:《华南海盗(1790—1810)》,中国社会科学出版社 1997 年版。

② Robert J. Antony, Like Froth Floating on the Sea: The World of Pirates and Seafarers in Late Imperial South China Sea. China Research Monograph, Institute of East Asia Studies, University of California (Berkeley), 2003.

③ 张增信:《明季东南海寇与巢外风气(1567—1644)》,《中国海洋发展史论文集》第三集,"中研院"三民主义研究所 1988 年版,第 313—344 页。

④ 郑广南:《中国海盗史》,华东理工大学出版社 1998 年版;〔日〕松浦章著,谢跃译:《中国的海贼》,商务印书馆 2011 年版;曾小全:《清代嘉庆时期的海盗与广东沿海社会》,《史林》2002 年 2 期;刘平:《嘉庆时期的浙江海盗与政府对策》,《社会科学》2013 年第 4 期。

⑤ 陈春声:《从倭乱到迁海——明末清初潮州地方动乱与乡村社会变迁》,《明清论丛》第 2 辑,2001 年。

的重要性①。关于清初迁界、展界之论著颇多,社会史、区域史学者更为关注清初迁界、展界下的地方社会与王朝制度的互动关系,然这些研究也不得不承认清初基层社会在面对迁界政策时的不堪一击,这说明要阐释和理解清前期中国的根本性变动问题,对于国家层面的研究是至关重要的。

然而,在社会史、区域史研究的蓬勃发展下,从王朝与国家视角出发的整体史研究正面临着边缘化倾向,这种边缘化倾向在海洋史研究中体现得更为突出。笔者认为,沿着中华文明逐渐扩展的方向,整个国家从南到北、自西向东存在一种内在的共性。无论是文化上还是政治上,这种共性在帝国的统治者心中比实际还要大许多。这对于理解传统中国的历史相当重要。海洋内在机制以及海洋特性对所处时代的政治、经济、文化带来了什么样的深刻影响当然是深具意义的议题,但这并不意味着海洋与陆地的对立,海洋历史还应包括王朝国家、政治制度等陆地性内容,如同无法忽视海洋对大陆带来的深刻影响,刻意回避和否认大陆对海洋的影响也必适得其反。尤其对清前期海岛历史的观察,农业区域的扩张是不能够被忽视的前题。然而,如何在海洋视野下,突破传统政治史的研究范式,探索丰富多彩、鲜活生动的海洋制度史,则是需要持续思索的问题。

抱着使陆地边疆和海洋边疆研究齐头并进的期望,许多学者转向讨论国家对海洋疆土的拓展过程和管辖方式,呈现注重制度史的研究取向②,海洋疆域是随着对海岛的发现、命名、开发、管辖而逐步形成、演进的,故而不少海疆史论著涉及海岛管理,但这类研究多将台湾岛、海南岛及南海诸岛、钓鱼岛等岛屿的管辖作为重点,而未留意到众多近海小岛的管理③。卢建一的《明清海疆政策与东南海岛研究》是近年来专门针对海疆与海岛管理

---

① 鲍炜:《清初广东沿海地方社会的动乱与重建——以迁界和复界为例》,中山大学 1998 年硕士论文。关于清初迁界、展界研究成果甚多,见后文所引。

② 何瑜:《海疆政策的演变》,马汝珩、马大正主编:《清代的边疆政策》,中国社会科学出版社 1994 年版,第 200—257 页;张炜、方堃主编:《中国海疆通史》,中州古籍出版社 2003 年版。这些著作多少涉及到了台湾、海南、南沙群岛、西沙群岛等岛屿。

③ 何瑜曾归结清代海岛政策主要是治台和治琼政策,见《清代海疆政策的思想探源》,《清史研究》1998 年第 2 期。

问题进行探讨的专著,该著通过地方志资料对台湾、海南、舟山、金门等岛屿的历史进行了梳理①。鉴于海岛在疆域史方面的学理性价值,李国强主张构建以海岛为核心的海疆史学术体系,并以此为旨趣对我国岛屿的主权问题追根溯源,相比从前将海岸区域作为主要研究对象的海疆史研究,李国强对于海岛在海疆历史中重要研究地位的呼吁有助于海疆史研究更加完整和全面②。

海疆史研究将海岛历史放置于王朝与国家层面,同时也将海洋与陆地、沿海与内地、中心与边缘的二元关系推向极致,美国学者卫思韩更为强调这种关系的冲突性,在《从王直到施琅的海洋中国:以边缘历史为主题》一文中,从边缘政治的角度审视明代中叶到清代初期的沿海社会,他认为由于沿海地区包括沿海岛屿所处边缘位置的弱点,使传统中国海上力量难逃衰落命运③。也有学者更加关注海岛与大陆的互动关系,包伟民将舟山群岛放置于东亚海域的地理大环境中,强调其作为不同民族文化交流与传播的前哨位置,同时,作者认为不应过于强调海岛"孤悬海外"的特征,近海岛屿因长时期受大陆文化的强度辐射和大规模的人口迁徙,其在与大陆地区的文化比较中,"似皆共性大于特征"④。

无论是主张从海洋看陆地,还是强调兼顾海洋和陆地来探讨海陆互动下的中国社会,对近海岛屿诸多问题的考察便于在这两种研究旨趣中寻找着力点。这些"海中余地"与大陆腹地联系密切,岛民与大陆居民同样需以陆地为依托,不同的是,岛民或以海为生,或半农半海,这也决定了他们流动

---

① 卢建一:《明清东南海疆政策与东南海岛研究》,海峡出版发行集团、福建人民出版社 2011 年。

② 李国强:《南沙群岛史地问题的综合研究》,《中国边疆史地研究》1991 年第 1 期;《海岛与中国海疆史的研究》,《中国边疆史地研究》2010 年第 3 期;《从地名演变看中国南海疆域的形成历史》,《中国边疆史地研究》2011 年第 4 期。

③ John E. Wills. Jr. "Maritime China From Wang Chih to Shih Lang Themes in Peripheral History", From Ming to Ch'ing: Conquest, region, and continuity in seventeenth-century China, edited by Jonathan D.Spence and john E.Wills.Jr, New Haven: Yale University, 1979, pp. 203-238.

④ 包伟民:《舟山群岛:中外文化交流的聚焦点——"岛屿与异文化的接触"研究案例试论》,《浙江学刊》2010 年第 6 期。

浮居的海洋特性更为凸显。有关海岛及沿海人群的历史,有很多杰出学者从文化、经济、政治、贸易、环境、生态等不同层面做过非常精湛的研究。这些研究呈现出个别岛屿和海域的若干特点,揭示了边缘地域及人物的历史参与性,对沿海岛屿在传统中国的重要位置给与了肯定,令笔者受益匪浅。因视角不同,本著在绪言部分不一一回顾,而在正文的相应部分进行详细讨论与引证。

前贤成果启发笔者意识到:一、中央集权国家对于海岛历史发展形态之影响不可小觑,梳理国家政策的形成与演变是理解岛民管理实况的基础。由此,方能进一步拨开迷雾、揭示海上世界的特质。目前,学界缺乏对岛民管理宏观政策的呈现与挖掘,这是当下亟待解决的课题。鉴于此,本著从王朝国家的角度针对清前期岛民管理问题的政策变化和规律性进行初步探索,以期为了解中国海岛管理的历史渊源提供参考。二、探究宏观政策的成因、出台、结果固然重要,然而,要阐述政策变迁并不难,难的是如何清晰把握制度的实际操作以及操作中又遇到什么样的难题,实际效果究竟如何。本著力求从帝国秩序尤其是海域局势的变动去理解岛民管理政策的生成,同时,从地方社会之实况去体验国家政策如何推行与演变。然而在海岛星罗棋布的中国海域,面面俱到的整体性研究显然并非短时期和一己之力可以完成。"关山初度路犹长",所未尽及舛谬之处,尚祈学界同仁指教批评。

三、清前期的时代意义

海岛历史虽然晚熟起源却非常早,有考古资料显示,近海岛屿从史前时期就开始周期性地吸收大陆移民①,只是早期的移民数量不多尚未引起政府关注。随着海岛开发的逐渐深入,国家在一些海岛设置行政机构,如刘宋泰始二年,因"失淮北四州及豫州淮西地",泰始七年(471)于当时海中之郁

---

① 可参见何乃汉:《广西贝丘遗址初探》,《考古》1984 年第 11 期;徐淑彬、杨深富:《山东日照沿海发现旧石器地点》,《人类学学报》1984 年第 3 期;吴汝祚:《山东省长岛县砣矶岛大口遗址》,《考古》1985 年第 12 期;肖一亭:《先秦时期的南海岛民:海湾沙丘遗址研究》,文物出版社 2004 年版。

州岛(清代已与大陆相连,今连云港市新浦区)侨立青州①。唐开元二十六年(738),于今舟山群岛之上设立翁山县。自宋以后,航海技术的发展使得政府和民间对近海岛屿的开发有了显著增长,出于军事防御和经济开发的目的,政府对海岛的管理有所强化。北宋建隆四年(963),沙门岛民被赋予专造舟楫的职责并因此免去赋税,熙宁六年(1073)于舟山群岛设立昌国县,"意其东控日本,北接登莱,南亘瓯闽,西通吴会,实海中之巨障,足以昌壮国势焉"②。南宋绍兴二十二年(1152)于香山诸洲岛上设置香山县③。乾道年间(1165—1173)政府还曾在沿海岛屿设置"澳长"来管理岛民④。在碰到民众与政府利益相矛盾的时候,政府也曾采取激烈的方式平息"盗乱",南宋宁宗庆元三年(1199),为控制大奚山盐业,广州知州"钱之望遣兵入大奚山,尽杀岛民"⑤。在宋元战乱和灾荒的影响下,大批陆地民众移居海中岛屿,南宋小朝廷曾在海岛上躲避元军追击。宋景炎三年(1278),端宗崩于广东省吴川县硇洲岛,陆秀夫等立赵昺为帝,"改元祥兴,乙酉升硇洲为翔龙县"⑥。元代政府在山东半岛北面海域设置的"岛社"是海岛聚落在国家行政单位中的体现⑦。但相对于明代中叶以后,此前的海洋经济发展仍非常有限,国家对海岛民众的管理之策多是出于航运、军事等目的,既不持久也不普遍。

元末明初,走私集团、地方豪强和逃避战火的民众,各种人群散布沿海岛屿,为将这群人控制在王权之内,明太祖下令将沿海岛屿迁徙一空。随着倭乱频频骚扰沿海地区,海疆防御被纳入到明朝统治者的决策过程中,明政府将沿海民众的接济视为纷乱根源,严格控制沿海民众出海活动成为打击

① 《宋书》卷36《州郡志二》,中华书局1974年版,第1093页。

② 《大德昌国州图志》卷1《沿革》,《宋元方志丛刊》第5册,中华书局1990年版,第5244页。

③ 李心传:《建炎以来系年要录》卷163,中华书局1956年版,第2668页。

④ (宋)郑兴裔:《请置澳长御海寇疏》,《郑忠肃奏议遗集》卷上,《文津阁四库全书》第381册,第66页。

⑤ (元)脱脱:《宋史》卷37《本纪·第三七·宁宗》,第723页。

⑥ (元)脱脱:《宋史》卷47《本纪·第四七·二王附》,第944页。

⑦ (明)顾炎武:《登州府志》,《肇域志》,上海古籍出版社2004年版,第549页。

倭寇的重要办法,海岛"弃而不治"成为常态。明代中后期,随着捕捞方式的转变和帆船制造技术的提高,渔民、商人、灶户等在沿海岛屿的开发走向高潮。有学者指出,明代中叶以后的海岛成为汇集了捕捞、渔盐、贸易等多种开发形式的基地①。此时,无限开阔的海洋对于民众而言具有无限深度和广度,却成为政府想要关闭却从未能真正关闭的边疆。

　　清入关以后,为取得东南沿海控制权而颁发禁海令,将沿海岛屿居民再次迁空。虽然靠政府颇为严酷的法令暂时实现了沿海民众的内迁,然而此后的展界恰恰说明了海洋生计对于滨海民众至关重要的作用。康熙二十三年全面开海以后,岛屿向沿海民众逐渐开放。然而,东南海疆近四十余年的动乱不能不让决策者们谨慎对之,为避免海洋的过度开放与过度自由,康熙君臣以限制民众出洋作为防微杜渐之策,由此推出的一系列禁规,将沿海民众控制在近海一带勉强维持生计。面临人口的增长、海洋经济的迅猛发展,沿海民众通过呈请开垦海岛耕地、在海岛晾晒打捞鱼类、临时休憩等方式加快了开发海岛的步子。同时,展界以后,对于沿海岛屿的民事管理制度逐渐清晰和细化,康熙朝颁布的一系列规定诸如禁止民众赴外洋岛屿搭寮、居住的制度在内容和执行力度上不断变化。到乾隆末年,沿海岛屿已居住了数以万计以海为田的岛民,具体到中国漫长海岸线的成百上千的岛屿,情况又各有不同。从康熙展界之初的海疆初定到乾嘉之际夷盗在海洋的活跃,面临不同的内外环境,王朝国家对岛民聚集采取了相应的管理政策。这些约束亦或引导的制度准则既体现了国家意志,同时也体现了这一时期海洋社会的矛盾与需求,而这两者之间又密切相关。

　　面对海洋社会与农耕社会治理相迥异的统御难题,相比于明代与清初"弃"与"守"之间的抉择,"开"与"禁"的两难伴随着清朝开海之后的君臣。近些年,学者们将清朝历史放置在"帝制晚期"或"早期现代"的叙事时间中审视中国自身社会与文化的内在动力,日本学者岸本美绪提出"后十六世纪问题",她认为清朝与世界上的近世国家(early modern)皆面对的三个共

---

①　李德元:《浅论明清海岸带和陆岛间际移民》,《中国社会经济史研究》2004年第3期。

同的问题:即怎样处理国内民族、宗教的多样性问题？怎样统治动乱中形成的社会集团而建立统一的政治制度？怎样控制国际商业而实现既稳定又繁荣的国内经济?① 简而言之,即这些国家如何面对秩序重建的问题。无论是把清朝作为中华帝国晚期最后一个高度专制的朝代,还是早期现代中国的关键转折点,康乾之际有着特别的位置,人口激增、社会流动性、中西方文化的碰撞当属空前,海洋经济的迅速发展也已为当今学者们所共识。从王朝国家来看,清朝建立给中国沿海带来了巨大变化。自满人入关以来,海上的威胁成为皇帝、官员、文人不可抹去的深刻记忆,康雍乾三朝曾经试图在海上建立军事、行政的绝对控制,在海岛政区设置、岛民户籍、渔业政策、船只管理、汛哨体系等国家制度层面,这一时期所奠定的准则成为后继君臣效法的先例。政府对岛民群体的重视程度更属前所未有,尽管过程中面临着多方面的挑战和威胁,毋庸置疑的是,清前期王朝对海岛及岛民管理的态度和政策演变在广阔的空间范围内产生了深远的影响,而这也正是沿海民众对岛屿不断开发的结果。本著一方面从国家制度层面审视清前期沿海岛屿岛民管理政策的演变,另一方面通过海岛个案揭示国家政策在具体时空推行遇到的问题,希望更为全面地呈现王朝国家向沿海岛屿推进的历史过程。

四、资料的运用

"中国志书,只详陆地之事,而海中各岛素多疏略。"②自明代中叶以后,海上侵扰不断,出于对军事防御的重视,伴随大量海防著作的出现,海岛历史才逐渐有了较为丰富的记载。当时,利用海岛进行军事防御无疑是首要的,海岛开发并未受到重视,这造成记载岛民的史料稀少而分散。对于大多数沿海岛屿来说,资料的匮乏也使得从国家政策层面对中国近海岛屿尤其是岛民管理进行考察的研究并不多见。尤其容易被忽视的是,在精耕细作农业及相伴随的正统文化不断向沿海拓展的过程中,陆地人的海洋观逐渐形成,并最终上升为国家的海洋观,明清文献中,类似"以海为田"、"海岛贼

---

① 岸本美绪:《"后十六世纪问题"与清朝》,《清史研究》2005 年第 2 期。
② 王彦威辑、王亮编,王敬立校《清季外交史料》第 4 册《清宣统朝外交史料》卷 1,"宣统元年闰二月初一日(蒲岛档)"条,第 19 页。

寇"这样由陆观海的表述随处可见,呈现海岛与岛民实况需要花费大量时间和精力进行史料收集与甄别。

学者卢建一曾对明清时期东南海域的部分海岛地方志史料做过点校与整理,为我们了解不同海域海岛的地理、经济、文化等有一定帮助①。但若致力于探寻此时王朝政策演变轨迹,档案就成为最能直接反映政府动态的史料。保存于北京第一历史档案馆的官员朱批奏折、朱批录副、夹片、清册以及朱批谕旨、揭帖等史料是反应清前期君臣对岛民如何安置和管理等问题的最直接记录,这些珍贵档案反映了历朝君臣对于海岛和岛民的态度以及这些态度如何影响最终的决策。而且,本著所用的相当一部分档案未经公开出版,学界此前也尚未能触及。笔者希望建立在原始档案基础上的讨论,能够近距离审视决策者遇到的问题以及皇帝和官员个人的想法和动机,有益于了解中央和地方政府对于近海岛屿以及沿海社会管理的分歧与一致。

在对档案分析的基础之上,笔者积极收集地方文献、族谱、碑刻等,并结合近几年在沿海岛屿的实地访谈,选取个案,在关照大历史走向的同时进一步挖掘富有地域特色的地方历史,结合地方社会的实态体会岛民管理政策如何在民间的推动下不断调整和变化。

五、研究思路与基本框架

本著的讨论以政策变迁为主线,将政策放置于时间脉络和空间地域下去考察其变化的根源和政策推行的过程。笔者在以中央王朝政策变迁为主线的前提下,尽可能将政策放置到具体的地域来展现政策的实态,探讨政策变迁与决策者、参与决策者、民间力量之间的关系。但这并不等于说不同地区的海岛管理模式能够代表其他地区,而仅是希望通过特定时空地域下的政策推行来更加具体地诠释王朝政策与中央的互动过程。

岛民多由大陆渡海前往,康熙展界之初就对民众赴岛屿开发颁布了一系列规定,意在禁止民众赴外洋岛屿搭寮居住,包括船只成造规格、船只编

---

① 卢建一点校:《明清东南海岛史料选编》,福建人民出版社 2011 年版。

甲等等。对这些规定的贯彻都要以文武官员对内外洋面和各省洋面的分责稽查为基础,虽然这些政策极大地限制了民众向远洋拓展,但由于各种原因,洋面的管理并未能取得如期效果。以往学者对这部分内容较少深入,而岛民流动性的特质使得考察洋面管理变得异常重要。以此作为基础,方能进一步了解清前期岛民形成的过程以及王朝政策变迁的根源。

自宋代政府就颁布保甲制试图对海岛"游众"加以约束,明初这些人多被称为"遁逃之徒"。随着中央王权的强化,将这些民众纳入到王朝管理之下的愿望就愈加强烈。尽管自康熙以来,中国到底有多少人口,学者们至今存在很多分歧。但得到普遍肯定的是,人口增长推动了国内移民,使得帝国疆域扩大,随之带来诸多社会问题,这其中最为重要的即是户籍问题。尤其在摊丁入亩、丁银并入田赋以后,农民对于土地的依附性大大减弱,而流动性相对加强,这些社会问题使得行政管理更加复杂化。在此历史背景之下,康雍乾三位皇帝均不同程度地将控制人口流动作为维持稳定的办法。保甲长、族长、里长、乡长等都曾作为代政府登记人口的民间力量。与大陆相比,近海岛屿作为人类繁衍生息之地,其特别之处在于,它是沿海民众开发海洋的依托和延伸地,因此,这里的人户流动性更为明显。当清代清查海岛居民时,无论是就地编甲还是拆毁房屋、迁回内地,其实质都是试图对人口进行控制。因此,从基层治理的角度来看,清代的岛民管理问题实质上成为对岛民户籍的管理。

当部分岛屿的人口增加到一定规模并便于设汛稽查时,王朝会考虑在岛屿设置行政机构。相对于户籍编甲,它体现了王朝对岛民管理的强化。不同海域所采取的不同行政设置正体现了国家管理岛民的地域性差异。那么清前期海岛行政设置与王朝对海疆的侧重、各地方人群的身份、经济活动等存在怎样的关系?不同执政者采取的管理模式又存在怎样的发展轨迹?这些管理模式对当地居民有怎样的影响?这些都将有利于大范围地梳理国家政策在岛民管理问题上的共性与差异性。

综上,本著将主要从洋面管理、岛民户籍编查、岛屿行政设置三个方面探讨从康熙展界前后到乾嘉之际,面对民众向海岛的流动以及地方与中央的博弈,王朝如何一步步调整政策,进而从王朝国家的视角审视海岛人群合法化的过程。行文中力图呈现不同地域管理模式的差异,由此讨论国家政策制定和地方社会的关系。笔者深信,透过岛民管理所折射出的国家机器运作、社会经济及相应问题的增长、统治者与被统治者之间的互动与矛盾等问题,皆是理解王朝统治之道和海洋社会面貌的重要指标。而本著所使用的"洋面"、"展复"、"开复"、"呈请"、"牧民"等文献中的表述,相信能够更好地将海岛与岛民走入王朝体制的过程放置到历史情境中去考察,从而更加深刻地揭示这些词汇所蕴含的政治、社会、文化内容。

作为一本史学著作,本著按时间序列梳理政策变迁,却并不以时间长短决定详略,而因各朝所采取的政策差异有所侧重。本著在集中讨论清前期的同时会适当追溯历代岛民管理的政策演变,并在案例分析中讨论乾隆朝以后海岛问题的走向,以期放置在历史脉络下审视清前期的岛民管理政策。大体框架安排如下:

本著的绪言部分主要阐明本研究的价值与意义、关键概念,交代本著所用材料和研究思路、基本框架。除绪言和结语之外,本著分为上编、中编、下编。上编由第一章和第二章组成,侧重呈现王朝海上秩序初建过程。重点考察迁界、展界过程中国家对岛民的安置、国家在海岛建立的军事戍守和洋面会哨稽查制度,旨在揭示展界以后王朝逐步确立的一系列政策,如何影响着沿海民众在海岛的活动。中编由第三章、第四章、第五章组成,主要在国家权力触角不断深入的背景下,考察王朝通过什么样的方式强化了海岛民事管理。透过对山东、浙江、福建、广东等海域岛屿行政设置情况和民间自下而上呈请开复情况的个案分析,试图探讨国家对不同海域的不同管理模式,国家与地方在海岛开复过程中所扮演的角色。下编由第六章、第七章、第八章组成,前两章侧重考察面对民众向海岛的拓展,中央与地方政府的反映与决策,以及产生的影响。重点放在乾隆皇帝与大臣的讨论以及大臣之间的争论,以此分析各方对海岛开复的不同态度。乾隆末年因"盗"治岛,从而将岛民治理提上了国家决策层面,为了完整呈现乾隆朝政策的流变和影响,第八章在大规模海盗集团兴衰背景下,梳理了乾嘉之际的岛民问题。本编在呈现中央与地方的博弈过程时,以下问题将被重点关注:是什么影响了政策的出台和推行?哪些岛屿的岛民成为编户齐民,哪些岛屿的岛民被加以驱逐？不同的对待上，遵循的规则是否仍是康熙朝所制定的禁规。

最后一部分是结语，笔者将以岛民管理政策为线索综述清前期不同时期的不同特点，并将王朝对洋面管理、保甲编排、行政设置等政策的转变纳入到国家对岛民管理的链条中，总述研究宗旨的同时论述清前期海岛管理对当时和清后期士人海疆观念的影响。

表 1 清代独立设立县级以上行政单位的岛屿一览表

行政机构	辖属	建立时间	户口	编查时间	备注	资料来源
琼州府	广东省	洪武三年	121831 丁口	顺治九年	洪武三年升琼州为府领州三县十三，后改为州二县十，清因之。	康熙《琼州府志》卷3《赋役》；康熙《琼州府志》卷1《疆域志》
台湾府（包括澎湖厅）	福建省	康熙二十二年	户 12727 口 16820 土番 3592	康熙二十二年	康熙二十二年台湾府下辖三县，雍正元年增设淡水（厅），雍正五年设澎湖（厅），嘉庆十年设噶玛兰厅，光绪元年共辖二府八县四厅，光绪十一年共辖二府八县五厅，光绪十三年，台湾建省，设三府十一县四厅一直隶州。	康熙《台湾府志》卷1《封域志》，卷5《赋役志》；乾隆《重修台湾府志》卷1《封域志》；光绪《台湾通志》卷1《疆域》
崇明县	太仓州	洪武二年降州为县隶扬州，弘治十年隶太仓，清因之	户 73000 / 户 27100 / 户 89300 / 户 92010，口 642743	顺治四年 / 顺治十七年 / 康熙六十一年 / 乾隆二十四年	明清两代崇明县治因涨沙数次迁徙，但不曾废县。迁界时增兵弹压崇明本岛，其余沙洲尽行撤弃。	康熙《重修崇明县志》卷1《图说》，卷2《区域》；民国《崇明县志》卷6《经政·户口》
定海县	宁波府	康熙二十六年			唐代已在舟山设翁山县，元代因"户口倍增"，升昌国县为州。明初改州为县，洪武中废县徙民。清道光二十一年升为直隶厅。	（宋）罗濬：《宝庆四明志》卷20《昌国县志》；（元）冯复京：《昌国州图志》卷1《沿革》；光绪《定海厅志》卷21《海防志》

续表

行政机构	辖属	建立时间	户口	编查时间	备注	资料来源
定海厅	宁绍台道	道光二十一年，升定海县为定海直隶厅	75489户，359435丁口	光绪二十六年夏	普陀山以僧区未列入人口编查。	民国《定海县志》册一《舆地志》
澎湖(厅)	台湾府	雍正五年	2752户；11938丁口；幼丁12117	乾隆二十七年	康熙二十二年设有巡检司，雍正五年奉裁，改设通判。	康熙《台湾府志》卷5《赋役志·户口》；乾隆《重修台湾府志》卷9《职官》、卷5《赋役·户口》；光绪《澎湖厅志稿》卷4《赋役》
			2802户；25843丁口	乾隆三十二年		
			8974户；男妇大小59128丁口	道光八年		
玉环(厅)	温州府	雍正五年	2782户，19616口	雍正八年－十年	玉环厅辖有楚门半岛，但玉环厅治所位于玉环岛，玉环岛于1977年漩门填海后与大陆相连。	雍正《特开玉环志》卷3《户口》；《玉环厅志》卷3《版籍志》
			27205户，123858丁口	光绪三年		
南澳(厅)	粤闽潮州府、漳州府共管	雍正十年	3323户，15346丁口	乾隆三十六年	南澳同知兼理刑名、钱谷、地方命盗等事，但需分别径解潮州、漳州知府申转。	民国《南澳志》卷5《户口》
			2952户，17349丁口	乾隆四十年		
厦门(厅)	泉州府	乾隆十七年	16100余户	乾隆三十四年①	康熙二十五年，派驻泉州海防同知于厦门，但同知正式摄厦门厅事是在乾隆十七年。	乾隆《鹭江志》卷1《保甲》；道光《厦门志》卷7《户口》
			男：83229，女：61664 共144893口	道光十二年（除僧尼道）		
平潭厅	福州府	嘉庆三年	12319户，男42432丁，妇女26420口 共68852丁口	光绪平潭志采自公牍	雍正八年，移县丞设于平潭，以上下山十二区及隔水岛屿归平潭县丞管辖。嘉庆三年，改建军厅移驻平潭，管辖区域悉仍其旧。	光绪《平潭厅乡土志略》第八章《户口志》；民国《平潭县志》卷3《大事志》、卷9《户口志》
			18058户，124663口	民国元年		

---

① 据《厦门志》卷7《户口》，道光十九年刊本，第139页，载此户数并有按语："《鹭江志》作于乾隆三十四年，所载户口当即是年所查"。

续表

行政机构	辖属	建立时间	户口	编查时间	备注	资料来源
三都厅	福宁府	光绪二十四年			光绪二十四年,在英国迫使下,清政府开霞浦之三都岛为商埠,并设三都厅直属福宁府。	《清续文献通考》卷315《舆地考》
南田厅	宁波府	宣统二年	4851 户,20495 口	民国十八年	南田岛于光绪元年释禁,宣统二年设抚民厅,民国元年改设县。	民国《南田县志》卷5《县治隶属沿革》,卷12《编查城镇户口》,卷34《杂志》

注:以上人口户数为定居烟户。自雍正以后,岛屿所设同知、通判一职多具有独立的行政区域和行政职能,呈现政区化趋势。"厅"指同知、通判所在的衙署,嘉庆年间,"厅"成为该行政区域的称谓,故此处加括号表示。民国元年一律改厅为县。

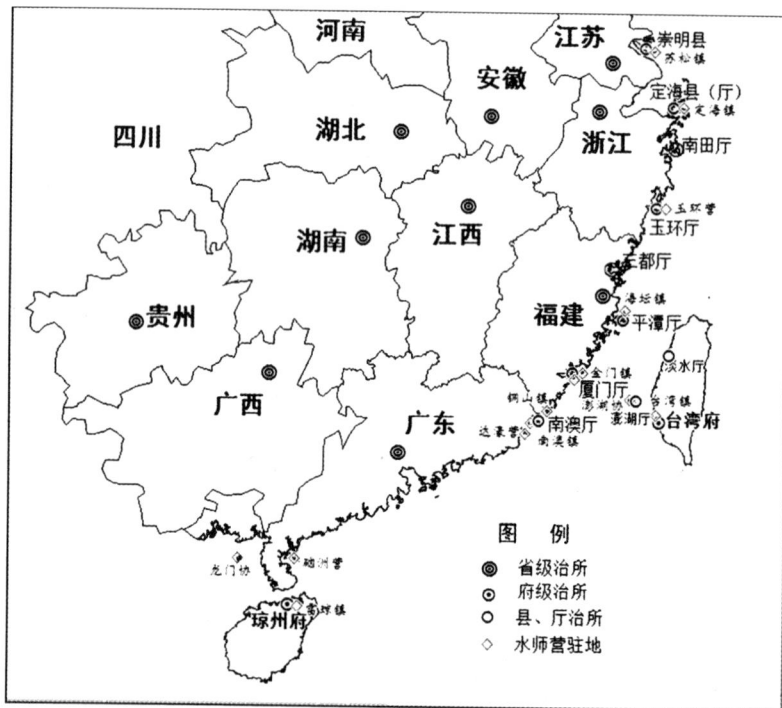

图1:清代近海岛屿军政设置一览图

(底图主要依据谭其骧《中国历史地理图集》第八册5—6,中国地图出版社1996年版。)

上　编

划外与划内:顺康时期王朝对海岛的弃与守

对清初沿海岛屿局势的讨论要追溯至明代。明初，政府在海上的控制全面收缩，使得国家控制力维持在海岸线以内的陆地而少有跨越。"海外斥卤，何烦重兵"，大多数岛屿被废弃，无编户也无戍守，沿海岛屿遂"皆为贼据"。赴岛开发的民众需背负着条条禁令和重重阻碍，更多的海上人群成为游离在体制之外的"贼"与"寇"，沿海动乱随之而来。与此同时，明中叶以后海洋经济迅速发展，在沿海不同海域呈现出不同的情景，东南沿海变得日益重要，民间力量在海洋的扩张对国家管理提出了要求，然明政府尚未能建立有效管理便在危机四伏中灭亡。如何在保证海疆安定的前提下给予民众生存空间，成为留给新朝统治者的重要议题。在清政权刚刚建立，八旗铁骑横扫中原之时，抗清势力逐渐由陆地退居海上，为人所熟知的是郑氏在东南沿海岛屿的割据，然而实际情况却更为复杂。

第一章　鼎革与海岛迁复

第一节　明清嬗替下的海岛乱象

明代中叶以后,后金在东北地区日益强大,明天启年间,后金加紧了对辽东的进攻。此时,明政府对沿海地区的控制日渐衰颓,地方力量崛起。明军将领毛文龙即是在占领岛屿和吸收岛民的基础上发展壮大。天命六年(明天启元年,1621)三月,后金夺取辽阳南下直逼辽宁海州、盖州、复州、金州沿海诸卫,四卫百姓"望风奔窜,多航海走山东,其不能达者,栖止各岛"①,"南四卫逃命山东等岛约数万人"②。这样,辽东海域之皮岛、须弥岛、獐子岛、石城岛、长山岛、广鹿岛等海岛及民众皆被纳入毛文龙的"海上王国",毛文龙也因多次挫败后金,由一介游击升至左都督平辽总兵官,同镇守旅顺的明将黄龙互为掎角,一方面隔海依托山东登州、莱州为守军后援,另一方面从海上取得朝鲜的支援。天聪三年(崇祯二年,1629),袁崇焕私斩毛文龙,辽东海域陷入混乱。期间,为断绝各海岛与明军的粮食供应,后金政权曾于天命六年(1621)、天命八年(1623)在辽南四卫(海州、盖州、复州、金州)实行迁界,后随着辽东局势变化,于天聪六年(1632)后逐步实行展界。此次迁海一方面对明清辽东局势产生重大影响,一方面为顺康时期的迁海提供了经验③。天聪七年(崇祯六年,1633)、崇德二年(崇祯十年,1637),毛文龙的部将孔有德、尚可喜归降,清军夺取了旅顺和皮岛,除掉了明政府在海上的军事据点,

---

① (清)不著撰人:《复县乡土志》"兵事录",光绪三十三年修,第 12 页(现藏辽宁省图书馆)。
② 《明熹宗实录》卷 9"天启元年四月丙申"条,第 472 页。
③ 详见高志超:《论后金时期的迁海》,《清史研究》2016 年第 1 期。

控制了整个辽东海域,转而清军铁骑西向逐鹿中原。顺治元年(崇祯十七年,1644),明崇祯帝在李自成起义军攻入北京时自缢。随后,清军在降将吴三桂等人的帮助下进入山海关灭掉大顺政权,占领了华北平原后继续大举南下。

此后,南京、广东、福建、浙江等地官员、士绅先后拥立了朱氏子孙建立了弘光、隆武、鲁王、绍武、永历等多个政权,史称"南明"①。其中,鲁王政权在清军的追击下奔逃于东南沿海的岛屿之间,"明季唐藩既覆,鲁王以舟往来海岛上,常驻闽安、琅琦间"②,舟山、厦门、台湾等岛屿成为这些政权与清军对垒的据点,鲁监国朱以海从台州逃亡海上是在顺治三年(1646),也是在这一年郑芝龙降清,"子成功率陈辉、张进等九十余人,乘二舰,屯兵南澳"③,自此至康熙二十二年(1683)台湾平定,以海岛为据点的持续对抗长达 37 年,成为清朝初建时的"肘腋之患"。

孰能料想,明初弃而不守的海岛最终成为明王朝生死存亡的依托。顺治八年(1651),清军攻克舟山,鲁王政权移居厦门、金门,不得不听命于郑成功。遥奉永历为正朔的郑成功以岛屿为据点在东南沿海扩大势力,不愿归顺的明朝遗民相继跟附④。一些原本即已扎根海上的势力纷纷树起抗清大旗,"浙东舟山海寇及各山寨之寇皆以故国为名,狼狈相依"⑤。在崇明有张名振、在粤西海域有杨彦迪、邓耀、冼彪等纵横粤海,盘踞龙门等岛屿,保护郑氏来往船只,与国外保持盟友关系,这些海上武装大多与反清复明有关⑥。他们的行为虽为清廷所不容,但却受到明朝遗民的拥护而由此成为了"正义之师"。

明初施行迁民虚岛,除在海南、舟山等个别岛屿设治外,大多数海岛并

① 南明各政权的建立与覆亡可参见谢国桢:《南明史略》,上海人民出版社 1957 年版;顾诚:《南明史》,中国青年出版社 2003 年版;[美]司徒琳著,李荣庆等译:《南明史》,上海书店出版社 2007 年版。

② (清)林绳武:《海滨大事记》,《台湾文献史料丛刊》第七辑,第 15 页。

③ (清)林绳武:《海滨大事记》,《台湾文献史料丛刊》第七辑,第 20 页。

④ 有关郑氏与南明政权的关系,参见黄玉斋:《明郑与南明》,海峡学术出版社 2004 年版。

⑤ (清)魏源:《国初东南靖海记》,《台湾文献史料丛刊》第七辑,第 39 页。

⑥ 陈荆和:《清初郑成功残部之移植南圻》(上),《新亚学报》1968 年第 1 期,第 451—454 页;李庆新:《16—17 世纪粤西"珠贼"、海盗与"西贼"》,社会科学文献出版社 2011 年版,第 121—164 页。

未予以治理。明中叶为抗倭和抑制后金在浙、闽、粤及辽东海域的一些海岛驻军建立水寨,并曾对个别海岛岛民进行过短时间的管理,但海岛政治权力的真空更为普遍和经常。自明代中叶,葡萄牙、西班牙、荷兰等航海国家开始海上扩张,为逃避大陆官兵对货物征取税收、种种查验,诱于可观的经济利益,沿海岛屿被作为私相交易的场所,一些岛民便担任外国商船的引水人或为大陆上的商人传递信息,或负责商品运输,这种交易方式得到了当时地方官的默许,"海外诸番与中国市易,必欲得一屯驻之所,以便收舶"①。浙江宁波、舟山群岛,福建漳州、厦门港,广东珠江口附近的岛屿成为了中西商贸往来的"贸易岛"②。依靠贸易获益丰厚,"当地人肯定地说,从广州把商品输往那些岛屿的人,每十分可获利三分、四分、或五分"③。不仅是西方人,日本商人在浙江海岛④,东南亚各国商人在广东海岛都有活动,"布政司查得递年暹罗国并该国管下甘蒲洮、六神州与满剌加、顺搭、占城,各国夷船或湾泊新宁广海、望垌,或新会潭,或香山浪白、蠔镜、十字门,或东莞鸡栖、屯门、虎头门等澳,湾泊不一"⑤,岛屿成为非法贸易的集散地。嘉靖三十二年(1553),葡萄牙人借口晾晒货物,被获准在澳门居住⑥。此后,澳门附近

---

① （清）卢坤、邓廷桢主编：《广东海防汇览》卷3《舆地二》,河北人民出版社2009年版,第81页。

② 施存龙：《葡人私据浙东沿海Liampo——双屿港古今地望考实》,《中国边疆史地研究》2001年第2期;杨国桢：《葡萄牙人Chincheo贸易居留地探寻》,《中国社会经济史研究》2004年第1期;李庆新：《明代屯门地区海防与贸易》,《广东社会科学》2007年第6期。

③ ［葡］多默·皮列士著,何高济译：《东方志:从红海到中国》,江苏教育出版社2005年版,第98页。

④ ［日］藤田丰八：《中国南海古代交通从考》,商务印书馆1936年版。

⑤ （明）黄佐修：《广东通志》卷66《外情·番夷》,岭南美术出版社2006年版,第1749—1750页。

⑥ 有学者认为葡萄牙借晾晒货物进入澳门的说法有待商榷,可以明确的是,1553年葡萄牙人通过中葡谈判,获得中国政府允许进入澳门贸易,见费成康：《葡萄牙人如何进入澳门问题辨正》,《社会科学》1999年第9期。关于明政府在澳门管理夷务可参见黄鸿钊：《澳门史纲要》,福建人民出版社1991年版;黄启臣：《澳门历史》,澳门历史学会,1995年;［瑞典］龙思泰著,吴义雄等译：《早期澳门史》,东方出版社1997年版;汤开建：《明朝在澳门设立的有关职官考证》,《暨南学报(哲学社会科学版)》1999年第1期;等等。

的珠江口海域成为中外合法的贸易场所，"自是诸澳俱废，惟濠镜澳独为舶薮矣"①。这种状况延续至清代，甚至在五省迁界时葡人也因"内地不便安插"而未被迁出②。

明清易代下，外国商船的贸易活动并未中断，学者朱德兰列出了清初迁界令期间中国船只的海上贸易情况，崇明、普陀山、金门、厦门、十字门等岛屿皆为中外商船贸易走私之地③。16世纪到17世纪，西班牙和荷兰等航海国家在东亚海域展开角逐④，范围深入中国沿海地区，这使得扑朔迷离的中国海洋局势更加纷繁复杂，"崇祯十二年，荷兰国将领郎毕吉里哥连犯闽、浙，所至莫御，号曰红夷军"，明政府起用郑芝龙击败红夷军。后荷兰国王之弟揆一占据台湾岛以通贸易（1624—1661），直到郑成功攻克台湾将其驱逐⑤。康熙二年（1663），清军又曾联合荷兰舰队的力量攻击郑氏⑥。

与明代后期风云变幻的内外局势相伴随的是民间海洋活动的活跃⑦，这为周边海岛带去了大量的流动人群，这些人群自明中叶即开始在海上活跃，甚至聚而为盗，"贫民时至其地（台湾），规鱼盐之利，后见兵威不及，往往聚而为盗"⑧，"汪直更资岛人为羽翼，入寇者遂络绎矣"⑨。岛民沦为海

① （清）暴煜修，李卓揆纂：《香山县志》卷8《壕镜澳》，乾隆十五年刻本，岭南美术出版社2007年版，第233页。具体过程可参见邓开颂：《葡萄牙人占据澳门的历史过程》，《历史研究》1999年第6期。

② 郑德华：《清初迁海时期澳门考略》，《学术研究》1988年第4期。

③ 朱德兰：《清初迁界令时中国船海上贸易之研究》，《中国海洋发展史论文集》第二辑，"中研院"三民主义研究所1986年版，第105—160页。

④ 有关明清之际荷兰、西班牙人在东亚海域的扩张可参见陈宗仁：《鸡笼山与淡水洋：东亚海域与台湾早期史研究（1400—1700）》，联经出版事业公司2005年版。

⑤ （清）沈云：《台湾郑氏始末》，《台湾文献史料丛刊》第六辑，第6—7页。有关郑成功攻取台湾可见陈在正：《据清代档案考订郑成功史事十二则》，《历史档案》1983年第2期；许良国：《台湾郑氏政权与清朝政府统一台湾》，《中央民族大学学报》2006年第6期。

⑥ 《清圣祖实录》卷10"康熙二年十二月甲午"条，第164页。

⑦ 松浦章认为17世纪后半期正是中国帆船开始兴盛的时期，见[日]松浦章：《清代帆船东亚航运与中国海商海盗研究》，上海辞书出版社2009年版，第23页。

⑧ 《明史》卷322《列传第二一一·外国四·鸡笼山》，第8377页。

⑨ （清）林绳武：《海滨大事记》，《台湾文献史料丛刊》第七辑，第7页。

盗的后备军和劫掠对象,"崇祯七年,刘香大伙贼船犯松下澳,杀人放火,居民逃窜,三日绝烟"①,"泉州饥民剽掠海上,出没无恒,而芝龙为之魁"。这些海上头目所领导的盗商集团从海上贸易中取得丰厚的利益,他们以沿海众多的岛屿为据点,擅长海上奔袭,王朝权威根本无法生效,隆庆、万历时期的粤海商林道乾和林凤,天启、崇祯时的闽海商林锦吾、李旦、袁进、李忠、阮我荣、黄育一、林辛老、颜思齐、郑芝龙、刘香等都先后以澎湖和台湾为基地,进行走私贸易②。前文提到的毛文龙曾以皮岛为中心在辽东海域独享贸易之利,"既据岛中,得专通货,安享富贵,拟于王者"③。郑芝龙占据福建沿海岛屿,招兵买马,敢于同政府对抗,"泉州海盗郑芝龙与弟芝虎据海岛,截商粟,树旗招兵,犯中左所"④。混乱的局势持续至明亡而未有改观,"贼首萧朝清、林振、林启、郑汉章辈,皆海口南城头赤屿以东诸澳人也,一带三十余里,处处有贼,皆线索相通。无知细民溺于厚利,或冒死接济。自后虽屡加芟夷,而旋灭旋生,终不能绝。海民重被其祸,岁无宁日,以迄于明亡"⑤。

面临不同政权在海岛的对决和拉锯,民众受到不同势力的争取与辖制。崇祯七年(1634)"可喜收抚广鹿五岛,四岛皆下,惟石城负固不服……因索军中得所掠妇女悉还其家,岛民大悦,既归清从征"⑥。实际上,很多岛民并非如此顺利地归降。相反,不肯降清者被吸收到抗清政权之下,尤以郑成功在东南海域的招揽最为突出,"(郑成功)止南澳,招兵制械,得数千人"⑦。

———————

① (清)林绳武:《海滨大事记》,《台湾文献史料丛刊》第七辑,第12页。松下澳位于长乐县境内,南与福清接壤。见孟昭涵修,李驹纂:《长乐县志》卷15《武备》,民国六年铅印本。

② 吕淑梅:《陆岛网络——台湾海港的兴起》,江西高校出版社1999年版,第36页。

③ 《朝鲜李朝仁祖实录》卷20"仁祖七年二月乙未"条。

④ (清)林绳武:《海滨大事记》,《台湾文献史料丛刊》第七辑,第9页。

⑤ (清)林绳武:《海滨大事记》,《台湾文献史料丛刊》第七辑,第12页。

⑥ 陈荫翘:《海城县志》卷3《人物志》,民国二十六年铅印本,第31页。此广鹿五岛位于今大连市东南,属长山列岛,以辽民居多,明末设总兵于广鹿岛。尚可喜曾官至广鹿岛副总兵,隶总兵毛文龙麾下,毛死后,尚可喜率岛民航海降清。

⑦ (清)林绳武:《海滨大事记》,《台湾文献史料丛刊》第七辑,第25页。

顺治十二年（1655）"成功令兄泰移安平辎重于金门，徙泉属士民渡金、厦"①。沿海岛屿成为郑军的战资供给地，"成功以海外弹丸地，养兵十余万，甲胄戈矢，罔不坚利，战舰以数千计；又交通内地，遍买人心"②，"米取给于揭阳，而船料则资于海滨各澳"③。

自郑氏盘踞海岛以来，清廷也在沿海"刊发告示，大申招抚"④，但沿海居民皆为"逆寇"心腹的状况并无太大改观。只要切断大陆物资的出海通道，则能使这些"岛上穷寇如婴儿断乳，立刻饿毙矣"⑤，这种认识在清廷朝野中影响很大，"若无奸民交通商贩潜为资助，则逆贼坐困可待"⑥。顺治十二年（1655），"兵部议复浙闽总督屯泰疏言，沿海省份应立严禁，无许片帆下海，违者立置重典。从之"⑦。顺治十三年（1656）即敕谕浙江、福建、广东、江南、山东、天津各省督抚"严禁商民船只私自出海"⑧。此外，清廷将攻占海岛内迁，如顺治十三年，"以舟山不可守，迫其民过海，溺死者无算，遂空其地"⑨，也并不派兵驻守"舟山原系海外，无烦议兵增守"⑩。顺治十七

① （清）沈云：《台湾郑氏始末》卷6，《台湾文献丛刊》第六辑，第30页。
② （清）郁永河：《裨海纪游·郑氏逸事》，《台湾文献史料丛刊》第七辑，第48页。郑成功多次下令招抚岛民和严禁军兵骚扰岛民，详见杨英：《（延平王户部主事杨英）从征实录》，《台湾文献史料丛刊》第7辑，第127、142、189等页。
③ 《福建巡抚朱克简密奏本》，顺治十三年四月初一日，《明清史料》丁编第2本，第134页。
④ 《浙江福建总督张存仁揭帖》，顺治四年九月二十八日，第11页。清初运用招抚之计取得抗清兵官和民众归附十分常见，再如《吴淞总兵李成栋残揭帖》，顺治三年八月初十日，《明清史料》丁编第1本，第2页。
⑤ （清）王时胜：《漫游纪略》，江苏广陵古籍刻印社1995年版。
⑥ 《严禁通海敕谕》，顺治十八年十二月十八日，《明清史料》丁编第3本，第257页。
⑦ 《清世祖实录》卷92"顺治十二年六月壬申"条，第724页。
⑧ 《申严海禁敕谕》，顺治十三年六月十六日，《明清史料》丁编第2本，第155页。顺治十三年的海禁令在各地并未被严格贯彻，据撰人不详《清初海疆图说》载，顺治十八年左右"耿氏开藩福建，海禁弛；乃招徕客民，漳、泉、惠、潮习水者趋地利，泛海寄居也"，《台湾文献史料丛刊》第九辑，第119—120页。
⑨ （清）翁洲老民：《海东逸史》卷2，浙江古籍出版社1985年版，第18页。
⑩ 《浙江巡按王元曦题本》，顺治十三年十月初三日，《明清史料》丁编第2本，第65页。

年(1660),多尔衮在奏疏中道:"舟山乃本朝弃地,守亦无用,应令都统胡安礼率满兵回京",舟山遂又被郑氏占据。

针对清廷的迁徙令和郑成功远涉重洋谋取台湾,明遗臣张煌言曾向郑成功谏言:"弃此十数万生灵不收,而争夷岛乎?且苟安一隅,恐将来金、厦亦不可守"。① 出身于风涛骇浪中的郑成功,与张煌言着眼近海岛屿的岛民招抚之策不同,其之所以在顺治十八年(1661)的春天下定决心从荷兰人手中夺得台湾,除了为占得与清军对抗的退守之地外,笔者认为另一重要原因正是出于对更大规模迁徙之民的招抚与安置,"兹迁民,播弃失业者多,招之以耕以战,兵食两足",同年五月,荷兰人尚未全部被击退,郑成功已"招抚沿海居民不愿内徙者数十万人东渡,以实台地"②。此时清廷禁海令颁行多年并已有部分地区内迁,故而郑氏的招抚争取到了不少靠海为生的民众,"闽、浙居民附舟师来归,烟火相接,开辟芜土,尽为膏腴"③。

第二节　迁民虚岛与划外之民

面对郑成功以台湾为据点招抚民众,为将东南沿海纳入控制之下,清廷决定封锁沿海水路联系以断绝海岛叛逆的供给。"原因福建海贼猖獗而议迁界,又因贼势蔓延,止迁福建一省不足困贼,故并迁及广东、浙江、江南、山东、北直五省之界"④。顺治十八年(1661)八月十三日,"今将山东、江、浙、闽、广滨海人民尽迁入内地,设界防守,片板不许下水,粒货不许越疆"⑤。"自是上至山东,下至广东,所有各省沿海三十里居民,尽迁内

① (清)魏源:《国初东南靖海记》,《台湾文献史料丛刊》第七辑,第43页。
② (清)沈云:《台湾郑氏始末》卷6,《台湾文献丛刊》第六辑,第50、52页。
③ (清)查继佐:《东山国语》,"台湾后语",上海涵芬楼影印本,《四部丛刊》三编(史部),无页码。
④ 《康熙统一台湾档案史料选辑》,福建人民出版社1983年版,第293页。
⑤ (清)夏琳、元斌纂:《海纪辑要》卷1,《台湾文献史料丛刊》第六辑,第29页。

地居住，并禁渔舟商舶入海，发兵戍守，犯令者罪至死。"①其实，各地迁界的时间与里数并不一致，有些地方还经历了多次内迁。关于迁界问题，论著甚多，然多是立足于大陆的论述和迁界带来的影响等问题，并未有专著探讨迁界和展界政策中的海岛发展轨迹②。笔者以为，对迁界和展界中岛民政策的爬梳是理解清前期王朝海洋态度转变过程和原因不可或缺的一环。

顺治十八年（1661）以后，除被郑氏及其他海上势力占据的海岛外，多数岛屿的岛民和戍军被迁徙一空，尤以东南沿海最为严格。驻守于界外的原卫所与水寨内缩至界内，"副都统觉罗科尔坤奉旨行定海疆，自闽界之分水关西抵防城接于西粤，画界三千七百里，界外戍兵移之内地，于是大城、甲子、据胜、海朗、海安、海康、永安、乐民诸所，柘林、黄冈、涠洲诸游汛，皆弃不守，更于内隘分设汛防兵，余边界五里一墩十里一台，墩置五兵，台置六兵，禁民外出"③。顺治十八年令"官员兵民不许出界贸易并在迁移海岛盖房种地，违者该管文武各官俱革职从重治罪"④。

明代中叶以后形成的海岛渔农聚落付之一炬，岛民离散（见表1）。然

---

① 余宗信编：《明延平王台湾海国纪》，商务印书馆1937年版，第73页；（清）林绳武：《海滨大事记》，《台湾文献史料丛刊》第七辑，第28页。

② ［日］浦廉一著，赖永祥译：《清初迁界令考》，《台湾文献》1955年第六卷第4期；谢国桢：《清初东南沿海迁界考》《清初东南沿海迁界补考》，载《明清之际党社运动考》，上海书店出版社1982年版；汪敬虞：《论清代前期的禁海闭关》，《中国社会经济史研究》1983年第2期；郑德华：《清初广东沿海迁徙及其对社会的影响》，《九州学刊》第2卷，1988年第4期；郑德华：《清初迁海时期澳门考略（1611—1683）》，《学术研究》1988年第4期；顾诚：《清初的迁海》，《北京师范大学学报》1983年第3期；李德超：《清初迁界及其时之港澳社会蠡测》，黄璋编：《明清史研究论文集》，珠海书院1984年版；麦应荣：《广州五县迁海事略》，《广东文物》卷6，上海书店出版社1990年版；马楚坚：《有关清初迁海的问题》，《明清边政与治乱》，天津人民出版社1994年版；李东珠：《清初广东迁海的经过及其对社会经济的影响——清初广东"迁海"考实》，《中国社会经济史研究》1995年第1期；韦庆远：《论康熙时期从禁海到开海的政策演变》，《中国人民大学学报》1989年第3期；韦庆远：《有关清初的禁海和迁界的若干问题》，《明清论丛》第三辑，2002年5月；刘正刚：《清初广东海洋经济》，《暨南学报（哲学社会科学版）》1999年第5期；陈春声：《从倭乱到迁海——明末清初潮州地方动乱与乡村社会变迁》，《明清论丛》第二辑，2001年5月；鲍炜：《迁界与明清之际广东地方社会》，中山大学2005年博士学位论文。

③ （清）杜臻：《粤闽巡视纪略》卷1，页10。

④ 《大清会典（康熙朝）》卷99《兵部职方司·海禁》，第4981页。

而如此大范围的迁徙岛民并非清代首创,明初"宋元遗贤巨族多隐海岛穷僻之乡",加之倭寇不断袭扰,洪武十七年(1384),朱元璋派汤和、周德兴等赴沿海经略海疆,对岛屿"迁民虚地"①。迁徙之令极其严苛"宁(波)、台(州)、温(州)滨海皆有大岛,其中都鄙或与城市半,或十之三,咸大姓居。国初汤信国奉敕行海,惧引倭,徙其民市居之,约午前迁者为民,午后迁者为军"②。为防迁民流为"盗贼",大量沿海边民因此被籍为卫所军,"命南雄侯赵庸招置户、岛人、渔丁、贾竖,自淮浙至闽广几万人,尽籍为兵,分十千户所"。③ 从洪武十七年开始,明代沿着海岸线建立了一套完整的沿海卫所体系将海疆锁定在陆地和海洋的分界处,大范围的沿海岛屿成为划外之地④,无戍军也无编氓,后渐为"海盗"占据。

相比于明朝,清代迁界在地方社会中留下"残酷"的记忆,更多原因在于内迁居民并未得到妥善的安置。急于灭除异己、定鼎江山的清朝决策者对于如何应对漂泊无定所的海上边民,并无周全计划。急功近利的迁界令针对兵民违令出界做了种种细致而严苛的处罚条令,却未能对迁民的安置、田土、赋役等问题有相应成熟的规定与措施,致使沿海各省份的战时安置状况差异很大。由地方志来看,较早得到平定的山东省显然更好地解决了迁民安置问题,山东高密县(今属潍坊市)于顺治十一年(1654)"安插寄居岛民一丁"⑤,山东蓬莱县"康熙五年分起科安插寄居岛民人丁十二丁","康

---

① 可参见尹章义:《汤和与明初东南海防》,《国立编译馆馆刊》第六卷第 1 期,1977 年 6 月。

② (明)王士性:《广志绎》卷 4,《四库全书存目丛书》第 251 册,齐鲁书社 1996 年版,第 746 页。

③ (明)张瀚:《松窗梦语》卷 3《东倭纪》,中华书局 1985 年版,第 57 页。

④ 可参见陈文石:《明洪武嘉靖间的海禁政策》,台湾大学文学院,1966 年。明初不是所有岛屿都被内迁,有些岛屿设立水寨以备倭寇,《福州府志》卷 21《兵戎志三·海防》(明万历二十四年刻本)载:"自洪武初,命江夏侯周德兴经略海徼备倭,卫所巡检司筑城数十,防其内侵,又于外洋设立水寨,初惟烽火门、南日山、浯屿,至景泰间,添置小埕、铜山共五寨。"

⑤ 余友林:《高密县志》卷 6《财赋》,民国二十四年铅印本,成文出版社 1968 年版,第 324 页。

熙八年，招来岛丁四十四丁"①。迁出的岛民被安插于临近州县，康熙年的《蓬莱县志》"赋役"将岛丁作为独立的征税人群而征收不同于陆地居民的税额，"县丁每丁派银三钱三分一厘三毫四丝四忽五微"，"岛丁每丁派银三钱五分二厘一毫七丝七忽"，此外区别于岛丁的蓬莱县民还有卫丁、下户丁、中户丁等②。胶州对安插回内地的七十二名岛丁"每丁征银一钱八分"③。蓬莱县海洋岛及宁海州黄岛等居民迁入内地则"免其输粮"④。然而，处于"三藩"和郑氏控制之下的闽粤沿海，清廷行政机构尚未完全扎根，在依靠戍军将界外民众强行迁入界内之后，迁民的安置却久久无法落实。在迁界反对声音最高的闽粤两省，沿海民众在迁界中流离失所的记载随处可见，"及兵至，而弃其资，携妻挈子以行，野栖露处，有死伤者，有遁入东莞、归善及流远方，不计道里者"⑤。

反对迁界与禁海的声音伴随政策制定和执行的始终⑥，面对强劲的海上势力对民众的争取以及民众对海洋生计的渴求，清廷的决策者不得不考虑国内民众的情绪而放宽禁海策，"（康熙）元年迁界诸场多在界外，仍许灶户单身出界熬盐"⑦。据李龙潜先生研究，迁界期间广东允许灶户出入广州茅洲圩、潮州达濠埠（岛）、惠州盐田村和廉州盐田村熬盐⑧。郑成功在康熙元年（1662）五月急疫丧亡，据说与清廷严酷的迁界令有关⑨。此后，郑氏集

---

① （清）高岗等撰：《蓬莱县志》卷2《户口》，康熙十二年刻本，页1—2。

② （清）高岗等撰：《蓬莱县志》卷2《赋役》，康熙十二年刻本，页4—5。

③ （清）严有禧等纂修：《莱州府志》卷3《丁赋》，乾隆五年刻本，页16。

④ 杨士骧修，孙葆田等纂：《山东通志》卷11《通纪》，民国四年铅印本，第844页。

⑤ （清）邓文蔚：《新安县志》卷11《防省志·迁复》，康熙二十七年刻本。

⑥ 广东巡抚王来任：《展界复乡疏》，《新安县志》卷12《艺文志》，康熙二十七年刻本，第160—161页。此问题可参见前文所引迁界、展界论著。

⑦ （清）杜臻：《粤闽巡视纪略》卷3，第43页。

⑧ 李龙潜：《清初"迁海"对广东社会经济的影响》，《暨南学报（哲社版）》1999年第4期。此处达濠埠在《粤闽巡视纪略》卷3载为"达壕埠，海岛也……迁界时弃不设守，有海寇丘凤者据之，十九年讨平始设重镇焉"。达濠埠又叫达濠岛，位于今汕头，原孤悬海中（见《广东通志》卷124《海防略》，道光二年刻本，第2152页），现为陆连岛在西南与陆地相连，中隔濠江。见《广东省海岛资源综合调查报告》，广东科技出版社1995年版，第1页。

⑨ （清）沈云：《台湾郑氏始末》卷5，《台湾文献史料丛刊》第六辑，第56页。

团分裂。康熙三年(1664),郑军守卫南澳岛的将领杜辉、铜山将领黄廷、周全斌等率数万人降清,这些归降民众被安插于内地:"总兵吴六奇招降杜辉,澳民内徙安插于黄冈"①。东南沿海势力的归附使得战况一度有利于清军,而地方官对沿海民众生计的同情也是中央调整政策的重要原因。考虑到民众对海洋的依赖,对一些战事不甚紧要如山东等地有限的开放海禁,康熙四年(1665)三月初九日谕:"山东青、登、莱等处沿海居民,向赖捕鱼为生,因禁海多有失业,前山东巡抚周有德,亦曾将民人无以资生具奏。今应照该抚所请,令其捕鱼,以资民生。"②

康熙八年(1669),清廷颁令全国,"议以海边为界,修复废毁诸营,听民出田",虽然边界有所拓宽,"然亦未能如旧"③。这次不全面的展界并未将海岛囊括其中,"斗绝之境及诸洲岛犹弃不守"④。地方志对此事多有记载,如连江县"馆头、大小塸、透堡等处,至附海益近、附县益远如定海各墩,尚未准移"⑤,开平县"康熙八年己酉春正月,奉文展界,复两迁地,仍禁海岛"⑥、"(康熙)八年己酉春二月七日展界复两迁地,海岛仍禁"⑦。中央对禁海令酌情放宽之时,岛民群体并未被给予特殊的关注与同情,不排除他们被一些更为笼统的称呼所涵盖,但此时岛民群体仍被视为"逆民"也许才是问题的关键,海岛成为划外之地的同时也成为清廷敌对势力的寄居地。

尽管海岛并不在此次展界范围内,但海禁稍开激起民间骚动,滨海民众违禁赴岛屿采捕、垦种,康熙十一年(1672)政府重申海岛迁徙令:"凡官员

① (清)齐翀纂修:《南澳志》卷3《建置》,乾隆四十八年刻本,第28页。
② 《清圣祖实录》卷14"康熙四年三月乙未"条,第218页。
③ (清)杜臻:《粤闽巡视纪略》卷1,第10页。
④ (清)杜臻:《粤闽巡视纪略》卷4,第4页。
⑤ (清)李菶修,章朝栻纂:《连江县志》卷10《杂事》,嘉庆十年刻本,福建师范大学图书馆藏稀见方志丛刊,北京图书馆出版社2008年版,第688页。
⑥ (清)陈还修,陈阿平纂:《开平县志》卷22《纪事》,康熙五十四年刻本,第216页。
⑦ (清)张殿珠修:《新宁县志》卷2《事略》,康熙二十五年刻本,第197页。同样的记载还见于(清)李球随纂修:《吴川县志》卷2《民事志》,康熙二十六年修,第188页,"海岛不准复业"。

兵民,私自出海贸易及迁移海岛盖房居住、耕种田地,皆拿问治罪。"①同年,兵部规定:

> 居住海岛民人概令迁移内地,以防藏聚接济奸匪之弊,仍有在此等海岛筑室居住耕种者,照违禁货物出洋例治罪,汛守官弁,照例分别议处。②

据《钦定大清会典事例》记载,潜住海岛之人和将焰硝、硫黄、军器、樟板等物违禁私载出洋之人同罪,交刑部裁决。对岛民违禁居住盘查不实的官员皆有相应处罚:"该管汛口文武官弁盘查不实者革职,知情贿纵者革职提问,兼辖官降四级调用,统辖官降二级留任,提督降一级留任。"③

此时,江浙沿海形势大体已定,永历政权、台湾郑氏与清军在闽粤沿海展开激烈争夺,故这种坚壁清野的对敌方针实际上重点针对这两省,"迁闽粤边海村落尽行调迁内地,其沿海一带岛屿居民悉成邱墟"④。康熙十一年(1672),在准其他沿海地区木筏捕鱼的情况下,闽粤地方仍严禁任何船只出海。出海贸易和在迁移海岛盖房居住之人及知情的汛守官都要被处斩,即使不知情的知县、知州、专汛武官也要被革职,且永不叙用:

> 凡有大小船只出海贸易及在迁移海岛盖房种地者,不论官兵民人俱以通贼论,处斩,货物、家产俱给首告之人。该地方保长知情同谋故

---

① 光绪《清会典事例》卷120《吏部·处分例·海防》,第559页。
② 《钦定大清会典事例》(嘉庆朝)卷629《兵部·绿营处分例海禁一》,第1149页。
③ 《钦定大清会典事例》(嘉庆朝)卷629《兵部·绿营处分例海禁一》,第1149页。
④ (清)福建巡抚周学健:《奏为闽省竿塘等海岛农田渔利裨益贫民亟请一体驰禁垦辟事》,朱批奏折,档号:04-01-01-0134-009,缩微号:04-01-01-021-0052,乾隆十一年十二月二十六日。

纵者,斩。知情不首者,绞。不知情者,杖一百,流三千里。该汛守官兵知情故纵者,亦以同谋论,俱处斩。其不知情者,文职知县、知州革职,永不叙用。府道降三级调用,专汛武官革职,与兵丁一并治罪,兼辖副将等官革职,该总管兵官降三级留任,该督提各降二级留任,巡抚降一级留任。①

尽管清廷三令五申,闽粤界外也并非空如荒野②。戍军内撤,等于将界外及沿海岛屿拱手让给抗清势力,造成沿海及岛屿防守空虚。内迁之民谋求生计,逃亡海上;反清武装以海岛为基地,不时攻掠大陆;海商利用海岛作为驻泊地进行贸易。此三类人群往往相互勾连,互为依傍,使清初沿海及附近岛屿乱象纷呈:"(顺治)十八年,议沿海迁界并尽撤缯船归港汊,徙其众于城邑,(周)玉遂纠党入海,自称恢粤将军,破顺德。尚可喜破斩二千,复擒剿其余党于东涌海岛"③。此处的周玉为番禺疍户,迁界前曾任游击驻扎于海岛,迁界后周玉集结数千人再次入海,像这样拒绝迁海的民众绝不止周玉等人,这些被清廷称为"游魂"的人群极易在清廷严酷的海禁下加入抗清的队伍。这迫使政府对战事吃紧地区采取了多次迁界,顺治十八年(1661),户部尚书苏纳海主持福建迁界事宜,"离海三十里村庄悉皆焚弃,城堡台寨尽行拆毁,撤回汛兵",汛兵的撤回可看出此时清廷已放弃对此岛屿的占有,无军队戍守使得逃窜的民众重新回到岛屿居住,"康熙二年,总督李率泰复请弃诸岛,移民迁界守边"④。次年,李率泰等进驻舟山,拆毁城楼房屋,迁民入内地,"二百六十余年花锦文献之地,一旦丘墟"⑤。

在清廷奉行迁民虚岛的同时,郑氏却在积极争取沿海民众的归附,康熙

---

① 《大清会典(康熙朝)》卷99《兵部职方司·海禁》,第4982—4983页。
② 参见王潞:《清初广东迁界、展界与海岛管治》,载《海洋史研究》第六辑,社会科学文献出版社2014年版,第92—121页。
③ (清)魏源:《国初东南靖海记》,《台湾文献史料丛刊》第七辑,第43页。
④ (清)林绳武:《闽海徙民志略》,《台湾文献史料丛刊》第七辑,第26—27页。
⑤ (清)陈振藻纂辑:《铜山志》卷1《方域志》,乾隆十六年初稿,二十五年删定,北京图书馆出版社2008年版,第384页。

三年(1664),"郑经复带去伪官兵并眷口约有六七千,为伍操戈者不过四千"。① 这些人或自愿前去,或被强行掳去,充实着郑氏的抗清力量,"郑逆拥众盘踞,兵即为农,农即为兵。兼沿海数省之地方人民,有为其所掠而去者,有趋而附者,非习于渔,则与为佃。"②而据广东巡抚王来任康熙六年(1667)在《展界复乡疏》中说,"臣抚粤二年有余,亦未闻海寇大逆侵略之事,所有者,仍是内地被迁逃海之民,相聚为盗"③。康熙十二年(1673)后,三藩叛清,郑经赴厦门、泉州沿海一带希图进取,曾一度攻占铜山、金门、厦门等岛屿。康熙十七年(1678)郑经攻克海澄,"收其众三万余人"④。郑经反攻大陆与三藩叛清交织并行,禁海令的执行大受影响⑤。混乱的局势下存在着观望摇摆的民众和无心作战的士兵,"半与岛逆声气通",据清人所称,闽地士兵有不少"被胁入海"⑥。粤省民人则"有因故旧亲戚在于海外而私通书信消息者,有假称捕鱼晒卤而乘船偷出外洋者,而彼台堡有目兵巡缉人役,或利令智昏,或徇情枉法,且谓幽僻弯远,谁则知之,不但不能禁缉,又从招致而贿放焉"⑦。

清朝将领施琅在平定台湾之后如此评价沿海五省迁界:"当时封疆大臣,无经国远猷,矢志图贼,狃于目前苟安为计,划迁五省边地以避寇患,至贼势愈炽而民生颠沛。"⑧正如施琅所言,迁海并未能取得预期效果,郑氏独

---

① （清）施琅:《靖海纪事》"尽陈所见疏",《台湾文献史料丛刊》第六辑,第6页。
② （清）施琅:《靖海纪事》"壤地初辟疏"(康熙二十三年九月二十九日),《台湾文献史料丛刊》第六辑,第67页。
③ （清）王来任:《展界复乡疏》,邓文蔚:《新安县志》卷12《艺文志》,康熙二十七年刻本,第160页。
④ （清）沈云:《台湾郑氏始末》卷6,《台湾文献史料丛刊》第六辑,第70页。
⑤ 福建耿精忠、广东尚之信皆与郑经相通,见不著撰人:《吴耿尚孔四王全传》,《台湾文献史料丛刊》第六辑;［日］川口长孺:《台湾割据志》,《台湾文献史料丛刊》第六辑。
⑥ （清）杨捷:《平闽纪》"自序",《台湾文献史料丛刊》第六辑,第13页。
⑦ （清）李士桢:《抚粤政略》卷5《文告·抚粤条约》,文海出版社1988年版,第546页。
⑧ （清）施琅:《靖海纪事》"海疆底定疏"(康熙二十四年三月十三日),《台湾文献史料丛刊》第六辑,第72页。

享海上贸易之利数十年,其对海上人群的争取也分化了清廷的海上作战力量①。

清廷当然不会坐视海上游众尽成"逆贼",遂采取"歼其渠魁,抚其胁从"②的办法,积极争取民众归附。如在灭掉占据龙门岛的邓耀之后,康熙十年(1671)辛亥春正月,廉州知府徐化民、高雷廉镇总兵张伟"招抚邓耀遗孽夏云高等一百一十九人分别兵农安插,冬十二月界外难民殴昌盛等二百九十七丁口闻招来归,知府徐化民、钦州知州董而性通报题明安插各属故土",但仅是招抚岛民迁回内地并未设军驻守,龙门岛很快又被杨彦迪占据,直到康熙二十年(1681)征剿龙门,杨彦迪大败逃入海岛,清廷才占据龙门③。再如康熙十八年(1679),福建巡抚吴兴祚疏报:"招回岛民三千一百九十余名。"④用招抚的办法使海上人群归顺在康熙展界后仍频繁出现,招抚岛民的文武官员会受到旌奖⑤。据福建提督总兵官杨捷记载,当他康熙十九年(1680)二月视察福建沿海时仍看到海沧、岛屿桥等处,"房屋依然、人皆长发",清兵进剿时对此处民尽行杀戮并焚毁房屋。杨捷遍贴晓谕以告鼓浪屿、浯洲、金门、厦门等岛居民:"诚恐兵马所到,民贼难辨,概遭诛戮,殊为可怜。尔等各宜早日为谋,速即相率来归,

---

①　迁界期间东南沿海的各种势力交替与贸易往来可参见:朱德兰:《清初迁界令时中国船海上贸易之研究》,《中国海洋发展史论文集》第二辑,"中研院"三民主义研究所1986年版,第105—160页;[日]松浦章:《清代福建的海外贸易》,《中国社会经济史研究》1986年第1期;李金明:《清初迁海时期的海外贸易形势》,《南洋问题研究》1995年第3期;冯立军:《清初迁海与郑氏势力控制下的厦门海上贸易》,《南洋问题研究》2000年第4期。

②　(清)杨捷:《平闽纪》"张序",《台湾文献史料丛刊》第六辑,第1页。

③　(清)徐成栋修:《廉州府志》卷1《舆图志》,康熙六十一年刻本,第320—323页。

④　《清圣祖实录》卷83"康熙十八年八月癸酉"条,第1058页。又有载吴兴祚"招回岛民男妇一千二百人,得其伪关防、札谕、印记无算",见《清耆献类征选编》卷6《吴兴祚》,《台湾文献史料丛刊》第九辑,第521页。

⑤　《闽浙总督范时崇奏报招抚海上盗伙人船情形折》,康熙五十二年五月二十四日,《康熙朝汉文朱批奏折汇编》第4册第1320条;《浙江巡抚王度昭奏报海上缴获船只并剿抚情形折》,康熙五十二年闰五月二十一日,第4册第1351条。

本将军自当会同都部院为尔等曲加保全,安插得所。"①划外之地的拒降民众会被当作逆贼杀戮,而如前文所知界内民众若私自出界,清廷的惩治相当严厉,杨捷如此晓谕民众:"嗣后如有前项奸徒,潜出界外,私运柴米并一切违禁货物,潜谋出界,或被访闻,或被首发,亦必立拿审实,从重究处。"②

随着东南沿海势力相继归降和三藩的平定,一些原先遁入海岛的民众也转向清廷,"投诚之众率皆前日迁徙之民也"③。在安置归附岛民的问题上,清廷经历了变化的过程,由起初迁民回内地安插到后来允许岛民仍旧居住海岛。康熙十七年(1678)九月二十四日,守备赵士奇"为会报招抚岛民事"中提到"招抚到海坛、江阴二岛难民周善等共二千三百七十五名口",这里的"难民"文献中解释为惨遭逆贼俘掠之民,但这部分人的身份是复杂的,不排除原先抗清而今归降的民众。同月二十六日,府院檄文令该守备会同福清县将招到人口"善为安插,编入里保家甲之内"④。海坛位于福清县东南海中,江阴位于福清县正南海中,皆东濒台湾海峡,此处应是将二岛难民安插至福清县内。但两年后,据福清营游击李应龙称:"岛民奉旨准其仍住耕种,而海坛、江阴等岛居民及汛守兵丁,遇有进入内地,似应在该岛汛守镇营给与印信照据,以便稽察,以防诈伪逾越。"⑤岛民进入大陆需出示凭证,大陆居民则严禁赴岛。康熙十八年(1679),福建铜山岛展界,"十九年,总督姚公到铜调兵征台"⑥。在海坛、江阴、铜山等岛戍军并准许民众在海

---

① (清)杨捷:《平闽记》卷13《告示·晓谕海岛居民》,《台湾文献史料丛刊》第六辑,第367页。海沧位于海沧县境海沧都,漳泉交界处,与厦门岛隔海对望,岛屿桥位置暂未查实。

② (清)杨捷:《平闽记》卷12《告示·分示要汛》,《台湾文献史料丛刊》第六辑,第353页。

③ (清)杜臻:《粤闽巡视纪略》卷1,第2页。

④ (清)杨捷:《平闽纪》卷10《牌檄·檄守备赵士奇》,《台湾文献史料丛刊》第六辑,第275页。

⑤ (清)杨捷:《平闽纪》卷9《咨文·严伤巡拿咨两院、水提》,《台湾文献史料丛刊》第六辑,第261页。

⑥ 《铜山志》卷1《方域志》,乾隆十六年初稿,二十五年删定,第405页。此志载"十八年复界,哀鸿远集",见第389页。

岛居住,与此时水师的建立和对台战略转变有直接关系,清与郑氏在闽台海面的拉锯战已进入最后决胜阶段。在清军一一攻占闽台海峡岛屿之后,作为进攻台湾的跳板,避免其再落郑氏之手就显得特别重要。康熙二十二年(1683)六月,福建水师总兵施琅给康熙的"飞报大捷疏"中,描述了对台战役中对附近岛民的争取,"时值天晚,将船只湾泊八罩、水按澳,遣官坐小哨到将军澳、南大屿等岛安抚岛民"①,此处的安抚即为就地管辖岛民。

表1　杜臻记述的清初迁界时广东弃守岛澳

名称	岛屿大小	聚落	居民及田土	备注
牙山				(钦)州治东南90里海中
龙门				去州治50里
润洲	周70里(或曰百里)	8村	人多田少,皆以贾海为生	去遂溪西南海程可200里
蛇洋洲	周40里			
邵洲			民多邵姓(似久废)	在海康西南110里海中
卵洲				在海西南海中。鸟多伏卵于上,船过或取卵,其鸟千万,飞随10里始返。
新寮岛	长30余里,广5里	7、8处	300余	近岸狭处可1里
东海岛	长70里,广10里,或30里	29	居民稠密	与遂溪县治隔海仅若一河
东头山		13		东海之傍岛
硇洲	长70里,广10里	4		出限门150里
南山渡	长30里,广7八里			硇洲西北5、6里

① (清)施琅:《靖海纪事》"飞报大捷疏"(康熙二十二年六月二十六日),《台湾文献史料丛刊》第六辑,第27页。在康熙二十二年闰六月初四日的"晓谕澎湖安民示"中,施琅晓谕澎湖各岛:"此日王土王民,悉隶版图,宜加轸恤,以培生机……蠲三年徭税差役",第37—38页。在康熙二十二年七月二十四日的"台湾就抚疏"中,施琅奏:"将民人土地悉入版图,其伪官兵遵制削发,移入内地,悉听朝廷安辑",可知郑氏官兵被迁入内地。

续表

名称	岛屿大小	聚落	居民及田土	备注
海陵岛	长80里,广40里	村30余处,都2		自北津寨渡海30里
上川山	长25里,广20里	6（属海晏都）	有瑶人居之,瑶官主其征税	广海卫南,海程50里
下川山	长30里,广20里	11（属海晏都）	新宁人居之	广海卫西南,海程60里
五主岛	周30余里			广海卫东南,海程60里
蟒洲岛	长15里,广10里			在广海卫西南,海程70里
厓门岛	高42丈,周81里	1（旧设沙村巡检司）		
沙尾	长100里,广90里			
北山岭				
旗矗澳	长90里,广40里			
九洲洋				九山,星列在岙（澳）门东北
高栏	长45里,广35里			在（香山）县西南海程110里
黄（旗）角	长120里,广80里			在（香山）县东北80里,属虎门汛
潭洲				
大横琴山	长50里,广30里			
小横琴山	长30里,广20余里	1		
黄梁都	长100里,广80里,周400里	24		由香山小河50里,至海崖,渡海20里,抵岛岸
三灶岛（属黄梁都）	长70里,广50里	13	腴田300顷	
三门海				在（东莞）县西南60里
虎头门寨（秀山）	纵12里,横5里,周12里			
海南栅	纵横各8里,周35里	17		

续表

名称	岛屿大小	聚落	居民及田土	备注
宁洲	纵 6 里,横 3 里,周 20 里	5		
南沙	纵 15 里,横 10 里,周 60 里	村名疑混入海南栅		
伶仃山				新安城南,水程 20 里
大奚山	中环三十六屿, 周 围 300 余里		以渔盐为生	新安东南,水程 90 里
佛堂门	周 100 余里			新安东南,水程 150 里
捷胜所(土名石狮头)	县南 80 里	施工寮诸村	税 2 顷有奇	
梅陇(土名燕洲)		3 个以上	税 13 顷有奇	蚊寮、新围、王公等村
坎下马头(土 名 南湖)		4	税 2 顷有奇	去县 50 里,有城,周 1 里,有东坑门、鸟岸、汕头、浪涌诸村
东海岛(土名蛋家宫)			税 2 顷有奇	坭坦、浩洋诸村
鸟坎(土名深田湖)		沙墩诸村	税 3 顷有奇	
三洲湖东港(土名)		湖东、海仔诸村	税 2 顷有奇	
深澳			税 1 顷以上	甲子门东
达壕埠		15	税 87 顷	在潮阳、澄海之间,西与潮阳之招宁巡检司招收场诸境相连,止隔一河。有赤岗寨、青林寨、下尾寨诸村。
南澳	300 里		田土饶沃	离岸 40 里

资料来源:(清)杜臻:《粤闽巡视纪略》卷 2、卷 3。

第三节　沿海岛屿渐次开复

康熙二十二年(1683)兵部议请开界,十月二十二日得旨,"江南、浙江、福建、广东沿海田地应给民耕种"①。第二年春,清廷派遣工部侍郎金世鉴、副都御史呀思哈往江浙、工部尚书杜臻及内阁学士石柱赴闽粤等地与地方督抚共同筹划展界事宜:

> 察濒海之地以还民,一也;缘边寨营烽堠向移内地者,宜仍徙于外,二也;海壖之民以捕鲜煮盐为业,宜并弛其禁,三也;故事直隶天津卫、山东登州府、江南云台山、浙江宁波府、福建漳州府、广东澳门各通市舶,行贾外洋以禁海暂阻,应酌其可行与否,四也。②

简而概之,内容包括:归还土地、恢复海上防线、恢复民众生计与海上贸易。派钦差赴沿海主持展界,加快了沿海民众的复业③。

康熙八年(1669)已对大陆沿岸进行过展界,除"斗绝之境及诸洲岛"外皆展,故此次大范围的展界所针对的主要是海岛。为区别康熙八年展界,清人有称康熙二十三年(1684)为"开界","初展界、再开界两次也"④,"二十二年甲子二月,诏令海岛迁民复业,海禁大开"⑤,此前虽有一些岛屿因战局的变化而允许民众居住,但对大多数海岛来说,此次的展界为民众赴岛消除了禁令。既然是归还沿海土地给民耕种,之前被迁出的海岛民众应都在其中,地方志对此次海岛的展复多有记载,康熙二十五年修《新宁县志》卷2

---

① （清）杜臻:《粤闽巡视纪略》卷1,第3页。此处应漏掉了山东省,在《姚启圣题为请复五省迁界以利民生事本》,康熙二十二年八月十七日;《姚启圣题为请开六省海禁事本》,康熙二十二年八月十七日,此二折中提到展界省份为"广东、浙江、江南、山东、北直五省"和"福建、广东、浙江、江南、山东、北直六省"皆有山东省,见《康熙统一台湾档案史料选辑》,第293—294页。

② （清）杜臻:《粤闽巡视纪略》卷1,第3页。

③ 关于展界的动因与经过已有学者对此进行过研究,见前文所引,此不赘述。

④ 《乱离见闻录》,第269页。

⑤ （清）庄大中纂修:《阳江县志》卷8《杂事志·事纪》,乾隆十一年刻本,岭南美术出版社2009年版,第443页。此处展界的时间应误,杜臻载为康熙二十二年十月谕旨,二十三年二月杜臻和诸大臣才赴沿海开办展界事宜。关于展界时间还可参见《姚启圣题为请开六省海禁事本》,康熙二十二年八月十七日,见《康熙统一台湾档案史料选辑》,第294页;或可参见地方志的记载如:《广东通志》卷7《编年》,雍正八年刻本,第209页,"康熙二十三年二月,展开海禁"。

《事略》载:"康熙二十三年甲子春二月,内差大人督抚两院至县,开复海中五岛",这里的五岛即是康熙元年内迁的潵洲、下川、上川、大金山、小金山,共报复业户数90,口数1840①。杜臻在康熙二十三年(1684)向康熙皇帝的奏报中称"三月之间遂已开垦一万余顷"②,后世论此开海之策也称"海岛迁民悉复故业"或称"海澳尽复"③。

尽管此次开海是较为全面的,但对于海岛来说此次展界其实并未将招垦复业的范围恢复到迁界前的水平。"(康熙)二十二年始全行展复,听民人迁移界外居住,惟外洋各岛屿仍然严禁,不许民人移居及搭寮采捕。"④事实上,何谓"外洋"在开海之初并没有明确的概念,也未见正式的禁令。康熙二十三年主持展界事宜的杜臻对此类海岛的展界有所提及:

> 查得广州、惠州、潮州、肇庆、高州、雷州、廉州等七府所属二十七州县二十卫所,沿海迁界并海岛港洲田地共三万一千六百九十二顷零,内原迁抛荒田地二万八千一百九十二顷零,额外老荒地三千五百顷零,应交与地方官给还原主。无原主者,招徕劝垦,务令得所。外有钦州所属之涠洲、吴川所属之硇洲隔远大洋,非篷桅大船不能渡,

---

① (清)张殿珠修:《新宁县志》卷2《事略志》,康熙二十五年刻本,第198页;卷6《食货志》,第218页。据乾隆《新宁县志》载,小金岛、大金岛、潵洲岛皆为外洋,上川岛、下川岛为内洋,后文详述洋面划分,见(清)王暠修,陈份纂:《新宁县志》卷4《广海册》,乾隆三年刻本(嘉庆六年补刻本),第496页。下川山,东面隔海与上川对望,分别位于今广东省台山市南部下川镇和上川镇,周围还有潵洲、坪洲、琵琶洲、笔架洲等14个洲岛。见黄剑云主编:《台山下川岛志》,广东人民出版社1997年版,第31页。上川、下川所在的川山群岛海域有96个海岛,以上川、下川面积最大,分别为137.2平方千米、81.73平方千米。见广东省海岛资源综合调查大队等编:《川山群岛资源综合调查报告》,广东科技出版社1994年版。

② (清)杜臻:《粤闽巡视纪略》卷4,第7页。

③ (清)李澐修,李应均等纂:《阳江县志》卷5《兵防志》,道光二年续修刻本,岭南美术出版社2009年版,第119页;曹刚等修,邱景雍等纂:《连江县志》卷16《武备》,民国十六年铅印本,成文出版社1967年版,第162页。

④ (清)福建布政使张廷枚:《奏为外洋孤立岛屿仍请严禁开垦等事》,朱批奏折,档号:04-01-30-0274-013,缩微号:04-01-30-017-0652,雍正十三年十月十五日。

仍弃勿开。①

上述为吏部侍郎杜臻、内阁学士石柱、广东布政使张建绩、两广总督吴兴祚、广东巡抚李士桢等人共同商议的展复方案。文献中提到的洞洲岛（即硇洲岛）和涠洲岛这两个禁止开复的岛屿在迁界前已有岛民村落。涠洲岛"去遂溪西南海程二百里"②，八村岛民俱在迁界时迁出，硇洲岛位于吴川县限门外一百五十里海中，"风顺由小海则一日可到，不顺则由陆路渡海，三四日亦难定之"③，迁界时"上北村、下北村、中村、南村迁界俱移"④。涠洲和硇洲无法展复既与政府军事戍守难以到达有关，也与政府对民间船只的诸多限制有关。类似的还有浙江省朐山（今衢山）等岛屿，"四乡之外，大洋之中，大小山岛尚多，衢山是其一也。只因悬处外洋，汪洋险远"⑤，朐山"屡议开复不果行"，直到光绪四年（1878）才允许民众赴岛⑥。抛开王朝对外洋岛屿的禁令，即便是所谓的内洋岛屿也并非在康熙二十三年（1684）全面放开，而是经历了漫长的自下而上的呈请展复和题准展复的过程。康熙二十五年（1686），清廷在舟山诸岛议设定海县⑦，"（内洋沥港汛辖洋面）金塘山，离定海县约八十里，巨浸海中，周百余里，泉甘土肥，山田涂荡数万亩，洵称沃壤，弃之则反为逋逃盗贼渊薮。康熙三十七年（此处应为二十七

①（清）杜臻：《粤闽巡视纪略》卷3，第34—35页。
②（清）杜臻：《粤闽巡视纪略》卷1，第34页。
③（清）李球随纂修：《吴川县志》卷1《地纪志》，康熙二十六年修，第154页。限门（乡）位于吴川县北一都，见卷1《地纪志》，第155页；卷1《王制志》，第163页。
④（清）杜臻：《粤闽巡视纪略》卷2，第3页。
⑤（清）史志驯修，陈重威纂：《定海厅志》卷14《疆域·山川》，光绪十一年刻本，第25页。
⑥（清）史志驯修，陈重威纂：《定海厅志》卷14《疆域·山川》，光绪十一年刻本，第25页。朐山，宋元时即有此名，据此志载康熙《定海县志》记为衢山。今名亦为衢山，岛岸线93.5千米，面积71.84平方千米，今属岱山县。见舟山市地名委员会编：《舟山海域岛礁志》，1991年，第139页。
⑦ 舟山诸岛，宋元有富都、金塘、蓬莱、安期四乡共属昌国县，明初迁徙岛民只剩富都一乡属定海县辖，清初在舟山诸岛设定海县，将原来的定海县改称镇海县。今称舟山群岛，位于今宁波市东侧海中，与其周围的朐山、岱山、秀山凤凰山、剑山等数百个岛屿今天合称舟山群岛。

年,1688)知县李侗详请开垦,渐次成熟"①。康熙二十九年(1690),据民人金廷清等认垦金塘、蓬莱二乡田地,浙江巡抚张鹏翮奏准开垦成熟、照例起科,并准许建造定海县城垣、学宫、仓库、监狱②。且在开复之初,相当多的垦民仍以大陆为居住地,采取流动垦辟的方式,"大榭接近镇海,与穿山所止隔一港,可以朝垦夕归,故浮居者多"③。

得到开复的岛屿也存在被迁徙的情况,如福建省闽江出海口东北处竿塘及附近岛屿也曾得到开复,但却极为短暂:"康熙四十四年,经前任督臣题禁往贩西南洋并请禁撤各岛耕佃渔民,于是上、下竿塘等一十四岛复行拆寮逐禁"④,经过雍正、乾隆两朝地方官员和士绅的呈请都未曾获准开复。军舰制造技术和水师戍防力量的限制使得政府对辖制沿海岛屿尤其是外洋岛屿并没有太多信心,更重要的是曾威胁清廷统治的郑氏集团也是依靠海洋与其抗争数十年,且台湾扫平后仍有小股南明余党活跃于海上。作为汉人反满最为激烈、最为持久的沿海岛屿,清廷的态度是谨慎保守的,"盖自我朝御极以来,凡有梗化,精骑一到,率土感服,独此海氛,积年负抗,调发劳费,动关亿万,未获消平"⑤。

在海岛展界的实际操作中,康熙将更多决定权交给大臣。平台名将施琅起到了关键性的作用,在给展界钦差杜臻、石柱的旨意中,康熙曾言"将

---

① (清)嵇曾筠、李卫等修,沈翼机等纂:《浙江通志》卷97《海防》,雍正年修,上海书店出版社等2010年版,第1747页。此处金塘山开复时间应误,知县李侗为定海第一任知县,康熙二十七年任职,"金塘山于康熙二十七年开复",见(清)史志驯修,陈重威纂:《定海厅志》卷6《职官》,第7页;卷14《疆域·山川》,光绪十一年刻本,第21页。另据此志卷20《军政·海防附》,第22页,转载于康熙《定海县志》:"金塘山,定海内洋",这里的金塘山是今舟山群岛中的第四大岛。

② 《清圣祖实录》卷144"康熙二十九年二月辛未"条,第590页;卷145"康熙二十九年三月乙未"条,第595页。

③ 《定海厅志》卷14《疆域·山川》,光绪十一年刻本,第64页。

④ (清)闽浙总督喀尔吉善、福建巡抚陈大受:《奏为奉旨查勘酌议周学健请开福建沿海竿塘等岛屿事》,朱批奏折,档号:04-01-22-0025-106,缩微号:04-01-22-004-2249,乾隆十二年八月初十日。

⑤ (清)施琅:《靖海纪事》"恭陈台湾弃留疏"(康熙二十二年十二月二十二日),《台湾文献史料丛刊》第六辑,第62页。

军施琅谙悉岛屿,凡事必与共议"①,施琅早年追随郑芝龙、郑成功父子活动于闽台一带,对海上寇乱有着丰富经历和深刻体会,他的意见对康熙帝影响很大。康熙二十四年(1685),施琅在《海疆底定疏》中畅言居安思危、靖海安疆之道,"天下东南之形势在海,而不在陆。陆地之为患也,有形,易于消弭;海外之藏奸也,莫测,当思杜渐",对于舍弃海外疆土,施琅持坚决的反对态度:

> 伏思天下一统,胡为一郑经残逆盘踞绝岛,而折五省边海地方,画为界外,以避其患? 自古帝王政治,得一土守一土,安可以既得之封疆而复割弃? 况东南膏腴田园及所产渔盐,最为财富之薮,可资中国之润,不可以西北长城塞外风土为比。②

然而,施琅主张开海,却认为"展禁开海,固以恤民裕课,尤须审弊立规,以垂永久"③。这种主张开海又坚决限制出海的观点与战后急于巩固政权的康熙不谋而合④,由此思想为指导推出的一系列禁规将沿海民众控制在近海一带勉强维持生计而难图拓展,也直接影响到海岛展复的程度。

虽然康熙朝规定外洋岛屿禁止搭寮和居住,但当时的执行却较为宽松,这是由于内迁多年,岛民复业的积极性并不高。据康熙《定海县志》载:"桃花、普陀、朱家尖(属今舟山群岛)皆系僧产,土颇腴,远时海中人艰往返,虽展复有年,居民止寥寥十余家。"⑤当中央要求地方将展界情况与应征赋税造册上报时,广东巡抚表示"因丁绝田荒,埋漏决陷",故虽每年展界报垦,

---

① （清)杜臻:《粤闽巡视纪略》卷1,第4页。

② （清)施琅:《靖海纪事》"尽陈所见疏"(康熙七年四月□日),《台湾文献史料丛刊》第六辑,第5页。

③ （清)施琅:《靖海纪事》"海疆底定疏"(康熙二十四年三月十三日),《台湾文献史料丛刊》第六辑,第70—71页。

④ 连心豪、谢广生:《再论施琅与清初开放海禁》,《中国社会经济史研究》2002年第4期。还可参见施伟青:《施琅评传》,厦门大学出版社1987年版。

⑤ 《定海厅志》卷14《疆域·山川》,光绪十一年刻本,第63页。

仍有许多未复海岛,"奉迁海岛未复,无征课银二千二百八十余两"①。这里的征课银数额依据自迁界时登记入册的内迁土地,开海后,由地方官给还原主,无原主者招徕劝垦②。康熙二十三年(1684),阳江知县孙之瑜将海陵岛"原迁税米八百石尽报复业",展界四年后,知县范士瑾却在为粮赋叫苦,"海陵田亩被迁二十余年,沧桑改变多不可稽,且迁民百不存一,开垦寥寥,迄今升科赔累,苦莫胜言"。③ 地方官员致力于招垦复业增加粮赋,虚报冒功的现象十分常见。再加上缺乏明晰的内外洋分界,地方很难界定民间海上活动的合法范围,禁止赴外洋岛屿搭寮居住的禁令也就形同虚文。

随着海洋经济逐渐恢复,沿海民众向岛屿拓展的范围在一天天扩大,海上非法活动日渐频繁,中央时常收到地方关于盗风渐炽的奏报,作为回应,王朝的禁令在康熙五十年(1711)左右有加强的趋势。康熙四十九年(1710),浙江温州镇标左营水师千总郭王森向康熙皇帝建议允许渔民赴外洋海山搭盖蓬厂,"请于十月始至正月止,此四月间任穷民海山盖篷施网",闽浙总督范时崇以海上盖棚最易藏奸为由认为不可行④。康熙五十四年(1715),中央令沿海各省奏报内外洋界的清册。康熙朝所制定的海洋政策作为国策被以后历任皇帝所遵循,主张禁民出海的保守大臣纷纷援引此时的政策而以外洋为禁地,外洋被作为政府控制力薄弱的海域延续至晚清,后文详述洋面划分。

在展界的过程中,同岛民复业一起进行的还有沿海兵防的调整,"今海寇已除,迁界已复,沿海田土已经给还,应将不紧要处兵丁归并紧要处"⑤,

---

① (清)李士桢:《抚粤政略》卷2《奏疏》,文海出版社1988年版,第132—133页;卷4《符檄·申饬垦荒》,第409—410页。
② 迁界时,按照规定,所迁土地皆应被登记入册,如广州府"元年画界,自三角山历马鞍山等境……暨佛堂门、大奚山、鹅公澳、榕树澳、白沙澳、鸡栖澳、南头、香港塘、福梅窝、石壁、螺杯澳、大澳、沙螺湾诸海岛皆移并续迁共豁田地一千三百五十九顷有奇",见(清)杜臻:《粤闽巡视纪略》卷2,第38—39页。
③ (清)范士瑾纂修:《阳江县志》卷3《县事纪》,康熙二十七年修,岭南美术出版社2009年版,第255页。
④ 《康熙朝汉文朱批奏折汇编》第3册,第314—367页。
⑤ (清)杜臻:《粤闽巡视纪略》卷5,第68页。

清廷于展界后着手建立的海上防线对此后岛民管理影响巨大,此后约百年的时间里,政府的军事戍守随着民众的开拓不断向远伸展。以上文广东吴川县硇洲岛为例,康熙元年(1662)硇洲四村俱移,康熙二十三年(1684)展界之时曾以"远隔大洋"弃守,康熙三十四年(1695)、康熙四十年(1701)硇洲民谭福臻呈请开复,因地处外洋又未设专汛而罢,康熙四十二年设硇洲营守备等官稽查防务①。康熙四十三年(1704)知县杨名彩再次据硇民呈请开复②,康熙四十五年(1706)七月,广东巡抚范时崇疏言:"近奉旨酌改沿海营制,硇洲岛已设专汛,迁民来归故土,已有谭福臻等九十余家呈请复业,应察明原额钱粮、户口,听开垦升科",部议允行③。雍正年间,广东地方官因"生齿日繁,商贾辐辏",而"武职未便兼理民事",请设巡检一员驻扎安辑,从之④。从硇洲岛的展复可看出,海岛开复以军事防御为前提,岛民合法身份的获得取决于政府在岛屿军事控制的到达,而国家在海洋军事控制的加强也会促进岛屿的开复进程。

---

① 《清会典事例》卷554《兵部官制·广东绿营》,第184页。
② (清)盛熙祚修,章国禄纂:《吴川县志》卷2《赋役》,雍正十年刻本,岭南美术出版社2009年版,第317—318页。
③ (清)李桓纂:《清耆献类徵选编》卷7《范时崇》,《台湾文献史料丛刊》第九辑,第652页。
④ (清)郝玉麟等监修,鲁曾煜等编纂:《广东通志》卷7《编年》,雍正八年刻本,岭南美术出版社2006年版,第231页。

第二章　海防与海岛守御

第一节　海上分营布汛

海岛戍守需驾船而至,陆营官兵并无舟楫可以调配,尤其是八旗不善在海上作战,戍守海岛就成为汉军水师之责,而这部分军队尚未得到新政权的信任,这也是作战前期清廷不愿驻守海岛的原因之一。但这种退居陆地防守的战略缺乏进攻优势,使清军损失惨重仍无法摆脱战争的泥潭。康熙十七年(1678),福建总督姚启圣请求复设水师提督,奏疏中分析战争失利的原因:"海贼一副精神,全在船上,以水为家,以船为命⋯⋯上自大帅将弁以至小兵,尽在舟中。"①此后,清廷开始巩固新占岛屿,以此为据点防守大陆进攻台湾,如在浯屿、铜山都有水师防守②。但此时海岛水师多为临时据点,军事机构的级别和官兵数目随需而动。

康熙十九年(1680)八月初四,康熙曾就开海事宜征求大臣意见,大学士明珠建言,"臣昔年差往福建,颇知彼中情形。若金门、厦门不设重兵,海禁未可骤开"③。该意见得到康熙帝的肯定。平定台湾以后,康熙二十三年(1684)展界,清廷将陆地兵力抽拨至海岛,"附近海岛洲港既已给民耕种,应

---

①　《姚启圣题为请复设水师提督事本》,康熙十七年九月初一日,《康熙统一台湾档案史料选辑》,福建人民出版社1983年版,第164—165页。

②　《平闽记》卷9《咨文·边海要岛咨督院》,《台湾文献史料丛刊》第六辑,第256页。另可见施琅:《靖海纪事》"舟师北上疏"(康熙二十一年十一月二十五日),《台湾文献史料丛刊》第六辑,第18页,康熙二十一年九月"协调陆路官兵协防金、厦、铜三岛"。

③　中国第一历史档案馆藏:《清代起居注册(康熙朝)》第9册,中华书局2009年版,第4079页。

听地方官酌拨官兵防守,自防城至分水关沿海防守兵丁共一万四百名"①。对于清代岛陆相维的防御方式,学者们从政策根源、政策变迁角度入手已有丰硕的研究②。何瑜进一步将这种防御分为三条防线,第一条是以绿营水师为主的海岛防线;居中的是八旗与绿营水陆相维的海岸防线;第三条是以八旗和绿营陆师为主连接沿海重镇的东南防线③。因海岛戍守、海上稽查主要为绿营水师,对海岛戍守进行专门探讨前,必须首先明晰绿营水师的巡防制度。

自康熙十七年(1678)定营制后,绿营层级逐渐明晰。一般来说,镇的最高将官为总兵(正二品),总兵官统辖下分中、左、右三营,也有分两营或更多营。副将(从二品)所辖军队称"协";参将(正三品)、游击(从三品)、都司(正四品)、守备(正五品)所辖称营,下设千总(正六品)、把总(正七品)、外委千总(正八品)、外委把总(正九品)等官弁④,各镇、协、营的官兵数不定,甚至悬殊很大,例如以领兵专守的最基本单位"营"来说,有的营几十人,有的一千多人⑤。凡城守分防各营,都分领汛地,沿海、沿江、大道旁设置墩堡分驻弁兵,各守汛地,称为防汛。汛地主要负责缉捕要案、防守驿道、护卫行人、稽查匪类。各镇营按期酌配兵官在辖境巡防,并在各辖区交界洋面约期会哨,同时并集,联名申报总督、巡抚、提督察核,称为"巡防"⑥。水师营一般设水兵数百名,守兵数百名,设战船若干只,分防于沿海各汛,定期派兵官驾船更番出洋巡视。出巡日期、会哨洋面、都巡将领皆有定则。

---

① (清)杜臻:《粤闽巡视纪略》卷3,第39页。

② 何瑜:《康乾盛世与海疆政策》,《清史研究》1993年第1期;何瑜:《清代海疆政策的思想探源》,《清史研究》1998年第2期;王宏斌:《清代前期海防:思想与制度》,社会科学文献出版社2002年版;王日根:《明清海疆政策与中国社会发展》,福建人民出版社2006年版。

③ 何瑜:《海疆政策的转变》,马汝珩、马大正主编:《清代的边疆政策》,中国社会科学出版社1994年版,第218页。

④ 据罗尔纲考证,游击旧为正三品,顺治十年改从三品;都司旧从三品,康熙三十四年改正四品;守备旧正四品,康熙三十四年改正五品;千总旧正六品,康熙三十四年改从六品。见罗尔纲:《绿营兵制》,中华书局1984年版,第221页。

⑤ 参见张铁牛、高晓星:《中国古代海军史》,解放军出版社2006年版。

⑥ 绿营兵制巡防细则可参见罗尔纲:《绿营兵制》,中华书局1984年版,第270—273页。

地理条件的差异会造成防御方式的不同,决策者重在防陆的思想也会制约外洋的防御力量,清统一台湾后,施琅、姚启圣等人守台的建议被采纳①,但康熙皇帝也曾言:"海贼乃癣疥之疾,台湾仅弹丸之地,得之无所加,不得无所损。"②随着中央大臣、地方官员、士人对海岛"藩篱"作用的强调③,加上展界后海岛的军事部署已取得成效,康熙开始将控制岛屿作为稳定海疆的重要举措。但海上防线所针对的主要是民众,康熙曾在五十一年(1712)朱批中说:"大洋内并无海贼之巢穴,海贼即是陆贼,冬月必要上岸,地方官留心在陆路即可以防海。"④可见,清廷海疆防御的重点在于海盗,康熙对于海洋防御即为陆地防御的这种认识势必影响到兵力部署,水师更多地驻守于沿岸和离大陆较近的岛屿。康熙二十八年(1689)《东莞县志》中列出了明清两代在虎门设置的"汛",如此比较前后的军事部署的差异:"(明代汛哨)皆主于捍外者也,今则密在里海矣。盖此前之御在倭,故遏其阑入,今此之御在寇,故禁其阑出。"⑤康熙五十年(1711),浙江温州镇标左营水师千总郭王森在"条陈海防十事折"中提出加强浙江岛屿驻守,"海防守汛之兵宜就近也","查得福建沿海营汛南自诏安北至烽火,贯若鱼鳞,其屺峙海岛者,又有海坛、南日、金门、厦门、铜山、南澳、澎湖、台湾,布如星列,似可毋庸置议矣,惟浙江沿海水道二千七百余里,岛屿甚多,只有舟山一镇驻扎,其余各岛俱无安设汛营官兵,而温州黄、岩二镇驻扎之处离海较远"。

① 《姚启圣题为舆图既广请立洪远规模事本》,康熙二十二年八月十七日,《康熙统一台湾档案史料选辑》,第 300 页;《福建水师提督施琅题为恭陈台湾弃留事本》,康熙二十二年十二月二十二日,《康熙统一台湾档案史料选辑》,第 309 页。

② (清)王先谦:《东华录》,康熙三十二"十月丁未",光绪十年长沙王氏刻本影印,《续修四库全书》第 370 册,第 131 页。

③ (清)杜臻:《海防述略》,第 5—6 页;(清)陈伦炯:《海国闻见录》,第 3—4 页;顾祖禹:《读史方舆纪要》卷 95,第 3974 页。

④ 《浙江巡抚王度昭奏报在温台两洋面有船抗敌官兵情形折》,康熙五十一年六月,《康熙朝汉文朱批奏折汇编》第 4 册第 1148 条,第 313 页。

⑤ (清)郭文炳修,文超灵纂:《东莞县志》卷 10《兵防》,康熙二十八年刻本,东莞市人民政府,1994 年,第 292 页。

闽浙总督范时崇以分设太多,汛广兵单,驳回此折①。不过,由此可看出,自康熙末年,水陆兼御的海岛汛哨体系在东南沿海已经渐成规模。但这种"星罗棋布"的布防方式主要用于防范本国民众,故而局限于近海地区(见表2)。

在海上横向军事力量分布上,大陆沿岸和较大岛屿分布有重兵,远离海岸的汛地及岛屿定期派兵巡视。康熙四十二年(1703)规定:"沿海各营洋面有岛有屿,宜另为派定船只,以将备带领常川驻守,其余各汛以千把游巡。"②军事驻守扎根于海岛、汛地游巡以海岛为标识,即在海上"分营布汛"。大致看来,对于有淡水且离陆地水程较近的岛屿派兵常川驻守或安设炮台、墩台、瞭望以资防御,如厦门附近的大担、小担、浯屿等③。针对一些易于湾泊的岛屿会派兵弁防守并设挂验以检查来往船只,如海坛镇辖境的南日汛,是南北船只必经之处,清代"额设千把总一员、战船一号、练兵八十名以资缉捕,设有挂验"④,而对面积较大、人口较多的岛屿会设镇营驻扎"近闽省水师十四营皆兀居岛屿,即浙之定海镇亦在水中,船聚一处易于游巡"⑤(见表2),而无淡水或无良港湾泊的远处岛屿则派兵定期巡视岛屿及附近洋面,并不驻守。

从海上军事力量纵向分布来看,浙江以北洋面,海滨淤沙多而岛屿少,海岸径直,防务重在江海总口,而略于海岸;浙江以南洋面,岛屿多而淤沙少,海岸迂曲,防务既重海口,而巨岛与海岸亦并重。道光年间,严如熤言:

> 自昔谈海防以御外洋堵海口为要策。我国家于崇明、舟山、玉环、海坛、金门、澎湖、南澳、硇洲岛屿深阻之处,皆特设镇将。而台湾在澎

① 《闽浙总督范时崇奏为遵旨议复郭王森条陈海防十事折》,康熙五十年三月初四日,《康熙朝汉文朱批奏折汇编》第 3 册第 818 条,第 350—351。

② 《大清会典(雍正朝)》卷 139《兵部职方司·海禁》,第 8731—8732 页。

③ 《福建水师提督施世标奏报营务防务并台澎巡哨事宜折》,《康熙朝汉文朱批奏折汇编》第 7 册第 2221 条,第 411—414 页。清军水师分为水战兵和守兵,水战兵利用战船作战巡查,守兵依托炮台进行陆地防御进而为水战兵提供补给和基地,故而设有炮台的岛屿皆有驻兵。

④ (清)黄履思修纂:《平潭县志》卷 16《武备志》,民国十二年铅印本,上海书店出版社 2000 年版,第 671 页。

⑤ 《闽浙总督范时崇奏报温州黄岩洋面官船被截折》,康熙五十一年六月十二日,《康熙朝汉文朱批奏折汇编》第 4 册第 1127 条,第 250 页。

湖外,距海岸水程千里,鸡笼、凤山隶我版图,设官莅长。人物繁昌,屹然为海外巨镇。声威雄壮,杜岛夷之窥伺矣。①

以上所言的清代崇明、舟山、玉环、海坛、金门、澎湖、南澳等岛屿营镇级的军事戍守除崇明位于江苏洋面,其他则位于浙江以南洋面,且皆在康熙、雍正时期已经基本奠定规模,不过,乾隆以后,出于防盗或防夷的新形势,在较小的海岛上也曾因时制宜地增添一些水师营弁和炮台烟墩,但没有再出现新的营镇级军事机构。

在对各汛巡防的紧要程度上,也有差别。如据雍正《山东通志》中就将海上汛地分成冲汛、闲汛、迁汛、僻汛、会汛、次冲汛、险要汛、险冲汛、冲要汛、险要冲汛等十种②:

> 一曰险汛,两山相阨,水多礁石,风潮不测者,宜用把截;二曰要汛,众道必由,舍此无他歧者,宜屯重兵;三曰冲汛,往来必经,为住泊之定程者,宜用守防;四曰会汛,居中控制,众道可以总集者,宜立军门;五曰闲汛,潮水出入,小口狭滩,不能泊船者,宜设墩堡;六曰散汛,道旁岛屿,暂可避风者,宜用巡哨;七曰迁汛,避风入口,换风出口,无关正道者,宜用瞭望;八曰僻汛,支流回曲,偏在一隅者,宜用侦探。

这种汛地区分方法最早在顺治十五年(1658)提出,时任直隶、河南、山东三省总督的张元锡奏请将口岸分为八大汛地,区分方法与雍正年间大致相同,唯独"散汛,道旁岛屿,暂可避风者,宜委乡保"③。对于可通岛屿的散汛,清初委任乡保,大概是也是迫于当时缺乏水师力量的办法。在海上巡防力量建立之后,临近岛屿的散汛一致用巡哨稽查。

---

① (清)严如熤:《洋防辑要》序,《中国南海诸岛文献丛编之四》,台湾学生书局1995年版,第1页。

② (清)岳濬等修:《山东通志》卷20《海疆志》,《文津阁四库全书》第181册,商务印书馆2005年版,第443页。

③ 《莱州府志》卷5《海汛》,乾隆五年刻本,第7页。

表 2 清代前期营级以上的海岛驻防

省份	海岛	设置时间	衙署	兵官总额（初设之时）	备注	资料来源
江苏	崇明岛	康熙十四年	苏松镇	3533	自顺治三年置崇明营陆兵 600，水兵 200，以后不断增减，康熙十四年改总兵为水师提督，康熙二十三年改设总兵，分中、左、右、奇四营。道光二十三年改奇兵营为福山镇左营	康熙《重修崇明县志》卷5《武备》；光绪《崇明县志》卷 7《武备志·军制》
浙江	舟山诸岛	康熙二十三年	定海镇	2885	康熙二十三年为舟山镇，康熙二十七年于舟山设定海县后改定海镇。同治七年裁撤兵官为1871 员/名	雍正《浙江通志》卷97《海防三》；光绪《定海厅志》卷20《军政·海防附》
	玉环诸岛	雍正五年	玉环营（温州镇总兵辖）	956		雍正《特开玉环志》卷4《军志》
福建	海坛诸岛	康熙十七年	海坛镇/协	2400(兵)	康熙二十七年裁中营，兵数分入左右营兵，又拨 96 名入福州将军标，兵数为2304，二十八年移镇东驻扎海，光绪十三年与澎湖协对调	乾隆《福清县志》卷 6《兵制》；民国《平潭县志》卷16《武备志》；光绪《平潭乡土志略》第五章《兵事志》
	铜山	康熙十九年	铜山镇（协/营）	4000(兵)；康熙二十三年裁镇为协，官兵1600 名，三十一年改协为营，共984 名，四十八年，共 1200名	康熙三十一年，分防悬钟等汛	乾隆《铜山志》卷 3《武备志》
	金门（浯洲屿）	康熙十九年	金门镇/协	2304	同治五年改协	民国《金门县志》卷11《海防》
	厦门	康熙二十四年	厦门厅水师提督	8544(兵)	康熙元年设，驻海澄，七年裁，十七年复设，驻厦门，五十八年将守备署由二十崎移浯屿	道光《厦门志》卷 4《防海略》
	南澳	康熙二十四年	南澳镇左营	1200(兵)	原额 1200，战兵守兵各 600，康熙三十五年裁去41名	乾隆《南澳志》卷 8《海防》
	台湾	康熙二十三年	台湾镇	9156	康熙二十三年台湾镇下设副将于澎湖（协），光绪十三年与海坛镇对调，改澎湖镇	康熙《重修台湾府志》卷4《武备志》

续表

省份	海岛	设置时间	衙署	兵官总额（初设之时）	备注	资料来源
广东	南澳	康熙二十四年	南澳镇右营	1200（兵）	原额1200名，康熙四十一年裁20名，乾隆年间又裁若干	乾隆《南澳志》卷8《海防》
	达濠	康熙二十三年	达濠营（南澳镇辖）	374（兵）	康熙二十三年由协改营。原设兵374名，康熙五十七年添兵43名，乾隆四十七年奉行养廉，名粮裁除酌增实兵公费名粮删除，案内裁名粮35名	乾隆《潮州府志》卷36《兵防》；道光《广东通志》卷174《经政略十七·兵制》
	龙门	康熙二十三年①	龙门协（高雷廉镇辖）	1996（兵）	康熙五十六年设立炮台7处，营房若干间	康熙《廉州府志》卷2《地理志》
	硇洲	康熙四十二年	硇洲营（高雷廉镇辖）	507	乾隆三十五年裁兵82名，乾隆五十九年增兵198名	雍正《吴川县志》卷6《武备》；乾隆《吴川县志》卷6《武备》
	琼州	顺治八年	雷琼镇	2614	康熙四十一年左、右、中右营裁41名	乾隆《琼州府志》卷8《防海》

注：上表中所列官兵为初设之时的数目；各镇属各省总督及提督节制，如苏松镇总兵驻扎崇明县，听两江总督、江南提督节制，南澳镇总兵则听闽浙总督、两广总督、福建水师提督、广东提督节制。

第二节　洋界划分与海洋巡防②

清代海洋会哨承袭于明代中叶的水寨与游兵制度，明中叶为抗击倭寇

---

① 赵生瑞根据道光《钦州志》载：龙门副将署、左营都司、守备署、军装库、火药局均建于康熙二十三年，右营守备署建于康熙二十二年，遂推断龙门协应建于康熙二十二年前。见赵生瑞：《中国清代营房史》，中国建筑工业出版社1999年版，第803页。笔者认为康熙二十三年更为准确，因康熙六十一年刻本的记录更接近当时的历史时期，见（清）徐成栋修：《廉州府志》卷2《地理志》，康熙六十一年刻本，岭南美术出版社2009年版，第329页。"国朝康熙二十三年建龙门协设汛。"又见卷1《舆图》，第323页："二十三年甲子春正月裁廉州镇总兵衙门，钦差工部尚书杜臻、总督吴兴祚、巡抚李士桢、提督许贞至廉抵钦州会勘龙门，设协镇衙门，控制边海。"

② 该节撰写于2009年，部分内容曾用作2011年"明清海洋政策与东亚社会"国际学术讨论会（厦门大学历史系主办）的会议论文。

试图恢复明初的水寨。为了防止地方剿捕推诿扯皮,明王朝打破以往以水寨为中心的点状防御,实行水寨间互动式的会哨巡视,将原来的点状防御连成线状防御,形成点、线、面的海洋防御区间,以广东省为例,洋面主要有柘林、碣石、南头、北津、白鸽及白沙诸水寨,各水寨兵船巡视至信地交界处会哨,水寨兵船必须在取得会哨地附近卫所或巡司的结报并带回给自身所在水寨,以作为完成任务的证明①。明代水寨与游兵的建立,一方面使海防从陆地向海洋纵深延伸,另一方面水寨间的会哨又使洋面防御有了横向联系。然而这一制度在明后期的实际运作中渐次堕坏②。清初展界后重新建立起海上会哨制度,康熙二十八年(1689)规定,"水师总兵官俱应亲身出洋,督率官兵巡哨,违者照规避例革职"③,清廷在明代会哨制度的基础上将内外洋的区分制度化,"前明只有大小洋,分春秋两汛,无内外之别"④。所谓"大小洋"即是内外洋的前身,"零丁山下有零丁洋,内洋曰小零丁,外洋曰大零丁"⑤。只是这种大小之别在明代并不普遍,也未在制度层面形成较为清晰的分界。

内外洋之别最晚出现于宋代,"自旧海发舟直入赣口羊家寨,迤逦转料至青龙江、扬子江,此里洋也。若欲送死浙江,则自旧海发舟直出海际,缘赣口之东杜苗、沙野、沙外、沙姚、刘诸沙以至徘徊头、金山、澉浦,此外洋也"⑥。这里的"里洋"指江河出海口洋面,外洋则是远离陆地的海岛与海域。明代中叶也曾将内外洋区分用于水寨与游兵的巡防,但直到康熙开海后三十余年,有关内外洋的划分并没有统一的举措,以致汛兵常以内洋之事

---

① (明)应槚纂,刘尧海重纂:《苍梧总督军门志》卷6《六寨会哨法》,台湾学生书局1971年版,第380—384页。后广东水寨数量又有增减。
② 黄中青:《明代的水寨与游兵》,宜兰明史研究小组,1990年。
③ 《清会典事例》卷632《兵部·绿营处分例》,第1184页。
④ (清)梁蒲贵等修,潘履祥等纂:《宝山县志》卷6《兵防志·墩汛》,光绪八年刻本,成文出版社1983年版,第545页。
⑤ (清)戴肇辰等修,史澄等纂:《广州府志》卷12《舆地略四》,光绪五年刊本,岭南美术出版社2006年版,第219页。
⑥ (南宋)《开庆四明续志》卷5《烽燧》,成文出版社1983年版,第5421页。

谎报为外洋之事①。康熙五十四年(1715),为了进一步明确水师巡视职责,朝廷开始推行"内外洋"划界,"按旧制海防处分,惟港内失事,责之汛守。若在内外洋则委之莫可稽考。康熙五十四年,大部以汛守推委行造内外洋名,以专责成,法严而密,莫以加矣"②。但据闽浙总督范时崇所奏,直到康熙五十五年(1716),中央对地方内外洋界的划分并无稽查之册,"各省内外洋名,臣部无凭稽查",康熙遂准范时崇之请"令该督抚造册咨部,以备查核"③。

　　实际上,直到乾隆即位之初,洋面界址仍模糊不清。乾隆元年(1736),浙江按察使胡瀛奏:"其有内外洋并两三县及两省相邻界限不清之处,传饬沿海州县会同营员带领谙练舟师勘明,在内在外、洋面山岙、岛屿名色、某省某县界址,逐一绘图造册,上报督抚,汇齐送部存案。"④由此可见,中央是内外洋划分的发起者,各州县官与水师营弁是洋面划分的实际操作者。

　　乾隆以后,内外洋界逐渐清晰,从沿海地方志内外洋面图的出现可以看到这种变化,在乾隆五年刻本《莱州府志》卷5"海汛"中以"海口内外洋界址"来详细划分莱州府沿海内外洋:

　　　　掖县正北为三山海口西,北为蜉蝣岛,岛之北为外洋……内洋东南为唐岛口,为灵山岛,岛之南为外洋,为竹岔岛,为古积洋,俱外洋,为淮子口,为黄岛,为头营子口,为塔埠头口,为女姑口,入即墨县界,俱内洋。即墨县西会岛口为胶、即接界,其西南为阴岛,为豹岛,即槟榔屿,为芥莱岛,为青岛,俱内洋。正南为墨岛,内洋为大古积岛,为小古积岛,俱外洋。东南为赤岛,为福岛,为泽化岛,俱内洋。为苍岛,为劳公

------

① 《大清会典(雍正朝)》卷139《兵部职方司·海禁》,文海出版社1995年版,第8757页。
② 《廉州府志》卷14《经政五·海防》,道光十三年刻本,岭南美术出版社2009年版,第304—305页。
③ 《清圣祖实录》卷268"康熙五十五年闰三月癸亥"条,第633页。
④ 《浙江按察使胡瀛奏为沿海内外洋盗案州县承缉文官驳诘推诿请饬部勘明内外洋》,朱批奏折,档号:04-01-12-0004-001,缩微号:04-01-12-001-1299,乾隆元年七月二十日。

岛,为车门岛,为千里岛,为车古岛,为女子岛,为狮子岛,为大管岛,俱外洋。

这一以海岛为标准划分的内外洋界线,因为海岛距离陆地水程远近的不同,使得内洋面积大小不同。有些地方以陆地到海洋的水程远近来划分,如道光十年刻本福建省《晋江县志》卷5《海防志》记载:

> 五堡外港要口,上至祥芝下至东埔,水程二里内系内洋,二里外系外洋。
>
> 东埔外港要口,上至五堡下至东店,水程二里内系内洋,二里外系外洋。
>
> 东店外港要口,上至东埔下至厝上,水程一里内系内洋,一里外系外洋。
>
> 厝上外港要口,上至东店下至沙堤塘,水程三里内系内洋。
>
> 沙堤外港要口,上至厝上塘十里下至寨下塘,水程三里内系内洋,三里外系外洋。
>
> 寨下外港要口,上至沙堤下至永宁,水程五里内系内洋,五里外系外洋。
>
> 永宁外港要口,距县东南五十里,水程五里内系内洋,五里外系外洋。
>
> 默林外港要口,上至永宁下至鲁东澳六里,水程五里内系内洋,五里外系外洋。
>
> 鲁东外港要口,上至默林塘十里下至深沪十里,水程六里内系内洋,六里外系外洋。
>
> 乌浔外港要口,在县东南九十里,水程五里内系内洋,五里外系外洋。

晋江东向无岛屿作界址,以水程里数体现出的内外洋界,显然考虑了汛守难以防御的因素。一些有岛屿的地区,内外洋则处于水程较远的海域,

"广东省切近海口,距澳门外洋水程三百余里,距虎门沙角水程一百余里。沙角以外为外洋,虎门以内为内洋"①。嘉庆七年刻本的《太仓州志》从自然地理上对内外洋做了区分:

> 内洋以江口涨沙为识别者,内洋虽有去岸远近之殊,而江口涨沙有人民聚落,南北两岸大都皆民田,故与内地水道犹不甚异,至外洋则以山为表者,山麓不无涨沙,然而滩涨不常,未可指据,必望山为标识乃可以信。②

内洋之处多为港、湾、沙,外洋多为海岛。上述各地内外洋的分界标准虽各有不同,但却描述了一幅清代在海洋地理认识基础上的分界线。对拥有岛屿的沿海地区,以岛屿为补给和停泊的据点,向更远处海域拓展成为可能,这无疑延伸了地方在洋面的控制范围③。

综上可见,所谓内洋就是十分靠近陆地之处,外洋之处即为远离陆地的海岛或海域,中央并无统一而具体的划分标准,地方结合地理条件、历史传统自行划分实际上有利于各海域的独立发展,但同时参差不齐的洋界划分极易造成水师营弁的相互推诿,尤其是外洋界限的不明晰也为后来海盗、外国势力在周边洋面和海岛活跃留下了隐患。例如一些地方对内外洋的记载就相当模糊,"大担门以外汪洋大海,金门镇标所专管,南北沿海各汛,近处谓之内洋,外海深水处谓之外洋"④。笔者暂未找到这一海域更加翔实的分界情况,实际上,即使地方做了非常精细的洋界划分,在水师汛哨过程中,类似以近处、远处来区别内外的含糊做法相当普遍。学者穆黛安曾如此概括

---

①　《香山明清档案辑录》,两广总督阮元奏折,嘉庆二十三年四月初六日,第78页。

②　(清)王昶等纂修:《直隶太仓州志》卷18《水利上·洋面》,嘉庆七年刻本,上海古籍出版社2002年版,第302页。

③　相关研究可参见王宏斌:《清代内外洋划分及其管辖问题研究——兼与西方领海观念比较》,《近代史研究》2015年第3期。

④　(清)周凯等纂:《厦门志》卷4《防海略》,道光十九年刊本,成文出版社1967年版,第87页。

内外洋界："凡是肉眼看不到的地方就是外洋了。"①外洋更像是难以捕捉、难以控制而又无关紧要的区域。

水师营弁的巡视和奖惩细则随着内外洋的清晰而逐渐区别开来。首先，巡洋时，内外洋巡视期限和汛哨兵丁数有所差别。内洋的巡视更为频密，全年内皆为巡视期，而外洋则限定在一年的特定时间内。因外洋并无太多驻军，故而巡哨派遣的兵力要多于内洋。以崇明县乾隆十一年（1746）所定内外洋汛期看：

> 内洋每年分四季派守备一员，四营千把各一员，外委八员，兵丁二百五十名，沙船五只，安设战具，在高、廖二礁内梭织巡查，中、右二营与狼山会哨，左营与川沙吴淞会哨，奇营与福山刘河会哨，按月查验；外洋自二月起至九月止，每营各巡二月，游击守备错综分派，率领千把外委六员，兵千三百五十名，赶缯船五只，安设战具，赴高、廖二礁外、小洋山之北、大七、小七、马迹等山洋面梭织巡查。②

由文献可见，江南一带内洋巡视期限为一年，外洋一般为每年的二月至九月。再如广东上川、下川所在的内洋由广海营千把每月轮巡兼巡，而小金山、大金山、漭洲等外洋岛屿所在洋面由广海营每年上下两班巡搜，属中路统巡③。其次，奖罚程度上的差别。内洋靠近大陆，倘若船只遭风或者被劫，其惩罚比外洋发生事故的惩罚更重，而外洋浩渺不可测，充满了危险，汛哨官兵处罚较轻，"内洋失事，仍照定例议处，若果系外洋被劫者，难定专汛兼辖，惟责之分委总巡，题参到日，限一年缉贼"④。内洋捏报为外洋也会遭到一定的处罚，"若有以内洋失事，捏称外洋者，即依讳盗例处分"⑤。

① ［美］穆黛安：《华南海盗》，第 22 页。
② 《崇明县志》卷 9《武备》，民国十九年刻本，上海书店出版社 2010 年版，第 618 页。
③ 《新宁县志》卷 4《广海册》，乾隆三年刻本（嘉庆六年补刻本），第 496 页。
④ 《大清会典（雍正朝）》卷 139《兵部·职方清吏司·海禁》，第 8757 页。
⑤ 《大清会典（雍正朝）》卷 139《兵部·职方清吏司·海禁》，第 8757 页。

阵亡将士的抚恤上,外洋要优于内洋,"凡巡海遭风受伤者,在外洋官准军功加级,兵准一等伤给赏;在内洋官准军功纪录,兵准二等伤给赏。身故者,在外洋官兵皆照阵亡之例,在内洋官照阵亡例减一等、兵减半各给恤典"①。

内外洋界将洋面纵向切割成两部分,除此以外还有军事巡防区(即各镇、协、营及其所辖汛地)、行政区域(即各省、府、州县)之间的横向分界。以海岛为界限建立的巡哨网络布满从辽东到广东的洋面,各军事巡防区的横向分界主要是为了水师巡哨分责,由各地方勘察汇册,中央并不过多干预。"(康熙)二十九年,命江、浙二总督,会勘辖境海面,分界巡哨,勒石于洋山,垂为定制","浙江海汛以大羊山为界,大羊山脚以北之洋岛属江南管辖,江南海汛以马迹山为界,马迹山脚以南之洋岛属浙江管辖,自西至东山岛洋面俱以二山为准,各照分定界限巡哨,勒石羊山永为定例"②。军事巡防区的分界影响到各行政区域的海上分界,如江南、浙江两省水师会哨的界限实际上成为江南苏州府崇明县与浙江宁波府定海县之间的海上分界。兵部负责对地方的洋面划分进行核准,康熙五十三年(1714)兵部复准山东与盛京的洋界:

> 嗣后南金州之铁山、旧旅顺、新旅顺、海帽坨、坨山岛、并头双岛,并虎坪岛,桶子沟、天桥厂、菊花岛等处具系盛京所属地方……至于北隍城岛、南隍城岛、钦岛、砣矶岛、黑山岛、庙岛、长山岛、小竹岛、大竹岛,至直隶交界武定营等处止,并成山头、八家口、之(芝)罘岛、崆峒岛、养马岛,至江南交界等处止,俱系山东地方。③

尽管如此,各省州府县洋界与镇协营之洋界并非对应重合而是相互交错,各行政地域辖制洋面大致范围即是此行政地域海岸线向外延伸的洋面,

① 《大清会典(乾隆朝)》卷65《兵部·职方清吏司·巡防》。
② (清)李卫:《浙江通志》卷96《海防》,雍正年间修,第109页。
③ 《大清会典(雍正朝)》卷139《兵部职方司·海禁》,第8719—8720页。

"各州县均以陆地对出洋面约界分析,不能以尺寸界也"①,各省府州县渔民出洋采捕、文官稽查海岛即是依此范围。各镇、协、营有各自洋面辖区,需在划定洋面内巡视并定期在分界处会哨,会哨日期需报总督、巡抚、提督、总兵官,分巡之上再设总巡,如浙江定海镇于五月十五日与江南崇明镇会哨于大洋山;福建金门镇于六月十五日,与南澳镇会哨于铜山大澳;十月初十南澳镇与澄海协会哨于莱芜。员弁对换令箭为凭②。这种界线成为水师稽查职责的依据,如山东与江南就曾因划界不清而互相推诿,直到乾隆五十八年才重新划定,"因即墨之田横岛等处洋面劫案频仍,而该处地方官互相诿卸,至有改报黑水洋之事。现已据该抚亲至海滨勘定,以莺游山为界,严饬文武各官加紧巡防"③。

水师巡防会哨制度在沿海各省不尽相同,山东省由登州水师营担任巡哨,每年三月内出洋,九月内回哨,分南、北、东三汛,北汛以千总、把总为专汛官,以登州守备为兼辖官;南汛以千总、把总为专汛官,以胶州游击为兼辖官;东汛以把总为专汛官,以成山守备为兼辖官④。江、浙、闽、粤四省则分班轮巡,康熙四十三年(1704)又规定了分巡、总巡制度,各省有所不同;康熙四十八年复准:"闽、粤、江、浙四省每年轮委总兵官亲领官兵自二月初一出洋,在所属本汛洋面周遍巡查,至九月底撤回"⑤。后嘉庆年间定为以各镇总兵官为统巡,亲身出洋,督率将备巡哨,以副将、参将、游击为总巡,都司、守备为分巡⑥。

内外洋与各镇协营、省州县间的海洋分界使得洋面被分割成纵横交错

① （清）岳濬等修:《山东通志》卷20《海疆志》,《文津阁四库全书》第181册,商务印书馆2005年版,第443页。

② 《洋防辑要》卷2《国朝洋防经制上》,道光十八年刻本,第46—53页。一般情况下会哨时间与地点不能随意变更,若遭遇飓风则由统巡官据实报告督抚,以决定是否展限。而有些海域如苏松和狼山二镇因风信不测,向不会哨。参见（清）周硕勋修,王家宪纂:《廉州府志》卷10《兵防》,乾隆二十一年刻本,岭南出版社2009年版,第144页。

③ 《清高宗实录》卷1443"乾隆五十八年十二月丁丑条",第263页。

④ （清）严如煜:《洋防辑要》卷2《国朝洋防经制上》,台湾学生书局1967年版,第51页。

⑤ 《大清会典(雍正朝)》卷129《兵部职方司·海禁》,第8749页。

⑥ 《洋防辑要》卷2《国朝洋防经制上》,第65页。

的网状区域,这些界限随着时间和地点而有差异,州县官和水师营弁的海防职责在此基础上互有分工。不过,清代的海洋管理并未从内外洋界上实行文武分治。尽管文武官员的分防、联防机制在清代十分模糊,但一般来说,州县官负责对人口籍贯、赋税等事项的统计征收,专于民事管理;而水师负责对汛口出入人群、船只的盘查、海盗缉捕,专于军事管理。看似州县官与水师并无交集,但在内洋洋面尤其是岛民的管理上,州县官有两项工作同水师有直接关系,一是对出海的渔民、商人船只提供身份证明诸如印单、牌照、腰牌、防范海口偷渡、盘查违禁物件;二是选举厂头、澳甲进行船只、棚厂及岛上人群的查验。营弁需在汛口对这些证明挂号查验,核对无误方能盖戳放行。文武官员常协同负责内洋澳甲稽查、拘捕海盗。因州县官并未设巡海船只、捕役也不善水性,所以当内洋失事,州县虽要承担一定的疏防之责,但责任要轻于水师武职①,外洋则由水师负责。后来随着岛民外洋岛屿居住权的合法化,文官的管辖扩展到外洋。当营弁稽查海岛时发现有民众违禁在海岛晾晒、居住,查明原籍后需与当地文官协调以便安插回内地,若民众的开复得到国家认可时,对于岛民的编粮认课要由州县官负责登记入户并派水师协同办理。

然而,洋界划分的局限性也显而易见,首先,海上固定的界限本身就无法实现,而且水师按照划定的范围巡查领取甘结凭证而相互少有跨越,这使得兵弁缺乏远洋的航海知识。官弁对外洋的巡视常惮于险远不能认真执行,加上,外洋之外,疆界不清,案件多至拖延,盗犯远遁。乾隆时期两江总督高晋曾说:"内洋易于勘定,如在外洋失事,疆界难定,查勘每多稽延,以致人犯远飏,事主拖累。"②当遭遇海盗时,为防官兵相互推诿,政府会弱化内外洋面的分界,"毋分内外洋面彼此疆界,昼夜侦巡"③,再如"雍正五年,复准凡遇海洋失事,无论内外洋面,照内洋失事例处分"①,乾隆皇帝也不止一次地怒斥营弁因洋界而推诿的现象,"海洋被盗,理应无分畛域,即时擒拿以期赃盗速获,乃各员于所辖境内被劫之案止图规避处分,并不缉拿赃盗"②。哨弁畏视海洋的情形在清代各省非常普遍,山东官员奏称"(哨弁)驾船出海,间有停泊海岛,漫不巡警,名为出洋,实为守岛"③。雍正七年(1729),浙江总督李卫斥责水师营弁不能远涉外洋稽查,"今巡洋将弁一任偷安,每至出巡不过内洋湾泊涂澳,虚应故事,诿之千把微员,凭一纸报文遂为了事塞责","缴收商渔之规例以饱囊□,带违禁之货物以觅重赏"④。蓝鼎元(生于康熙十九年,卒于雍正十一年,福建漳浦人)描述康雍时期粤东一带水师巡哨的积弊：

> 大帅、小弁分哨会哨,非不耀武扬威,昂然身登战舰,张大其事,名曰出师,乃南澳出师不过长山尾,澄海出师不过沙汕头,达濠出师不过河渡,海门出师不过猊湾,碣镇出师不过甲子天妃庙,坐守数月,及瓜而还,罕有离岸十余里。试出海面优游者,商船被劫,虽城下亦诿之外洋,虽营边亦移之邻境,彼此互推,经年不倦。⑤

可见,兵弁将内洋谎报为外洋,实际巡哨范围只在离岸十里左右,"各员惮于远出外洋,只在近处停泊,即称已到外洋,是以海盗来去不知,查捕无效"⑥。蓝鼎元在其《上南澳施总兵疏》中又说：

---

① 《大清会典(雍正朝)》卷139《兵部职方司·海禁》,第8761页。
② 《乾隆朝上谕档》第17册,第638页。
③ (清)山东登州水师营游击吕明辅《奏呈山东登、莱二府东北南三汛岛屿清册》,录副奏折,档号03-0364-075,缩微号:024-1321,乾隆二十九年。
④ 《浙江通志》卷96《海防二》,雍正年修,第1730页。
⑤ (清)蓝鼎元:《潮州海防图说》,载《鹿洲初集》卷12,文海出版社1977年版,第915—916页。
⑥ 《雍正朝汉文朱批奏折汇编》第8册第156条,浙闽总督高其倬奏折,雍正四年十月初二日,第216—217页。

今承平日久，将卒疲玩，大帅养尊处优，谁肯轻身出海，将弁奉命巡哨，泊船近岸，沉湎樗蒲以为娱乐，迁延期满，自号班师，扬帆回汛，贼党连舟劫掠，莫之过问。或大吏督责，不得已稍稍出洋，方且鼓乐前导，举炮作威，惟恐贼船不知远避。贼亦若相体恤，不来冲突，别于他处行劫。①

雍正四年（1726），闽浙总督高其倬奏称："查闽浙之例，本处巡哨之兵，只在本处洋面巡哨，即总巡、分巡之员，亦只福建者巡福建，浙江者巡浙江，如此行走操练，止熟本处，不知他处；止熟本省，不知外省。"②可见，营弁将内洋与省界视为其伸张极限而不图远拓。水师战船修造的落后也从技术上抑制了政府在外洋的控制力量，乾隆六十年（1795），据闽浙总督长麟称，"各营官船笨重，但能在内洋港口防守巡查，若于外洋追匪捕盗，势不能不雇佣商船"③。面对民众不断流向海洋，划界为牢的军事防守自然为此留下空当。

第三节　海岛稽查

"巡历所属内外洋面各山岛岙"是水师营弁的日常性事务，人、货仍是稽查重点，主要针对可泊船的岛澳。雍正七年（1729），浙江总督令巡洋兵官务须"涉历岛屿，晓识礁沙"④。"凡岛岙乡村可以泊船登岸之处，务令严

---

① 《潮州府志》卷40《艺文》，乾隆二十一年刻本，岭南美术出版社2009年版，第1018页。
② 《雍正朝汉文朱批奏折汇编》第8册，第386页。
③ 《乾隆朝上谕档》第18册，乾隆六十年八月初四日，第708页。
④ 《浙江通志》卷96《海防》，雍正年修，上海书店出版社等2010年版，第1730页。对沿海岛屿的稽查常见于总兵向皇帝的奏报中，浙江黄岩镇总兵弓斯发：《奏报春汛巡洋会哨疆宁谧及二麦收成等事》，朱批奏折，档号：04-01-03-0031-002，缩微号：04-01-03-001-2429，乾隆五十年三月二十八日；江南苏松水师总兵陈伦炯：《奏报外洋督哨期满海宇宁谧及崇明沿海地方谷豆木棉收成分数事》，朱批奏折，档号：04-01-01-0016-020，缩微号：04-01-01-003-1712，乾隆二年十月初七日。

督兵役不时巡查按月具报。"①稽查的主要内容：其一，有无违禁货物。"所过岛岙，有营汛驻扎者，验明照票方始放行。"②其二，有无违禁采捕、搭寮、张网，有无过期不归。沿海民众被要求在内洋之内采捕、晾晒鱼类，朝出暮归。水师对其活动范围和活动时限负有最直接的稽查之责，出外洋采捕之船不但要受责罚，出事故之后也不再受到政府保护，康熙四十二年（1703）令"各镇协所辖要汛挂号如有偷越外洋者，查获之日，船户、舵工各责四十板，枷号三个月，劫失不作盗案"③。不过，禁止民众赴外洋捕捞的政令在地方并未得到认真执行，乾隆三十一年（1766），在地方的奏请下，赴外洋打捞晾晒鱼类最终得到明确的允许。按照规定，汛期一过，房寮渔网应全部拆除，渔船撤回内洋。因此，遇到汛期（鱼汛、蜇汛等），内外洋岛屿都应一体稽查。特别是在舟山群岛这样的大型渔场，水师会加大巡查力度，常常由总兵官甚至提督亲自率领战船巡哨内外洋面。其三，有无匪类。汛弁和驻岛官兵需严密稽查海岛有无藏匿盗匪，军官要定期奏报洋面盗匪情况。下面以乾隆五十八年（1793）江南苏松总兵官对于苏松镇外洋岛屿的稽查奏报为例，以知其细节：

> 九月初一日，奴才收泊小羊山，查照在山六岙厂头、网户人等共二百二十二名，俱有地方官印给腰牌，并无无照之人，询其今秋蜇期，较上年稍减，捕蜇人等咸皆安业。经令驻山官兵严密稽查，毋致匪类潜踪，奴才随往徐贡、马迹、扁礁一带洋面山岛巡查，并无违禁搭寮张网等事，复赴大七、小七各屿往来巡查，洋中均各宁静，现在蜇期已过，渔船俱陆续回籍，仍严饬巡洋各官弁加紧巡缉，不得稍有疏懈。④

---

① 《浙江巡抚朱轼奏报浙省海疆情形折》，《康熙朝汉文朱批奏折汇编》第7册第2487条，第1095页。
② 李治运：《请严海口稽查疏》，乾隆二十五年，《皇清奏议》卷51。
③ 《大清会典（雍正朝）》卷139《兵部职方司·海禁》，第8731—8732页。
④ 江南苏松水师总兵官孙权谋：《奏为八月二十九日赴外洋督巡蜇汛情形及崇明县境秋收分数事》，朱批奏折，档号：04-01-04-0018-006，缩微号：04-01-04-001-2046，乾隆五十八年九月二十一日。

当稽查内洋岛屿时,水师营弁需要和地方州县官协同配合完成。关于海岛的军事、民事管理问题,下文我们将选取个案深入分析。在此要指出的是内外洋划界以及由此建立的稽查和防御制度,直接影响到国家对海岛民事管理的形式与内容。

康熙二十二年(1683)开海后,沿海民众以复业回迁、赴岛晾晒鱼类等方式进行着开发海岛的活动。虽然当时已明令禁止展复外洋岛屿,但对何为外洋岛屿,迟迟未有明确界限,即使康熙五十四年(1715)兵部以兵弁推诿令地方报内外洋名,但内外洋的划分直至乾隆初年仍未完成。嘉庆《直隶太仓州志》就曾载"乾隆十一年始分内外洋,定期于四时"①,这就在制度上为民间开发留下很大空当。广东香山县高栏、三灶二岛位于县西南约二百里海中,展界初开辟了明代没有的盐场,"本邑及南、新、顺各县里民陆续呈承垦筑"②,"潕洲、下川、上川、大金山、小金山,以上五岛康熙元年迁移,康熙二十三年开复"③,其中潕洲、大金山、小金山在乾隆三年(1738)的《新宁县志》中载为外洋④,这五岛在后来的道光《广东通志》洋面图中也均被标注为外洋⑤。可以说,正是乾隆以后民众在外洋岛屿的开拓,才使得内外洋界在乾隆初年逐渐清晰。

政府所能动员的力量,它在海洋社会所能达到的深度深深影响着政府的权力范围。正是康熙朝对内外洋的区分奠定了清代内外有别的海洋管理方针。随着内洋管理的日渐清晰与强化,内外洋成守与巡视的巨大差别由此产生。政府更加积极地在内洋海岛设置军政机构,加强稽查与防卫,外洋岛屿则消极应对。于是,内洋逐渐成为清代国家权力影响下的核心海域,而官弁的姑息纵容导致了外洋人口的不可控制,外洋成为那些想要跳出政府

①　(清)王昶等纂修:《直隶太仓州志》卷23《兵防》,嘉庆七年刻本,第21页。

②　(清)暴煜修,李卓揆纂:《香山县志》卷3《盐法》,乾隆十五年刻本,第78页。高栏在三灶西南二十里,《大清一统志》卷339《广州府》载三灶在香山县西南二百里海中。

③　(清)张殿珠修:《新宁县志》卷1《舆图志》,康熙二十五年刻本,第185页。

④　(清)王暠修,陈份纂:《新宁县志》卷4《广海册》,乾隆三年刻本(嘉庆六年补刻本),第496页。

⑤　《广东通志》卷124《海防略》,道光二年刻本,第2158页。

辖制的人群的活动区域。乾隆以后，越来越多的"盗"、"贼"之所以能够一再进犯戍守"严密"的内洋，主要原因在于外洋防守的薄弱，非政府力量能够迅速游弋于外洋，时刻准备逃离水师的追击。

<h1 style="text-align:center">小　　结</h1>

众所周知，明末清初的沿海社会是动荡不安的，沿海岛屿曾是清初汉人反满最为激烈、抗争时间最久的地区，各种抗清势力以海岛为据点拒绝进入新朝统治之内，这深深烙印于清朝统治者心中。正是在这种背景之下，清政府决定在沿海地区施行迁界，通过内徙将沿海民众纳入有效控制之内，而岛民是其中重要的一部分。迁界试图斩断沿海社会动乱的源头，而对于明末清初的沿海岛屿来说，这也成为一个节点。之后的展界既是政府对沿海民众生计问题而做出的妥协，也是在沿海重建秩序的重要举措。展界后清廷对岛屿一直采取防范为主的政策，岛屿的开复经历了漫长的时间和很多人的努力。

本编通过对迁界及展界中的岛民迁徙与安置、展界以后海上军事戍守的初步考察，探究明清之际沿海秩序重建之时海岛的措置之方。开海后，清廷试图建立监管和控制海上人群的制度体系与军事力量，相比此前"弃"与"守"的抉择，这显然是更为积极的海疆政策。海岛成为控御海洋的支点而得到前所未有的重视，此时期所建立的海上防线体现了清朝统治者所认定的核心海域范围，并试图在这个范围边界维持一种平衡，既不让外洋压迫内洋，也尽力阻止民众突破内洋进入外洋。

由本编的讨论可以看出，因海岛孤悬海中的地理特征，难免陷入王朝权力的边缘。这体现在一方面，迁界中许多岛民成为郑氏抗清的力量，从而未被徙入内地；另一方面，在政府逐步放宽了民众在近海岛屿居住的同时，对外洋岛屿则严加禁止。海岛并未像沿海大陆一样全面开复，而是经历了较长的时间，这其中的影响因素颇为复杂。笔者认为主要和政府海上军事力量的部署有关，海上防御的加强促使政府在海岛加强民事管理，相辅相成的是，潜住岛民的大规模增加也会推动政府增加军事部署。

中 编

随民而治:雍正朝对海岛
民事管理的强化

雍正虽基本承袭康熙展界以后所制定的海洋政策,但却力图改变康熙时期政令不行的局面。雍正元年(1723),刚刚上任的皇帝下令闽浙总督满保与两广总督杨琳条陈沿海事宜,七月二十六日杨琳罗列了康熙末年地方官员在沿海社会的几大举措,诸如:沿海渔船规制、保甲编排、违禁出洋等项,并以"原有定例者,实力整顿"回复,对此,雍正批示:

　　　　皇父只道尔等大吏自然是人心人面,何忍不筹之遵行。何知尔等暂时唯之,出一张晓示,嘱一嘱属官,即为奉行,不但日久废弛,即起旨何尝实心奉行一日也? 今日朕不过仍将皇父之政再宣谕尔等一次,尔等若仍如康熙年间奉行,恐朕未必能如先帝之宽仁容恕也,身家性命当着实留心保重要紧!①

　　此训斥言辞激烈,同雍正帝对杨琳的反感有一定关系,但也可见其对加强沿海控制的迫切愿望。康熙帝宽仁、雍正帝严猛的治国之道使得两朝呈现不同的特点。雍正朝通过行政区划改革、保甲编审加强对地方基层的控制,在这种政策背景下,设官与编甲是雍正朝海岛民事管理强化的最重要举措。

---

　　① 《两广总督杨琳奏复禁绝米粮出口等事折》,《清宫粤港澳商贸档案全集》第1册第36条,宫中档朱批奏折,第166—170页。

第三章　船只与人户编甲

第一节　海洋船只管理的制度化

明代中叶,为免民众接济倭寇,沿海居民的船只曾以保甲的方式进行编排,称为"澳甲"或"船甲",这种制度将三十船、十船或五船编为一甲,立一甲长,五甲或十甲编为一澳,立一澳长,各船连保互结。船只情况会以保甲册"人户"的形式登记下来,由州县官负责定期核查①。这种编排制度最重要的意义在于它的连坐稽查和自卫防御作用。顺治入关后,清政府将保甲制作为一种基层治安组织。顺治十二年(1655),浙江巡抚秦世祯密陈渔船编甲事宜获准,浙江沿海"渔船编队分隶营弁管辖,无事许令采捕,有警合力防剿"。这份奏疏在禁海声高涨时得以获准,意在保证民众渔业生产的情况下进行防御②。与此同时,福建沿海官员却用澳甲制来限制船只出洋,"福州府、兴化府、福宁州沿海各汛在港渔船不许出洋,寇艇无使入港,保

---

① 编查详情可参见:崇祯年间知县周希曜条议关于编立疍甲、船甲的细则,见《新安县志》卷12《艺文志·条议》,康熙二十七年刻本,第136—137页。

② 《密陈海防等事残件》,顺治十三年四月二十七日,《明清史料》己编第四本,第321页。在此奏获准后,因浙江舟山被郑成功占据、渔民挂帆放炮出洋等事,秦世祯因禁海不严受到攻击。当时的渔船编甲细则具体可见《刑部题本·刑部尚书图海等谨题为奸渔违禁出洋谨报查参以儆疏玩》,顺治十三年七月二十六日,《明清史料》己编第四本,第323—326页。

约、澳甲不时稽查防汛"①。由此可见,船户编甲制度曾在清初政局未定之时被地方官员以不同形式和不同目的推行。

开海后,施琅于康熙二十四年(1685)三月即提议对渡海贸易和采捕船只进行管理,"四省开海,船只出入无禁,思患预防不可一日废弛","沿海新造贸捕之船,皆轻快牢固,炮械全备,倍于水师战舰。倘或奸徒窃发,藉其舟楫,攘其赀本,恐至蔓延"②。为防民众私出外洋而水师战舰难以稽查,清廷推出了一系列措施限定贸捕之船的成造规格。在政府看来,商人大多财力丰厚,有些甚至是为官府运送盐粮的官商,他们并不具备下海为匪的动因,渔民却比任何其他职业都有可能成为海盗。因此,对船只成造规格的限制主要目的在于限制渔船的活动范围。康熙四十二年(1703),渔船规制得以确立,其中包括船只式样、樑头大小和桅杆数目,同时也确定了船只成造手续、澳甲编排、船照颁发、捕捞范围、违禁物品等等:

> 四十二年,复准海洋渔船,只许单桅,樑头不得过一丈,舵工水手不得过二十名,取鱼不许越本省界。未造船时,先具呈州县询供确实,取具澳甲、户族、里长、邻佑,当堂画押保结,方许成造,造定之日,报县亲验,明白印烙字号姓名,并将舵工、水手一体查验,取具澳甲长船户保结,然后给照。其照内仍将船户、舵工、水手年貌、籍贯开列,庶便汛口地方查验。③

自康熙展界至雍正初年,清代船只管理制度得以完善,内容包括:桅杆、樑头、执照、编甲、油饰等项④。桅杆的多少决定了船只是否可以远行,"既

① 《福建巡抚佟国器揭帖》,顺治十二年六月十一日,《明清史料》丁编第 2 本,第 112 页。在顺治十八年十二月十八日的《严禁通海敕谕》中,皇帝敕谕沿海各省严保甲以禁滨海之民出海,见丁编第 3 本,第 257 页。
② (清)施琅:《靖海纪事》"海疆底定疏"(康熙二十四年三月十三日),《台湾文献史料丛刊》第六辑,第 71 页。
③ 《大清会典(雍正朝)》卷 139《兵部职方司・海禁》,第 2213 页。
④ 可参见刘序枫:《清政府对出洋船只的管理政策(1684—1842)》,《中国海洋发展史论文集》第九辑,台北"中研院"社科所 2005 年版;杨培娜:《违式与定例——清代前期广东渔船规制的变化与沿海社会》,《清史研究》2008 年第 2 期。

有双桅便可外洋行走,驶大海之中"①,樑头大小则决定了船只的承重量,船税征收即以此为标准。康熙四十二年的渔船成造规格限制了渔民向更远处海域拓展,也限制了民众赴岛尤其是外洋岛屿定居的规模。相比渔船,商船规制则要宽松得多,"许用双桅,樑头不得过一尺八丈,舵工水手不得过二十八名"等,这主要是考虑到商人"造船置货资本自饶,即或船系雇募,货非一商,大约以本求利,未肯为非作奸"②。商渔船成造规格在此之后经历了不断的修订,在政策细节和执行方式上各省也有差异。

相比较商渔船规制桅杆、樑头等项对商渔民出海范围的控制,船只编甲重在加强商渔民的人身控制,两者共同起到规范和管理沿海人群的作用,康熙四十六年(1707)议准,"闽省渔船准与商船一体往来,欲出海洋者将十船编为一甲,取具连环保结,一船有犯,余船尽坐"③。开海后的船只编甲制度源自施琅开海之初对海疆的防危之策:"欲赴南北各省贸易并采捕渔船,亦行督、抚、提作何设法,画定互察牵制良规,以杜泛逸海外滋奸"④。随着开海之后海洋开发程度加深与人口滋长,这种对船只的牵制之法在雍正朝愈加细密,以保甲互结、给照、限定航行时间、盖戳等可知其流程的制度化。

沿海编甲有澳甲、船甲、船头、水保甲等称谓。一般来说,"澳甲"是针对港澳人户的保甲,每十户设甲长一人、每澳设澳甲一人。如"闽海港澳共三百六十余处,每澳渔船自数十只至数百只不等,合计舵水不下数万人……每澳设有诚实澳甲一名,每十户又设一甲长"⑤。"船甲"、"船头"是以船只为编甲单位,不过,在实际运用中,澳甲也常针对船只的编甲,这种情况在广

---

① 《闽浙总督范时崇奏陈海洋弥盗管见折》,《康熙朝汉文朱批奏折汇编》第3册第879条,第544页。

② 《闽浙总督范时崇奏陈海洋弥盗管见折》,《康熙朝汉文朱批奏折汇编》第3册第879条,第541页。

③ 《大清会典(雍正朝)》卷139《兵部职方司·海禁》,第8733页。

④ (清)施琅:《靖海纪事》"海疆底定疏"(康熙二十四年三月十三日),《台湾文献史料丛刊》第六辑,第71页。

⑤ (清)汪志伊:《议海口情形疏》,《清经世文编》卷85《兵政十六·海防下》,第2115页。

东更为常见①。十船设甲长或小船头一人，一百船设澳长或大船头一人。如乾隆三十一年（1766）准两广总督杨廷璋奏"各府州县将境内所有商船渔艇，按数编排，十船设一甲长，十甲设一澳长"②。笔者认为，船甲与澳甲在形式或用语上的混淆，缘自船甲与澳甲针对的皆是沿海驾船之人，船甲长与澳甲长一般在沿海船主中选任，通常受委任的是同一拨人，自然难以因人户与船只的编查方式而有明晰区分。这些名目同陆地保甲相应照又被称为水保甲。雍正年间，蓝鼎元任普宁县知县兼署潮阳知县时，就记载其"调保正杨勋、李缵、苏赞卿、杨新等率丁壮八十名"和"水保方东升、姚万进、郑茂纪、姚子宁等在于连江后溪港一带遍行访缉"，这里的水保即为船只编排后选出的保长③。

　　船只成造之初，州县官须查明确系本籍良民，在澳甲长、户族、里长、邻右的保结下，方准成造。雍正元年（1723）令"出海民船按次编号，刊刻大字，船头、桅杆油饰标记"④，这里的编号即是州县政府按照连环保结的方式逐一编排给号，船甲信息须登记入册作为日后稽查参照。为了方便水师稽查，各省民船船头、桅杆所漆油饰有所区别，雍正元年规定：

　　　　出海商渔船，自船头起至鹿耳梁头止，大桅上截一半，各照省分油饰。江南用青油漆饰，白色钩字；浙江用白油漆饰，绿色钩字；福建用绿油漆饰，红色钩字；广东用红油漆饰，青色钩字，船头两披刊刻某省、某州县、某字、某号字样。沿海汛口及巡哨官弁凡遇商渔船，验系照依各本省油饰刊刻字号者，即系民船，当即放行，如无油饰刊刻字号，即系匪

　　① 可参见杨培娜：《澳甲与船甲——清代渔船编管制度及其观念》，《清史研究》2014年第1期。
　　② 《清高宗实录》卷773"乾隆三十一年十一月丙申"条，第493页。
　　③ （清）蓝鼎元：《鹿洲公案》"卓洲溪"，第107、108页。"水保甲"只是一种相对于陆地编甲的统称，可参见胡兴仁：《会同驱诸夷船禀》，《皇朝经世文续编》卷77《兵政十六·海防上》，第1976页，"夷船驶出内港，难保无通夷奸民借捕鱼为名销售接济，应编查水保甲，责令澳甲行造册送县，给牌张挂"。
　　④ 《两广总督杨琳奏报出海民船通行编号并缴朱谕折》，雍正元年七月二十六日，《雍正朝汉文朱批奏折汇编》第1册第592条，第717页。

船,拘留究讯。①

　　船只成造之时还要逐一发给船牌(船照)、腰牌等凭证。其中,船照是船只成造和运行情况的登记,颁发于船只成造之时,上填写:承领关牌县照字号的年月、樑头丈尺、货物种类、出港日期、载运地点、交卸地点、有无赴载官兵人役、客民等;腰牌是舵工、水手、船长等在船人员的身份证明,刻有姓名、年貌、住址、籍贯、船只号数等以杜顶冒,颁发于保甲互结之时。大船到县领得印照外,船员还须领得腰牌。"单樑只橹、一人驾驶"的小艇一般只需每年到县换取腰牌,朝出暮归②。

　　水师营弁则须在汛口对船只出海时间和停泊地点等有更加详细的查验和登记。船只稽查程序的完成需要文武二官共同协作,但给照必须由州县官专责完成,营员擅自给照要受到惩罚③。然州县官词讼、赋税等事已属繁杂,无法对船只新造、注销以及编甲等事进行不断的更新,故而上述一系列的流程都须依赖最基础的保甲编排。澳甲长在州县的督催下不断将新增添和注销的船员、船只登记入册,再由州县官确查"保甲造具花名年貌清册,取具连名互结,各予腰牌,编列号数,刊刻船旁,并将船户姓名大书桅篷,遇有船梢不法,以便商民指禀。此后如有增置,听该船户报县,一体确查,取结、编号、书篷,准其渡载。倘有朽坏,随时禀销"④。

　　在各省对渔船桅杆、樑头等限定确立以后,官员们倾向于强调船只编甲的重要性。康熙五十年(1711),福建督臣范时崇条奏欲清盗源无过于严查保甲⑤。康熙五十三年(1714)兵部复准:"各省海洋商渔船只,分别书写字样;舵工、水手各给腰牌,刊明姓名、年貌、籍贯,如船无字号、人有可疑,即行

　　① 《清会典事例》卷629《兵部·绿营处分例·海禁》
　　② 《洋防辑要》卷2《国朝经制上》,第66—70页;《福建省例》,第719—720页。牌照、腰牌上所填名目到乾隆中叶以后日趋详细,有的地方在牌照之外还发给印单等照据。如山东的海船就由州县给予印单,上列:客人姓名、货物名单、卖货地方、船户水手姓名,守口官挂号单验放。见《洋防辑要》卷2《国朝经制上》,第65页。
　　③ 《洋防辑要》卷2《国朝经制上》,第77页。
　　④ 《福建省例》《海防例》,《台湾文献史料丛刊》第七辑,第710页。
　　⑤ 《康熙朝汉文朱批奏折汇编》第3册,第541页。

严拿究治。"①康熙五十七年（1718），福建浙江总督觉罗满保疏言："海洋大弊全在船只之混淆、米粮之接济、商贩行私偷越、奸民贪利窝留、海洋出入、商渔杂沓，应将客商责之保甲，商船水手责之船户货主，渔船水手责之澳甲同艐，各取保结，限定人数，出入盘查……"②水师除了在海口处严查船只保结，岛屿各处的挂验口有驻兵稽查船只的保结，其他未设挂验的岛屿也派兵加紧巡查"附近岛屿及内地大山大川之险僻处，皆令添拨汛兵加意巡缉以防其聚，凡出海船只除商人、水手仍令遵照定例开具姓名、年貌、连环保结、赴地方官挂号验放、进口时查对相符者，方准停泊。此外，不许夹带一人，违者从重治罪，其有借口进香托名探亲，查无保结，未经挂号者，不论人数多寡，各海口一概严禁，不许放行"③。

　　船只编甲之所以被一再强调同渔船成造规制在地方实行的艰难有一定关系。雍正二年（1724）正月二十九日，正白旗汉军副都统金铎奏请尽行拆毁拖风船只及违式船只，这说明商渔船规制并未被切实执行。雍正将此折发给广东总督杨琳，令其与广东提督董象纬密商。杨琳对此不但未否认，反将矛头直指渔船规制带来的弊端，"地方官吏于丈量给照时，则指其违式得索陋规，守口弁兵亦执其违式得勒馈送，而渔民亦恐一遵定式即不能采捕资生，甘心馈献，此立一法而生一弊之积习也"④。由此可见，为满足低劣海防技术而颁行的渔船成造限令，并未能阻止渔民私造船只，反而催生了地方文武兵弁收受陋规。虽未敢质疑康熙四十二年（1703）所定规制，但杨琳无所隐讳地指出了康熙四十四年（1705）两广总督郭世隆所定规制"渔船橹头不得过五尺，水手不得过五人"过于苛刻，"如必执郭世隆所定成式，虽有船不敢出海，即出海亦止可在浅水采捕，不能得鱼，嗷嗷待哺之势必铤而走险"⑤。杨

---

①　《大清会典（雍正朝）》卷 139《兵部职方司·海禁》，第 8737 页。

②　《清圣祖实录》卷 277"康熙五十七年二月甲申"条，第 716 页。

③　《奏为条陈筹海事宜折》，雍正元年五月初二，《清宫粤港澳商贸档案全集》第 1 册第 35 条，宫中档朱批奏折，第 157 页。

④　《广东总督杨琳奏陈整饬粤省渔船管见折》，雍正二年二月十五日，《清宫粤港澳商贸档案全集》第 1 册第 42 条，宫中档朱批奏折，第 186 页。

⑤　《广东总督杨琳奏陈整饬粤省渔船管见折》，雍正二年二月十五日，《清宫粤港澳商贸档案全集》第 1 册第 42 条，宫中档朱批奏折，第 184—189 页。

琳认为百万生灵以海为田,而采捕非在深水洋面不能得鱼,渔船规制不宜过严,盗案频发的原因在于"县官不实力编查保甲,海口文武不严查船只出入所致"①。其向雍正陈对沿海社会的治理方略时,将船只的编甲视为防盗之本,"稽查保甲以别良奸,禁带米粮出口以杜接济,此诚探本穷源弥盗之要诀"②。故而自康熙五十四年(1715)赴任广东巡抚,杨琳即力行船只编甲,"臣自任巡抚总督,于潮、惠二府口岸盘查尤严,各澳大小船只俱行编甲"③。

尽管锐意革新的雍正对杨琳因循于旧制十分反感,"杨琳总督任内尚无贪酷行迹,念系熟练地方之人,未忍遽去。然其为人不识大体,每好护其已往之咎,因循自便。任谆谆教诲,不肯倾吐肝膈,振作去留未定之间,而遗本已至矣",在雍正元年(1723)八月将其从两广总督降为广东总督,但也不得不承认他熟练沿海社会治理。杨琳雍正二年(1724)卒于广东总督任上,继任者两广总督孔毓珣深受雍正赏识,而孔同样认为船户的保甲稽查制度才是关键:

> 橹头宽大亦属无碍,除渔船止许用单桅,米粮止许带食米一升、余米一升,照旧例行外,其橹头改为不得过九尺,水手改为不得过九人,舱面许用盖板,庶船大可以放心捕鱼,而桅止用单仍不能远行外洋也。至于防闲之法,渔船俱就港道聚集而泊,应每港选择殷实公正者充为船长,量给工食,大港二人,小港一人,其港计渔船若干只,各船主之奸良责成船长稽查保结,某船计水手若干人,水手之奸良责成船主稽查保结。如水手中有形迹可疑者,船主即通知船长逐去,船主内有形迹可疑

---

① 《广东巡抚杨琳奏陈广东地方情形事折》,康熙五十四年五月初一日,《康熙朝汉文朱批奏折汇编》第 6 册第 1773 条,第 164 页。

② 《广东总督杨琳奏陈整饬粤省渔船管见折》,雍正二年二月十五日,《清宫粤港澳商贸档案全集》第 1 册第 42 条,第 189 页。

③ 《两广总督杨琳奏复禁绝米粮出口等事折》,雍正元年七月二十六日,《清宫粤港澳商贸档案全集》第 1 册第 36 条,第 163 页。杨琳奏称在沿海力行保甲,可参见《广东巡抚杨琳奏为编查家甲地方安静并报米价折》,康熙五十五年正月二十五日,《康熙朝汉文朱批奏折汇编》第 6 册第 1991 条,第 722 页;《广东巡抚杨琳奏陈广东地方情形事折》,第 1773 条,第 164—165 页;《两广总督杨琳奏覆筹海事宜条陈折》,雍正元年七月二十六日,《雍正朝汉文朱批奏折汇编》第 1 册第 590 条,第 713—715 页。

者,船长即报官更换,倘水手有为匪,事发并坐船主,船主有为匪,事发并坐船长,出口时船长会同汛兵查点有无夹带器械及多余米粮,入口时查验有无夹带货物,船长徇隐不举,从重治罪。①

在孔看来,渔船规制诸如桅杆单双、樑头数目等已皆有旧例,船只编甲才是当前海洋社会管理的重点。孔毓珣一方面将广东的渔船规制放宽,如樑头由以前的五尺放宽到九尺、舱面许用盖板等;另一方面强调沿海社会自治的重要性,将稽查之责更多地转移给民间。针对此奏,雍正帝在雍正二年(1724)九月三十日的朱批廷议中对此表示赞同,"禁海宜严,余无多策,尔等封疆大吏不可因眼前小利而遗他日之害,当依此论,实力奉行"。孔毓珣很快将此推行广东,"选择船长稽查一港船主,又责成船主稽查一船水手,事发连坐"②。这种船只管理方式在沿海其他省份相继推行。

捕鱼所获关系着沿海民众生计,"查沿海数十万穷民,其无田土可耕无技艺自赡者,原藉捕鱼为养命之本,断不能绝其往捕"③。随着捕捞技术的提高,集体出海撒网捕鱼的深海作业模式成为沿海民众的重要生产方式,"地方有不法奸渔,擅用赶缯大船,每秋冬之交将大船两侧拆卸,架罟入海乘风采捕,名为摇艚,一网之鱼多有数千斤,一日而出,一日而入,百十成群,直到外洋,势若星罗棋布"④。更有地方富户私造大船违禁出海,雍正二年(1724),两广总督孔毓珣指出"至海上渔船大半富户出资打造,名为捕鱼,其实装米出洋贸易,以至奸宄潜藏,盗贼时有"⑤。渔船成造规格不断遭到民间的挑战,违规现象考验着地方官对中央政令的落实程度,他们变得更愿

① 《两广总督孔毓珣奏为遵旨回奏事》,《清宫粤港澳商贸档案全集》第 1 册第 44 条,第 202—203 页。

② 《两广总督孔毓珣奏复遵谕严行海禁折》,《清宫粤港澳商贸档案全集》第 1 册第 51 条,第 227、228 页。

③ 《广东巡抚杨文乾奏陈粤省海洋渔船应禁应革事宜管见折》,《清宫粤港澳商贸档案全集》第 1 册第 67 条,第 278 页。

④ 《福建金门总兵陈祖训奏报渔船遵例出洋采捕积弊折》,雍正六年九月十一日,《雍正朝汉文朱批奏折汇编》第 13 册第 356 条,第 436—437 页。

⑤ 《雍正朱批谕旨》第 1 册,孔毓珣奏折,雍正二年十二月二十二日,北京图书馆出版社 2008 年版,第 215 页。

意依靠船只编甲达到约束人口流动的目的,"凡有商渔船只之地皆为保甲必严之所"①。雍正二年,对终日漂泊海上的疍民谕旨编立埠次约束②。

到乾隆年间,当保甲编户逐渐取代了里甲编审肩负起人口登记、赋税征收等多项管理职能后,国家将船只编甲制度推及沿海所有船只及内河、内港船只,成为整个王朝人户管理体系中的一环,"沿海一应樵采及内河通海之各色小船均报明地方官,取具澳甲邻佑保结,编烙船号姓名给照"③。乾隆二十一年(1756),两广总督杨廷琚在全省的"严保甲澳长"的晓谕中如此规定:

> 凡大、中、小商渔船并令各该县照烟户式,或编排十船为一甲,一甲互相为保,彼此联络。一船有犯,一甲无人举首即干连坐。每船百号为十甲,设立澳长一名,责令稽查匪类及一切事宜。即一县仅止船数十号,亦照依编甲,立澳长一名。若一县船至一百五十号以外,则匀设澳长二名分管其商船,按双、单桅分甲合对,渔船以十对为一甲。小罟船、蛋船等项各另编保甲,设立澳长,仍以一百号为率。各州县务须慎选土著、身家殷实并无违犯与更名重役之人,取结承充,五年一换。④

乾隆二十二年(1757),更定了更为严密的编审条例,其中"内洋采捕小艇责令澳甲稽查,至内河一切船只于船尾设立粉牌,责令埠头查察,其渔船、网户、水次搭棚趁食之民,均归就近保甲管束"⑤,一些较小的屿、岙多采用这种临近保甲管束暂住渔民的方式。

综上看来,清政府对渔船规制的弱化和渔船编甲的加强实质是将濒海生计作为政策考量的重要依据,转而将沿海民众人身管理推上更重要的位置。学者杨培娜认为从元代到明代,王朝对船户、船只的关注都是与税收,

①　《闽浙总督范时崇奏陈海洋弥盗管见折》,《康熙朝汉文朱批奏折汇编》第3册第879条,第557—558页。

②　《两广总督孔毓珣奏遵谕约束蛋民稽查船只拿究奸盗折》,雍正二年九月初八日,《雍正朝汉文朱批奏折汇编》第3册第423条,第578页。

③　《清会典事例》卷630《兵部绿营处分例·海禁二》,第1156页。

④　《广东海防汇览》卷33《保甲》,第860—861页。

⑤　《清朝文献通考》卷19《户口考》,第5030页。

或者说都与国家的财政联系在一起,对渔民和船只未有系统的规定。而自清代康熙四十二年(1703)开始,商渔船规制开始趋于明晰,除了进一步规范商船管理外,同时进一步规范和管理沿海地区人群尤其是渔民活动。由于季节性的深海捕鱼对船只提出更高要求,地方社会对康熙的渔船规制并未切实遵行,到了雍正朝,在广东地方官员的推动下,康熙时期"违式"成为新的"定例",从而改变了康熙朝规制中不切合实际的内容①。通过对大量档案文献的梳理和上文的讨论,笔者同意杨培娜关于清代前期广东渔船规制违式现象的分析。同时,笔者认为雍正皇帝与地方官员开始倾向于依靠船只编甲制度对沿海人群进行约束和管理,从而将控制深入每个人、每条船,这与此时全国范围人户管理的强化有关。尤其摊丁入地之后,保甲取代里甲成为全国最重要的人户管理制度。雍正以后,地方官一再强调沿海社会保甲编排的重要性,很大程度上因为此组织形式不仅关系着防贼弭盗、人口编查,还关系着沿海社会赋税征收②。这种制度随着沿海民众赴岛定居的增多推及海岛,体现了作为全国范围控制系统的保甲制向偏远海隅延伸的过程。

第二节　岛民编甲的规范

清初尚未在沿海稳定政权时,已试图依靠保甲、澳甲制度实现沿海地方防卫③,在禁海之时,保甲制须负责代清廷监视民众下海活动,"商民船只私自出海……地方保甲通同容隐,不行举首皆处死"④。这种连坐稽查制度在

① 杨培娜:《"违式"与"定例"——清代前期广东渔船规制的变化与沿海社会》,《清史研究》2008 年第 2 期。

② 孙海泉:《论清代从里甲到保甲的演变》,《中国史研究》1994 年第 2 期;卞利:《清代户籍法的调整与农村基层社会的稳定》,《安徽大学学报》2004 年第 1 期。

③ 浙江巡抚秦世祯"力行保甲",见《浙江巡抚秦世祯残揭帖》,顺治十二年二月十七日,第 110 页;"保甲澳甲不时稽查防汛",《福建巡抚佟国器揭帖》,顺治十二年六月十一日,《明清史料》丁编第 2 本,第 121 页。

④ 《申严海禁敕谕》,顺治十三年六月十六日,《明清史料》丁编第 2 本,第 155 页。清廷在颁布迁界令后更加依靠保甲制的连坐来限制民众下海,见《严禁通海敕谕》,顺治十八年十二月十八日,《明清史料》丁编第 3 本,第 257 页。

宋代即已在岛屿施行,宋乾道年间(1165—1173),海寇行劫于海面,时任高州刺史的郑兴裔上疏,请在沿海设立澳长以使民众抵御海寇,"濒海州县各有屿澳,澳置一长,择地方之习知武艺者而任之,仍令结为保伍,且夕训练,以追则迅,以战则克,如其无事,则尽力于农,不仰食于县官,一旦寇至,澳长径率其众御之,不使登劫,彼皆有父母妻子兄弟室家之系,驱之必力,更责其两邻互相策应,如有能杀贼者,州县第其劳以赏之,容隐坐视者,罚无赦,则国家无调遣之扰,无供役之烦"①。在遇到寇乱时,"澳长"有责任率领岛民抵御,而平时则须务农并向国家上缴赋税,澳长的设置试图通过亲人邻右约束民人以防作乱,这种寓兵于民的岛民管理方式在宋代沿海得以推行,位于今泉州的海湾围头澳也叫围头角,"围头去永宁(今泉州永宁镇)五十里,视诸湾澳为大,往来舟船可以久泊,访之土人贼船到此,多与居民交通,因而为盗",嘉定十一年(1218),泉州知州真德秀上疏欲设水寨驻兵防守,并向围头澳居民包括"寄居侍从等官及土居土人、乡豪、澳长之习熟地利者"博访群议,最终建立了宝盖寨②,这里的"澳"即是管理沿海人群的民间长官。

明中叶,明政府出于稳定辽东局势和屯种输饷的目的,隆庆五年(1571),对潜住山东沿海20个岛屿的辽人进行管理,曾尝试严保甲、收地税、查船只、平贸易、修哨船、杜续逃等办法③。康熙九年(1670),颁行谕令十六条,令文武各官通行讲读,其中就有"联保甲以弭盗贼"④,展界后,地方官将劝垦、教化、编甲等作为恢复生产和社会秩序的措施,"劝开垦以增国赋;端士习以兴教化;修城池以资保障;筑台寨以固边防;革火耗以劝输将;禁包当以清里役;严保甲以稽奸宄;戢刁讼以安善良"⑤。保甲制成为清廷

---

① (宋)郑兴裔:《请置澳长御海寇疏》,《郑忠肃奏议遗集》卷上,《文津阁四库全书》第381册,第66页。
② (宋)真德秀:《申枢密院措置沿海事宜状》,《西山文集》卷8,《文津阁四库全书》第392册,第256页。
③ 《明穆宗实录》卷61"隆庆五年九月丙寅"条,第1480—1481页。
④ 《清圣祖实录》卷34"康熙九年九月癸巳"条,第461页。
⑤ (清)靳文谟修,邓文蔚纂:《新安县志》卷12《艺文志·条议》,康熙二十七年刻本,岭南美术出版社2007年版,第140—142页。这是康熙九年上任的新安知县李可成在其《条议兴革事宜八条》中谈到的展界八条原则。

恢复社会秩序、渗透政府权力最基础的单位,与保甲长一起在民间自行管理基层事务的还有乡长、约正、族正、里长、团长等名目,一般来说,保甲由民间推选、官方委派,主要负责防御和连坐稽查,"司一乡之戎事"①。这些首领虽无绝对的权力,但在与地方官配合执行地方事务时却可以发挥政府权力的作用。对于清代保甲体系,已有学者进行过很好的梳理②。然而,针对沿海社会特别是岛民编甲,却尚未有学者涉及。通过对海岛定居人口的编审实现连坐稽查成为约束沿海民众的一部分,尤其在康熙五十年(1711)左右,政府出台了一系列限制民众出洋的禁规,保甲制成为这些禁规赖以推行的基础。康熙五十六年(1717),浙江巡抚觉罗吉庆因为闽海渔船赴浙洋剽掠,对浙江沿海"岛峇编保甲,禁米出洋,严缉代卖盗赃"③。然"自康熙四十七年整饬保甲之后,奉行既久,往往有名无实"④。

清初乡村基层里社、保甲并行,自康熙滋生人丁永不加赋特别是雍正摊丁入亩以后,由于实行按土地纳税的单一征税标准,人丁编审不再受到国家重视。乾隆三十七年(1772),清朝正式下令停止编审,里社制因里甲编组无从维持而逐渐废弛。与此同时,由于赋役制度变化引起的人口失控,使清代统治者提高了对保甲的重视。与宋明以及清初抗击海上势力不同,清朝对于保甲制的强化目的在于强化基层社会的管理与控制,保甲具有维护治安、稽查人户、什伍连坐等作用,也参与督催钱粮赋税、基层司法、负责乡约

---

① （清）贾雒英修,薛起蛟等纂:《新会县志》卷10《兵防》,康熙二十九年刻本,书目文献出版社1990年版,第222页。

② H.B.莫尔斯《中国帝国的贸易与行政》将地方保甲长视为村民的代表和参与地方行政的人,瞿同祖《清代地方政府》则认为,保甲长是由官府设立的各类乡村单元中执行特定行政职能的首领,仅仅是官府的代理人,由州县官任命,受州县官控制。不能把他们当成代表村民的乡间领袖。自治在城乡都是不存在的。萧公权《中国乡村:论19世纪的帝国控制》将这些乡村首领定议成"为政府控制乡村的目的服务的准行政代理人",萧认为就政府放弃干预的事务,乡村享有一定程度的自治。不过,乡村享有的自治,并不是政府有意要赋予它类似于自治的权力,而是因为当局无力完全控制或监督其活动。这种"自治",换句话说,就是中央集权化未完成(不彻底)的结果。所以,只要认为是必要或适宜时,政府干预乡村的生活时从来就没有犹豫过。

③ 《清史稿》卷343《列传一三〇·觉罗吉庆》,第11128页。

④ 《清朝文献通考》卷23《职役考三》,第5055页。

月讲以及地方杂务。

雍正皇帝上任后对沿海地区稽查保甲一事，力倡从严，雍正帝屡次颁行谕旨强调保甲的重要性，"弭盗之法，莫良于保甲"。雍正二年（1724），令各省督臣严查保甲、岙甲及小船，令战船加强巡查①，这里的"岙"在文献中多指东南沿海一带较小的海岛，"岙甲"应包括对海岛民众的编甲。雍正还将康熙圣谕十六条逐条推衍集成《圣谕广训》，颁发给各省督抚学臣及文武衙门，成为地方官每月朔望宣讲的内容。其中，对"联保甲以弭盗贼"有了扩充和说明，包括令汛地兵丁务必昼夜巡逻，世家大户对各自户内奸良稽查负有责任，船只烙号彼此联艅、互相稽查等内容②。可见，雍正帝力图最大限度地扩大保甲的编排范围和稽查力量。雍正四年（1726），皇帝在诏书中痛斥地方对保甲的敷衍，"地方官惮其繁难、视为故套、奉行不实、稽查不严，又有借称村落畸零、难编排甲，至各边省更借称土苗杂处，不便比照内地者"，遂明确了以往保甲制的含糊不清处，"保甲之法，十户立一牌头，十牌立一甲长，十甲立一保正"③，"如村落畸零户不及数者，即就其少数编之"④，并制定了对官员和保甲牌长详细的奖惩之法⑤，又相继对族正、约正、团长等基层首领的遴选做了规范⑥。

雍正时期，依靠着对船只和洋面的烦琐而细致的管控，政府在沿海地区

① 《雍正朝满文朱批奏折全译》上册第 1419 条，"闽浙江总督满保等奏报沿海从严查禁海盗折"，雍正二年四月二十七日。
② 清圣祖撰，清世宗训解：《圣谕广训》，《文津阁四库全书》第 238 册，第 514—515 页。
③ 《清世宗实录》卷 46"雍正四年七月乙卯"条，第 702 页。
④ 《清朝文献通考》卷 23《职役考三》，第 5055 页。
⑤ 《清世宗实录》卷 43"雍正四年四月甲申"条，第 636 页。
⑥ 雍正四年，中央针对巨堡大族明确选立族正之例："如有堡子村庄聚族满百人以上，保甲不能遍查者，拣选族中人品刚方、素为阖族敬惮之人，立为族正。"见《清朝文献通考》卷 23《职役考三》，第 5055 页；雍正四年，闽浙总督高其倬奏福建盐政事宜，"请仿保甲法，添设团长、甲长，查报日晒之盐"，从之，见《清耆献类征选编》卷 8《高其倬》，《台湾文献史料丛刊》第九辑，第 722 页；雍正七年闰七月，准户部咨开大学士公马尔赛等条奏直省各州县令于大乡大村人居稠密之处，设立讲约，所在举贡生员内拣选老成有学行者一人以为约正，选朴实守者三四人以为直月，每月朔日齐集耆民宣读。见《世宗宪皇帝朱批谕旨》卷 126《田文镜奏折》，《文津阁四库全书》第 144 册，商务印书馆影印，第 588 页。

积极并成功地控制着海疆范围和海上人群，使之维持在一个可控制的稳定状态。保甲制的规范和强化随着雍正年间岛民垦荒活动得以推行至海岛。雍正二年（1724），位于浙江处州的陈山岛，"山多附籍异民结寮其间，种麻种靛洗沙炒铁者，星罗棋布，错杂民间"，此时正逢户部令各省安辑棚民，处州知府苏稽力行保甲，"将前项寄籍异民，责取山主保结，帮工之人责取寮长保结，山主、寮长不出结者，驱之出境"①。雍正五年（1727），玉环诸岛开复，"如本省各府属县相近之处，有愿入籍开垦者，照例于本地方官取结移送，必须居住玉环编入保甲，毋许往来不常，其外省远处之人仍行禁止"。赴垦民人呈明地方官出具印甘各结，向玉环同知衙门投验，听候拨给田亩，编入保甲，造报藩司"②。也就是说，入玉环的垦民必须在玉环居住并将原籍销掉，在玉环同知处编入新的保甲。这些编入保甲的民众包括浙江省的垦民和灶户，"将煎盐之户取具亲邻族保甘结，一体编入保甲"。之后，因赋税征收不敷，允许将闽浙垦民也编入保甲、升科纳粮，但贸捕之人始终被排除在外。可见，岛民的编甲主要是针对定居人户的管理。

与岛民编甲相对应，雍正六年（1728），定海总兵林君升奏广设村庄耳目，从居民中择选壮丁补入正规军，让岛民为政府所用：

> 该管镇协营汛，无论乡村僻壤沿海等处，按期村庄大小烟户之多寡，每村择一二年力精强、诚实晓事之壮丁，取具本村保甲甘结，俟有名粮陆续召补，似此乡丁自幼耕牧采钓、沐雨栉风，负重道远且赋性淳朴、办事诚实，使之入伍当差能受辛苦，类非城郭子弟可比，册内注明某县某都图里分，以备不时差查，设有奸盗窃发聚集往来，星夜驰报，以便作线，密拿移送有司审究。③

① 《浙江处州总兵王安国奏陈山汛安辑请定巡查会哨之例折》，雍正二年九月二十八日，《雍正朝汉文朱批奏折汇编》第3册第536条，第706—707页。
② 《特开玉环志》卷1《司道会议》，第59页。
③ 《浙江定海总兵林君升奏陈更换洋汛交代及广设村庄耳目管见折》，雍正六年二月二十日，《雍正朝汉文朱批奏折汇编》第11册第617条，第732页。林君升，马巷人，出身行伍，康熙五十六年奉调带兵押饷赴台湾，后擢黄岩游击，雍正五年八月由瑞安副将升任定海总兵官，官至广东提督、江南提督等职。

选壮丁入伍可弥补营弁与岛民生疏、无法及时发现盗贼的不足。定海县民间自治力度加强有一个过程,早在康熙二十三年(1684),设定海总兵署驻于舟山本岛之上,水师分驻于舟山群岛其他岛屿的各个汛口,虽定海镇负责操练、巡哨、器械等防御事务,民事归县属管辖,但定海县令位卑言轻、属员较少,很难发挥其管辖民事、日常治安维护的职能。定海县地处航路要冲,每逢交夏之际,江、浙、闽、粤诸省商渔船只不下千艘,东西南北洋船俱在此海域停泊聚集。此时从定居烟户中选出的壮丁更像是政府权力的执行者,壮丁入行伍任差事,在乡村充当耳目,遇有奸盗,须迅速报告。定海县自治不仅体现在防御上,还有经济活动。因定海最"(撮)数百岛屿为县,境内生产又全恃鱼盐"①,自雍正年间开始创立的渔帮和公所为渔民的失风救济、调解纠纷、大型船只等提供援助,成为此后江浙一带重要的民间经济组织②。

海岛的保甲与内地一样承担了治安警察的作用,然由于大多数岛屿的行政机构尚在建立和完善阶段,未能很好地承担民事管理职能,而海岛又普遍缺乏类似宗族大户这样规模庞大的血缘和地缘组织,也就很少会细化到分派族长、族正、乡长、约正等多个名目,这就使得保甲成为海岛管理民事最为重要的组织机构从而兼具了维护治安和其他多项职能,具体承担了稽查人户、值更巡夜、保甲纠奸、什伍连坐等,又有代里甲督催钱粮赋税的职能,还参与基层司法,负责乡约月讲,办理赈济事务以及海岛上一应杂项公务。如厦门原本有泉州海防同知代管民事,然据福建巡抚雍正四年(1726)奏,"该地地租历系保长收缴,每多侵蚀"③,厦门"各保长督同甲头互相稽查奸

---

① 陈训正等纂修:《定海县志》册一《舆地志》,民国十三年铅印本,成文出版社1970年版,第47页。

② 可参见陈训正等纂修:《定海县志》册三《渔盐志》,民国十三年铅印本,成文出版社1970年版,第269—274页。县志所列定海县各帮渔业公所列表中,雍正年间创立2所,乾隆2所,嘉庆4所,咸丰2所,同治4所,光绪23所,宣统4所,民国时期38所,创立年份不详的有7所。所列各公所有渔帮不属定海而地点在定海者,有渔帮虽属定海而地点在他县者,亦有定海与外县各帮合组者。

③ 《福建巡抚毛文铨奏报厦门民人罢市情形折》,雍正四年十月十二日,《雍正朝汉文朱批奏折汇编》第7册第194条,第266页。

宄,各造烟户缴查"①,一身多职也最终影响到了保甲稽查的效果。

更为关键的问题是,大批非定居人户游离于保甲制之外,如定海境内除本地岛民外,渔期时汇集了各地的渔户前来采捕,"定海普陀、衢港等处夏鳙冬鳓之利,岁以百万计,每至四月、五月、十一二月名曰鱼洋,渔船数千来集,大约闽民居其六,浙民居其三,江苏民居其一"②。这些人可能在大陆州县被编入保甲,也可能从未被编入这样的组织,但又常年游走于海岛之间,遇到编甲相继逃窜或宣称并非常住人户。由于清前期并未建立对这些流动人口的统计和编查制度,故对于究竟存在多少外来人口,不得而知。据民国《定海县志》"客民旅食人口表"中所列,定海县外籍侨商1200人,常驻客渔2000人,鱼汛时往来客渔23000人,其他行旅及僧侣3000人,共计外来人口约有29200人③。由民国的定海县外来人口推测,雍正朝各沿海岛屿未编入保甲的人户亦不在少数,这成为清代岛民管理问题的隐忧。

---

① （清）薛起凤等纂:《鹭江志》卷1《保甲》,乾隆三十四年修,《台湾文献汇刊》第七辑第11册,厦门大学出版社、九州出版社2004年版,第144页。
② （清）阮亨:《瀛舟笔谈》卷1,嘉庆年间刻本,第15页。
③ 《定海县志》册3《食货志》,民国十三年铅印本,第300页。

第四章 设官与牧民

第一节 佐理官的派遣与常驻

顺康时期佐理官同知、通判、县丞、主簿、典史等与正印官一同驻于县城,这些官员设置沿袭自明代,清初被视为冗员加以裁撤①。此时虽已开始在海岛设置佐理官,但并非专为民事。如顺治十八年移厦门附属岛屿烈屿巡检驻石浔专事防务,康熙十九年(1680)移驻厦门岛仍称石浔巡检,"弓兵仅留一二,无汛防之力矣"②。因厦门岛为渡台之要塞,又是洋船出入福建的重要港口,康熙二十五年(1686)再将泉州府海防同知移驻厦门,此同知主要负责泉州府海口商贩、洋船出入收税、台运米粮、监放兵饷等海防事务,诸如教谕训导等民事仍由同安县知县负责③,此时的海防同知也会代管听

---

① 裁撤自顺治时即已开始,见于各州县地方志《职官》卷。据福建总督姚启圣康熙二十二年在奏折中涉及的冗官有督粮道、州县县丞、典史、仓巡、驿递等,见《姚启圣题为请裁闽省冗官事本》,康熙二十二年八月十七日,《康熙朝统一台湾档案史料选辑》,第295—297页。

② (清)朱奇珍修,叶心朝等纂:《同安县志》卷2《防御志》,康熙五十二年刻本,北京图书馆出版社2008年版,第216页。石浔巡检司原在厦门北水程百十里外,后迁至厦门港保碧山岩前仍称石浔巡检司,见(清)周凯等纂:《厦门志》卷2《建置》、卷4《防海略》,道光十九年刊本,台北成文出版社1967年版,第50、82页。

③ 厦门各岛属同安县嘉禾里,见《同安县志》卷1《舆地志》,康熙五十二年刻本,第81—82页;《厦门志》卷10《职官》,道光十九年刊本,第206页。

断地方词讼、赋税征收等民事,但直到乾隆十七年(1752)才正式摄厦门事务①。康熙二十二年(1683),在今澎湖本岛(当时称大山屿)设有澎湖巡检司②。

雍正年间,为加强对基层社会的控制,各省督抚提出将同知、通判等官员派驻到偏远之地管理民事。雍正一朝,佐理官派驻进入了高速增长期。雍正七年(1729),鄂尔泰总结清代的佐理官职时如此说:"设官分职,专司之外原有佐理。如州牧县令之下,设有州同、州判、吏目、县丞、主簿、典史等官。而县分大者,则添设县丞,为之征比钱粮、审理词讼;乡镇多者则分设巡检,为之缉捕匪类,查拿盗贼。"③清代州县佐贰官多不与知县同城衙署办公,而是在远离县城的关津要冲之地或盗寇出没的繁华市镇,有学者注意到,佐贰、典史、巡检在清代有明确的辖属之地,并开始质疑"皇权止于县"的说法④。清代佐贰官辖属之地的划分依据正是前文提到的保甲、里社,佐贰官负责的保甲或里社范围因地域和官职而异,虽不能全面担负钱谷、刑名、教化、治安之责,但却是分辖之地"承督盘查亲民之责"的长官,是真正衔接基层保甲组织的政府官员。

按照规定,水师营弁对民众户婚、田土、争斗、钱债等事一律不得收准词状、擅自拘审,必须交由当地文官处理。随着海岛展复的深入和海岛人口的

① 《厦门志》卷2《分域略·官署》,道光十九年刊本,第49页。
② (清)王必昌纂:《台湾县志》卷9《职官》,乾隆十九年刻本,《台湾文献史料丛刊》第二辑,大通书局2000年版,第262页。
③ (清)鄂尔泰:《议州县不必设副官、乡官疏》,《清经世文编》卷18《吏政四·官制》,第460页。
④ 目前对清代佐理官的研究普遍认为,他们拥有一定的赋税、司法、治安、教化等职能,这种制度在雍正朝高速发展并呈现政区职能。参见傅林祥:《清代的次县级政权与辖区》,载孙进己主编:《东北亚历史地理研究》,中州古籍出版社1994年版;陈祺助:《清代台湾县丞与巡检司设置研究》,《高市文献》1995年第1期;贺跃夫:《明清县以下基层行政官署与乡村社会控制》,《中山大学学报(社会科学版)》1995年第4期;[日]太田出:《清代江南三角洲地区的佐杂"分防"初探》,载张国刚主编:《中国社会历史评论》第2卷,天津古籍出版社2000年版;张研:《对清代州县佐贰、典史与巡检辖属之地的考察》,《安徽史学》2009年第2期;胡恒:《清代巡检司时空分布特征初探》,《史学月刊》2009年第11期。

增加,雍正朝开始派驻佐理官管理海岛民事。岛屿因地理环境、历史开发条件、地方督抚的态度等不同,派驻文官的契机和文官的行政职能都各不相同,本节通过简单梳理清前期海岛文官派遣的重要举措,以期了解清前期国家岛民治理的模式。

派驻巡检:巡检(清代属从九品)常被派驻于关津冲要、繁华市镇,负责治安维护,下设若干皂隶、弓兵,这些弓兵一般来自于由县官协调来的绿营驻防汛弁,或在基层社会选出的壮丁。巡检在辖地同样只有稽查奸宄之责而无审判处置之权,因海岛孤悬海中,除治安维护外巡检也会被赋予代征钱粮的职能,如硇洲岛巡检负责"稽查保甲,盘缉奸匪、劝息斗殴。遇有命盗案件,详县勘验审结。该地钱粮委令就近代征,油单号簿皆由该县印发,奏销册籍由县办理"①。其实,巡检司在五代、宋、元既已有之,设于沿边或关隘,明代为补卫所军不足而设置的民兵武装,常出现在兵力薄弱的边境及沿海一带,金选招募当地土民,守备乡土。清代巡检多设在距县城较远的边鄙之地,因负有缉捕匪类、查拿盗贼的职责,也常被派驻至具有停泊口岸或盗匪较多的小岛。清代海岛巡检司设置的形式和内容也有不少是沿袭自明代,而下文所列均为雍正年间添设于海岛的巡检司:

雍正八年(1730),广东总督郝玉麟奏硇洲"洲民生齿日繁,商贾辐辏"而"武职未便兼理民事","邑令相距一百四十里,中阻重洋,请设巡检一员驻扎安辑,从之"②。雍正九年(1731),郝玉麟奏"黄粱一都地方辽阔,孤悬海岛,距县治窎远,向无文员驻扎,典史势难兼顾,匪类易于潜藏,请添设巡检一员驻扎弹压"③,雍正十年(1732)添设巡检一员,驻扎弹压。广东海陵岛巡检明代即有,迁界时废,雍正九年因广东巡抚额弥达奏请,复设④。湛川巡检司,元代至元年间建于遂溪县二十六都湛川县椹川村,故名。展界后

① 《雍正朝内阁六科史书·吏科》第60册,《广东总督郝玉麟题请于高州吴川县硇洲增设巡检并颁给印信本》,雍正八年八月十二日,广西师范大学出版社2002年版,第469页。
② 《广东通志》卷7《编年》,雍正八年刻本,第231页。
③ 《香山县志》卷2《建置》,道光八年刻本,第315页。
④ 《阳江县志》卷4《吏治志》,乾隆十一年刻本,第359页。

于康熙九年（1670）复于县城，雍正十年迁于东海岛①。雍正十二年（1734），山东高密县设栲栳岛巡检司②。雍正十三年（1735），广东巡抚杨永斌奏设巡检司于廉州府龙门岛，"龙门一区距城陆路七十里，渡海三十余里，孤悬岛屿，其内居民生齿日繁，现有一千数百余户，知州吏目难以遥制，稽察虽有弁目，驻防仅供汛守，不理民事，必须文员驻扎亲察"，吏部准议③。

派驻县丞：县丞（清代属正八品）为知县的佐贰官，也会被派出处理钱谷、户口和词讼、河道、水利等方面的特定事务，"驻守在分辖区的县丞常被授以逮捕有盗窃、赌博、卖淫等罪嫌的人犯的权力，但他无权审讯被告而只能将其押送到州县官那里去审判"④。金门岛民就对通判改设县丞一事抱怨道："改设县丞权限缩小，人民每遇诉讼，迁涉重洋。"⑤

雍正八年（1730），移福清县丞设于平潭，以上下山十二区及隔水岛屿析归平潭县丞管辖，这 12 区有侯均、庄上、坑北、大墩、酒店、斗门、朴秀、北海、南澳、敖纲、高坪、夯尾⑥。雍正年平潭的人口数不得而知，乾隆《福州府志》载这十二区即是海坛岛上十二甲⑦，据此府志载，平潭乾隆十六年（1751）的编审人丁 2080 丁，若加上妇女、小孩、老人，实际人口应远多于此

① （清）喻炳荣修，朱德华等纂：《遂溪县志》卷 3《建置志》，道光二十九年刻本，岭南美术出版社 2009 年版，第 174 页。

② （清）岳濬等修：《山东通志》卷 25《职官下》，雍正元年刻本，《文津阁四库全书》第 181 册，商务印书馆 2005 年版，第 511 页。

③ 《明清档案》，A61-67（26-16），B35038，《广东巡抚（杨永斌）揭报酌定巡检等次分别升叙》。

④ 瞿同祖：《清代地方政府》，法律出版社 2011 年版，第 23—26 页。

⑤ 左树璎修，刘敬纂：《金门县志》卷 1《沿革》，民国十年修，《福建师范大学图书馆藏稀见方志丛刊》，北京图书馆出版社 2008 年版，第 25 页。

⑥ 黄履思修纂：《平潭县志》卷 3《大事志》，民国十二年铅印本，上海书店出版社 2000 年版，第 539 页。平潭辖境除海坛岛外，还包括了周围的吉钓岛、草屿岛、大扁岛、屿头岛、南螺屿、北螺屿等，见卷 4《山川志》，第 564—568 页，到民国元年，平潭县共有 20 个分区，见卷 9《户口志》。

⑦ （清）徐景熹修：《福州府志》卷 8《都图》，乾隆十九年刊本，成文出版社 1967 年版，第 176 页。按《平潭县志》卷 4《山川志》，民国十二年铅印本，海坛"不过侯均区之一山"。

数。雍正八年,派驻香山县丞至澳门前山寨①。雍正十二年(1734),移同安县丞驻金门岛②,同安驻金门县丞并未独立掌握全岛的民政事务,所收钱粮仍要解县存仓,也就是说金门岛虽由同安县丞常驻专管,但仍属同安县知县辖制③。

派驻佐理官驻扎海岛的管理模式被乾隆朝延续并有所增设,如乾隆三十四年(1769)设巡检一员驻扎香山县淇澳岛以理民事④。据官员呈报,淇澳岛此时的人口有2500余人,"民贫地瘠,多以捕鱼捞蚬为生,习俗悍顽,往往伙窃贩私,甚或占洋为匪"。⑤ 佐理官的派遣和常驻只是作为派出机构,而海岛名义上的行政长官是原派出机构的长官。

同知、通判之设:府同知(清代属正五品)、通判(正六品)是辅助知府办理粮、盐、都捕等政务的副官,其衙署称为"厅",一般来说作为派出的同知、通判下设典史、捕快、皂隶、灯夫、轿夫等若干名属员。自雍正朝,政府多将同知、通判设在边陲以弥补知府管辖的不足,对于所驻地方的钱谷、户口、赋役、狱讼听断之事常有裁决之权,同知还常分掌清理军籍、抚绥民夷、协同将弁处理海防等事务。因其官品高于知县,为了和地方军队长官权力相平衡,雍正以后常在规模不够设府的边疆地区,以同知、通判为长官设立高于县级的行政机构,这种行政设置被清代后来的统治者延续,原本的办公衙署"厅"逐渐成为该行政区域的称谓。此时,同知、通判不再是知府的佐理官,而是"正印官",拥有着独立的行政区域和行政权力。如雍正五年(1727),置通判于澎湖,设立澎湖(厅),属台湾府辖;雍

---

① (清)《香山县志》卷2《建置》,道光八年刻本,岭南美术出版社2007年版,第315页。

② 《金门县志》卷1《沿革》,民国十年修,第23页。

③ 《金门县志》卷7《赋税志》,民国十年修,第178页。乾隆三十一年,金门县丞移灌口又以晋江县安海通判移驻,四十一年复移通判于马巷,金门田赋归马巷厅分征,四十五年复设县丞。见卷1"沿革",第23页。

④ 《香山县志》卷2《建置》,道光八年刻本,第315页。

⑤ (清)两广总督李侍尧、广东巡抚钟音:《奏为香山县属淇澳村为险僻要地请添设香山县淇澳司巡检一员驻扎事》,朱批奏折,档号:04-01-02-0004-001,缩微号:04-01-02-001-0203,乾隆三十四年二月二十一日。

正五年在玉环岛设立玉环（厅）；雍正十年（1732）在南澳岛设立南澳（厅）；乾隆十七年（1752），由驻于厦门岛的泉州海防同知摄厦门厅事；嘉庆三年（1798）将设有县丞的平潭岛改设平潭厅；道光十一年（1831）将定海县升为定海直隶厅①（见表3）。关于其机构设置与行政职能，下文详述。

　　通过简单梳理可以看出，王朝在海岛行政设置的基本轮廓和不同侧重，但这并不能涵括海岛所有的行政设置，如台湾岛和海南岛府一级的行政设置不在本书讨论范围。海岛佐理官的派驻与海岛独立行政机构设置主要集中在东南沿海，这和东南海岛人口急速增多以及海上势力的崛起有关。要注意的是，与大陆相比，沿海及岛屿派驻佐理官或是设立独立行政机构一般兼具海上防御功能，如新宁县属之望高司"所辖地方正当大洋，时有商船往来上、下二川，更为海贼出没之所，防查实非容易，应行列为最紧要缺"②。再如龙门岛"龙岛烟户册兵丁八百余户，民人仅一百七十家，尚系兵丁分户，其实并无民人"③，如此少的民众也并非全然不考虑派遣同知。乾隆八年（1743），因龙门毗连安南，民夷杂处，为重海疆移驻原驻防城的廉防同知驻扎龙门，与龙门协副将协同料理。廉防同知驻扎龙门岛主要是为与龙门协副将协同办理海防事务。不过，由于龙门协副将自康熙二十三年（1684）已设于岛上，新派的同知很难从中分得海岛事务的管辖权。据廉州知府周硕勋（乾隆十六年至乾隆二十四年在任）所述，龙门岛廉防同知除经理谷仓外，并未能插手海防事宜，"会哨、操防、钱粮、器械均无需同知再参末议，看

---

①　普通厅的长官之上有知府，直隶厅的副长官是直隶厅同知或直隶厅通判，与知府平级，要受到巡回监督官（"道"）的监督，"道员"可能为常驻官（分守道），也可能仅是巡察官（分巡道），或被委以一个或更多特别职责的监督官。在道员之上是省级民政长官或副省长（承宣布政使）、省级司法长官（提刑按察使）和省级盐务官（盐运使）。参见瞿同祖：《清代地方政府》，第12页。

②　《明清档案》，A61-67（26-16），B35033，《广东巡抚（杨永斌）揭报酌定巡检等次分别升叙》。望高司位于新宁县广海寨，所有附近上川等海岛令其管辖。

③　（清）周硕勋：《龙门不宜建城议》，《廉州府志》卷20《艺文下》，乾隆二十一年刻本，第484页。

仓之外别无民事"①,这里强调的是龙门同知所承担的民事职能非常有限,但由此也可看出同知在海岛事务上侧重民事的职能已经成为定制。

第二节　山东沙门诸岛设"通判"之议

对于大部分海岛来说,由于面积较小、人口较少,遂采取了大陆文官定期赴岛处理民事而并不常驻,在铜山营这个具有 1000 余名正规兵的海岛上,"县令时至,则驻海防馆内"②,县令赴岛并无自己的专办衙署,且只是针对本岛赋税、仓储等事与将弁协调。民众日常性的词讼事务,仍需渡海赴县衙办理,而且知县定期赴岛的行动常因风信延误,官员也并不看重对这里零星居民的管理,故敷衍居多,甚至连赋税和词讼等民事也常由水师主持。这类岛屿的记载被涵括在所属州县之内而难以作较清晰的梳理,雍正年间山东巡抚岳濬与总督田文镜对是否在沙门诸岛派驻通判专管民事的讨论,为我们了解这类海岛的民事管理提供了难得的个案。

山东登州府附近海域海岸良港众多,海道直通辽东、朝鲜,也是南北航运的必经之道,登州府北岸六十里海中的沙门岛(即庙岛,今属于山东省烟台市长岛县北长山乡),它位于庙岛群岛的中央地带,长 2.6 千米,宽 1.1 千

---

① （清）周硕勋:《龙门不宜建城议》,《廉州府志》卷 20《艺文下》,乾隆二十一年刻本,第 484 页。乾隆五年和乾隆九年总督郝玉麟与巡抚托庸都曾拨谷至龙门,乾隆八年以后,经理谷仓的任务由同知负责。见《廉州府志》卷 6《建置》,乾隆二十一年刻本,第 78 页;《清高宗实录》卷 217"乾隆九年五月己亥"条,第 792 页。

② 《铜山志》卷《建置志》,乾隆十六年初稿,二十五年删定,第 404 页。此处的海防馆是水师巡防将弁的临时行台,"海防馆则两汛按临焉,若分主道、巡海道、巡历台,则暂修所为行台",见《建置志》。铜山岛原有 4000 名兵,康熙二十三年裁镇为协,裁左、中二营,官兵剩 1600 名,康熙三十一年改协为营,共 984 名,康熙四十八年,共 1200 名,如果加上官弁、杂役应多于这个数字。铜山居民数不详,陈振藻在卷 1《方域志》提到"居民稠密"。铜山也叫东山岛,因在明代为铜山千户所隶属镇海卫,顺治十四年裁撤千户所,展复之初的铜山并不隶属于任何州县,康熙二十一年分属漳浦、诏安二县,雍正十二年割归诏安,见卷 1《方域志》。

米,海岛面积 1.4254 平方千米①。自魏晋至宋常被作为犯人流放之地②。宋建隆四年(963)八月,因女真朝贡需船渡马,沙门岛居民被赋予专造舟楫的职责而被免去赋税③。元代海运大兴,沙门岛在航线中起着导航作用,"海艘南来转帆入渤海者,皆望此岛以为表志"④,该岛也是航船停泊避风之所。因沙门岛有显应神妃庙一座,船只出入皆于此岛驻宿,设供献神。元代的沙门岛与其周围的(大、小)黑山、(南、北)长山等五岛村落共属"沙门岛社"管辖,明初迁民虚岛后沙门诸岛被辽人占据,"元人通海运于沙门岛,设监置戍,其时与城北为二社。国初移二社之民附近郭,而空其岛,后为辽人据而居焉"⑤。"辽东年饥役重,军民窜伏山东海岛,渔海以居,率皆避重就轻,往而不返"⑥,隆庆五年(1571)九月,出于对辽东局势和军事防御的考虑,明政府对潜住辽人进行管理,"将青、莱、登三府共二十岛辽人附居者,皆籍而抚之"⑦。

清开海之后,沙门诸岛的村落聚居面貌得以恢复,据雍正九年十二月山东巡抚岳濬的上报,沙门岛即庙岛有居民 24 户,黑山二岛(大黑山、小黑山)152 户,长山岛(南、北长山岛)375 户⑧,统计开垦完粮地共 12400 亩,庐舍田园各成村落。南北航运为这些岛民带来了更多的利益,每到四月以后风信顺利之时,闽、粤、江、浙商船赴天津、北京贸易,络绎不绝的船队到沙门

① 《中国海岛志》(山东卷第一册),海洋出版社 2013 年版,第 204 页。

② 关于沙门岛流刑可参见杨芹:《宋代流刑考——以流沙门岛的情况为主要事例》,《中山大学学报》2005 年第 1 期;程皓:《北宋配隶沙门岛刍议》,《首都师范大学学报(社会科学版)》2010 年增刊。

③ (宋)佚名编:《矜臧沙门岛人户赋税诏》,《宋朝大诏令集》卷 185《政事三十八》,《续修四库全书》第 456 册,第 594 页。

④ (元)于钦纂修:《齐乘》卷 1,《文津阁四库全书》第 167 册,第 144 页。

⑤ (明)顾炎武:《肇域志》"登州府志",上海古籍出版社 2004 年版,第 549 页。这里的城北为牵牛社,辖(南、北)隍城、(大、小)钦岛、砣矶岛等。另可参见《山东省海岛志》,山东科学技术出版社 1995 年版,第 28—51 页。

⑥ (明)汪道昆:《太函集》卷 89《辽东善后事宜疏》,《四库全书存目丛书》第 118 册,齐鲁书社 1997 年版,第 319 页。

⑦ 《明穆宗实录》卷 61"隆庆五年九月丙寅"条,第 1480—1481 页。

⑧ 北长山岛历史上长期与南长山岛合称长山岛。宋时属于蓬莱县沙门寨地,元明时属蓬莱县沙门社,清末始有南、北长山岛之分。

诸岛驻泊：

　　登州府天桥口出海六十里有沙门岛，一名庙岛，屹峙波中，西有黑
山岛相隔七里，东有长山岛相隔二里，黑山大、小二岛脉络相连，长山岛
亦绵亘三十里为两旁翼护，藏风息浪，地面宽纡可泊船一二百号。三岛
各有居民，而沙门岛上有显应神妃庙一座，凡登郡各属海口共二十五
处，船只出入皆于此岛驻宿，设供献神，即闽、广、江、浙商船亦必投此岛
停泊。是此沙门一岛，近则为登郡各口出入总会之门户，而远则为南北
商船往还必经之要冲也。①

　　许多岛民靠为过往船只提供淡水、食物生活，甚至参与走私，"如关东
私参一项，海船夹带贩往南省，或由大洋经过在沙门岛驻泊而行，或径赴登
州上岸由陆路南下进口之时，恐被汛地盘诘，即于沙门等三岛起卸私参，寄
顿岛民之家，托其撑驾小船运送过岸，多方透漏，往来不常"。沙门诸岛由
登州北汛水师营每年五月派兵弁驻此稽查巡视，九月方回，兵弁只负责巡视
洋面防御贼盗，对于岛内民众并无稽查之责，"外洋责之巡哨官兵，内口责
之州县有司"。按规定，蓬莱县官需定期对沙门诸岛居民进行人口编查，当
地保甲长需将编排名册上报给蓬莱县官。但由于海岛孤悬海中，文官不擅
风涛而多有延误，有效稽查实属难事。水师营弁实际上就成为了岛上唯一
一代表国家权力的人群，五月至九月是渤海湾的鱼汛期，南北商渔船只也大都
于此时在这里湾泊，兵弁往往通过岛民与过往商船的走私活动获利，而在一
年中剩余的八个月中，海岛上其实并无水师营弁驻守。

　　雍正九年十二月，山东巡抚岳濬提议，派驻登州府通判一职，每年四月
初旬驻岛对岛民点验稽查，十月回郡。为使其专心管理海岛，通判驻岛之
际，对内地不能兼顾之处，应免其处分：

---

　　① 《山东巡抚岳濬奏陈宜委官员稽查沙门等岛以重海疆折》，雍正九年十二月二
十一日，《雍正朝汉文朱批奏折汇编》第 21 册第 517 条，第 631—632 页。

应委该通判点验各岛居民，编成保甲，分给门牌，设立卿总、保长等役，仍不时访察，遇有奸匪玩法作弊，立拿严讯，按律重惩。似此委员稽察，奸贩既闻风敛迹，岛民亦守分安居。兼之文武官弁先后出海各有职司，武弁防御之不勤，难欺文职之耳目，文职稽查之不力，亦难掩武弁之见闻，彼此相制，奋力办公，实于海防大有裨益。

岳濬认为通判除负责管理岛民外，本省与外省来往船只的稽查也应由其负责，"凡有本省商民船只出入查对照票，点验货物，如有违禁之物并行踪诡秘等弊，立即详报。其闽、广、江、浙等船来此停泊亦必询问来历，一并稽查"。可以看出，岳濬提议派驻通判驻岛管理民事的真正目的在于加强文官对岛民和贸易的控制，改变水师独掌局面，提议通判下增设壮丁赴岛稽查正是出于此意，"该通判衙门额设壮丁25名，今前赴海岛要地，应增设15名，共成40名以供巡逻捍卫之用"。雍正帝将此奏交与总督田文镜商议①。

田文镜（1662—1733），汉军正黄旗人，雍正五年（1727）由河南巡抚升任河南总督，雍正六年（1728）授河南、山东总督主管两省军政，驻地仍在河南开封府②，同岳濬（1704—1753）任山东巡抚为同一年。雍正十年（1732），田文镜将沙门诸岛设置通判之议奏明。田文镜首先否认了岳濬沙门即为庙岛的说法，接着针对庙岛设通判和沙门岛设通判一一驳斥：

> 沙门岛在天桥口东北，相距登州府城止六十里，系一小岛，并非可以湾泊船只处所，惟有庙岛一处在天桥口之西北三十里，约距沙门岛五十里，上有显应神妃祠宇，因东有长山岛，西有大黑山二岛为之翼护，凡遇西北风起之时可以湾泊船数十只，亦止可暂时停泊，若东南风则又难

---

① 《山东巡抚岳濬奏陈宜委官员稽查沙门等岛以重海疆折》，雍正九年十二月二十一日，《雍正朝汉文朱批奏折汇编》第21册第517条，第632页。

② "顺治六年设直隶、河南、山东三省总督驻直隶大名府，十五年停。康熙元年复设，八年停，雍正六年设河南、山东总督驻河南开封府，十三年停"，见《山东通志》卷25《职官志》，《文津阁四库全书》第181册，第501页。雍正六年，河南、山东总督一职专为田文镜而设，"因人设官，不为定例"，见《清史稿》卷294《列传第八一·田文镜》，第10338页。

以停泊矣。长山岛较大、小黑山二岛亦属小岛，此三岛之下，俱不可湾泊船只。抚臣奏称沙门岛一名庙岛者，非也。至庙岛之可以暂停船只者，亦惟自东省出口前往天津等处粮食商船，因是甫行开出必至庙岛设供献神，兼候风潮以便放出大洋。若闽、广、江浙商船往北贸易者，则顺南风由成山头一直北上，及回船之时则又顺北风直往南下，俱于大洋扬帆径过，多不绕道湾入庙岛。盖庙岛之下皆系登、胶水师两营巡哨兵船出入停泊之所，已极谨严，倘有匪船从此外洋经过，官兵不协力追擒尚干参究，岂容匪船入岛乎，此来历不明船只，可以信其决不敢入……况沿海口岸甚多，无处不可上，若设官止于庙岛一处稽查，彼凡有夹带者岂肯复入庙岛。其从大洋经过各船，巡查员役又岂能驾舟追蹑于洋面盘验，实属无益。臣再查沙门等五岛，共五百余家，垦种地亩亦止一百余顷，虽各成村落而地非膏腴，民皆椎鲁，不过苟图生聚于波涛震撼之中，稍有骚扰即抛家弃业或入海另觅生涯，以致荒废田地，此又不可不虑也。臣愚以为……似无庸添设此通判一员也。①

督抚二人对此海域的描述相差如此之大，在岳濬的描述中，蓬莱县北部五岛因南北商船驻泊，还伴随有经常的走私活动，沙门岛尤为冲要，更应加强防范。而在田文镜的描述中呈现出截然相反的面貌：此片海域的长山岛、大、小黑山岛不可湾泊船只，即使庙岛也只供船暂时湾泊，且仅是山东一省赴津船只过此祭拜停泊，有登、胶水师营巡哨已足够；沙门岛非庙岛，仅是一小岛，不可湾泊船只，不足挂虑。两人的主要分歧在于这片海域是否有较多船只。

通过对文献的梳理，笔者认为田文镜对蓬莱县北部岛屿的描述错误较多。首先，田文镜"长山岛较于大、小黑山为小岛，且此三岛皆不可湾泊"之说有误。南、北长山岛是庙岛群岛中最大的两个海岛，大于大、小黑山岛，且这几个岛都可供民船湾泊。据乾隆二十九年（1764）登州水师营关于海岛

---

① 《世宗宪皇帝朱批谕旨》卷 126《田文镜奏折》，《文津阁四库全书》第 144 册，第618—619 页。

地理状况的勘查显示，"庙岛可停泊战船、民船，采取薪水，向系各船必由之路，洵属充要之岛，至长山、大黑山、小黑山、砣矶、大钦、小钦、南隍城、北隍城共八岛，均可采取薪水，平底民船可以寄锚收泊，若龙骨战船吃水甚深，各岛中有礁石，向来不能湾泊"①。据雍正《山东通志》记载，"长山岛，在水城北三十里，船至登州不得入水城，必于此驻泊回避"②。

其次，"沙门岛非庙岛"的说法。宋宣和四年（1122），福建商民在沙门岛上建天后宫（即妈祖庙），明崇祯元年（1628）下诏设立官庙，山东左都督杨国栋奉旨对妈祖庙进行了大规模扩建，崇祯皇帝御赐匾额"显应宫"，明末清初，庙岛妈祖庙的声名达到了极盛，庙岛的名称也出现在此时。山东地方志、《肇域志》等文献一致记载因沙门岛"显应神妃庙"故被民间商旅称为庙岛，但若如田文镜所说，沙门岛并非天河桥西北、大小黑山、南北长山环互之中的话，那么元代记载的蓬莱县北部五岛"沙门岛社"中的沙门岛去了？若沙门岛位于天河桥东北，不能湾泊，那么沙门岛在宋代被作为女真渡马的停泊之地，岛民为女真造船之说从何而来？关于沙门岛与庙岛的名称考辨，学者闫化川依据元人于钦《齐乘》卷1中记载，沙门岛为"海艘南来转帆入渤海者，皆望此岛以为表志"，认为若为渤海入口标志，应位于登州东北海中即天桥口东北，故而和田文镜说法一致。闫化川进而得出沙门岛应为"沙帽岛"、"沙磨岛"、"沙磏岛"，位于登州东北海中，小竹山岛东面，是在明末清初被误为庙岛③。被今人誉为杰出地理学家的明人王士性④在《广志绎》中已明确指出了沙门岛的方位，"登州三面负海，止西南接莱阳出

① 《奏呈山东登、莱二府东北南三汛岛屿清册》，录副奏折，档号03-0364-075，缩微号：024-1321，乾隆二十九年。

② 《山东通志》卷20《海疆志》，雍正元年刻本，《文津阁四库全书》第181册，第444—445页。关于蓬莱县西北各岛的面积及湾泊情况还可参见《山东省海岛志》，山东科技出版社1995年版，第24—78页。

③ 见闫化川：《妈祖信仰的起源及其在山东地区传播史研究》，山东大学2006年博士学位论文。

④ 谭其骧：《与徐霞客差相同时的杰出的地理学家——王士性》，载《长水集续编》，人民出版社1994年版，第195页（原载《纪念徐霞客论文集》，广西人民出版社1987年版）。

海,西北五、六十里为沙门岛"①,笔者认为,闫化川认为沙门岛位于登州东北是对"渤海"的误解,于钦在《齐乘》卷 2 曾对渤海范围有明确解释:

> 海岱惟青州,谓东北跨海,西南距岱,跨小海也,本名渤海,亦谓之渤澥,海别枝名也。盖太行、恒岳、北徼之山循塞东入朝鲜(今高丽),海限塞山,有此一曲,北自平州碣石,南至登州沙门岛,是谓渤海之口,阔五百里,西入直沽几千里焉。②

由此可见,古沙门岛位于渤海之口,航船正是在驶入黄海后依靠蓬莱县北部的沙门岛(即庙岛)作为航标进入渤海海域,过莱州大洋进入直沽。位于今庙岛北部的"沙门寨古城址"和古庙遗址也印证了庙岛即为古沙门岛。雍正《山东通志》卷 1《海疆志》载,"沙门岛一名庙岛,南面黑港可容船三、四十只避北风",又载栖霞、即墨、诸城等各"州县各海道会于庙岛"③,该志卷首将沙磨岛绘制在天桥口东,同时在卷 6《山川》中载,"沙门岛,在海中,去县北约六十里,上有龙女庙,又名庙岛",这说明沙门与沙磨岛并不是一个岛④。光绪《增修登州府志》载沙磨岛即是牵牛岛,位于小竹岛西北,无居民⑤,该岛在民国初年始称车由岛,此名沿用至今(今属山东省烟台市长岛县)。

综上,笔者认为沙门岛即为庙岛的记载无误(见图 1),沙帽(礵、磨)岛应为今天的车由岛。

最后,田文镜对于庙岛只供山东赴天津商船停泊祭拜,江、浙、闽、粤商船并不此的说法也与其他史料记载迥异,南来商船赴天津必到庙岛挂验,

---

① (明)王士性:《广志绎》卷 3,《四库全书存目丛书》第 251 册,齐鲁书社 1996 年版,第 735 页。
② (元)于钦纂修:《齐乘》卷 2,《文津阁四库全书》第 167 册,第 151 页。
③ 《山东通志》卷 20《海疆志》,雍正元年刻本,《文津阁四库全书》第 181 册,第 451 页。
④ 《山东通志》卷首《图考》,第 21 页;卷 6《山川》,第 97 页,雍正元年刻本,《文津阁四库全书》第 181 册。
⑤ (清)方汝翼等:《增修登州府志》卷 3《山川》,光绪七年刻本,第 6 页。

图 1　清代蓬莱县北部海岛图

向西南经掖县小石岛进入莱州大洋驶至天津,在山东二十五个海岛要道中,"庙岛犹大,可以停泊"①。据《广志绎》载,"长山、沙门诸岛在登、莱外,大者延袤十余里,小者二、三里,皆有饶沃田以千万计,犹闽浙之金堂(塘)诸山也"②,这与田文镜所说的"地非膏腴"差距甚大。事实上,今天的庙岛(沙门岛)拥有丰富的农林业用地,且仍是山东、辽宁、河北、天津、江苏各地渔船云集之地,其东侧称为庙岛塘的海湾,可避东、西南、北诸方风向。台风季节,它还是烟台、威海、蓬莱一带军舰的驻泊地③。

综上,笔者认为田文镜对蓬莱县北部五岛的了解值得怀疑,其自雍正二年(1724)任河南巡抚以来并未有在沿海任官的经历,蓬莱县北部岛屿设置通判之议的这一年田文镜已 70 岁高龄,又驻在河南开封,关于沙门诸岛的信息来源可能来自河南而非山东官吏。

沙门、大、小黑山、长山等岛 500 余户居民虽有蓬莱县知县管辖,派驻文官定期驻岛自然更加便利于民事的管理,田文镜认为设通判"实属无益"④,

---

① （清）岳濬等修:《山东通志》卷 20《海疆志》,雍正元年刻本,《文津阁四库全书》第 181 册,第 445 页;《清会典事例》卷 211《户部》,第 467 页。

② （明）王士性:《广志绎》卷 3,《四库全书存目丛书》第 251 册,齐鲁书社 1996 年版,第 735 页。

③ 《中国海岛志》(山东卷第一册),海洋出版社 2013 年版,第 204—205 页。

④ 《雍正朱批谕旨》第 6 册,第 401 页。

而且加重文员在海岛的管理势必会引起文武相争,"岛中原系蓬莱县地方,
自应仍听该县编管,若委通判一员带役四十名,每年于四月初旬赴岛驻至十
月回郡,一以稽查船只,一以编管居民,则此荒滨僻壤之中,俨然成一收税验
船口岸,外而需索商民,内而扰累百姓,贻害无穷,如云文武可以彼此相制,
则官与将弁不和,役与兵丁不辑,必从此起伏"①。官员对岛民定居身份的
质疑,使中央难以支持在尽是"游众"的海岛上设文官长驻,这也是大多数
海岛面临边缘化处境的重要原因。雍正帝也不想多生事端,驳回了岳濬的
提议②。沙门附近岛屿长期为登州、胶州水师营驻守,军事防御上的重要性
要远远大于岛民开发,地方督抚个人对海岛管理模式影响甚大,田文镜的反
对使得粗具规模的岛民聚落难以像陆地居民一样纳入正常的人户管理体
系,而是置于军事化的管理模式之下。田虽反对派驻通判和增设壮丁赴岛,
但对于沙门诸岛居民编排保甲却并无异议,认为此事仍应听归蓬莱县编
管③,笔者暂未找到材料来呈现岛民的编排时间和编排过程。可推测,在海
岛并无派驻行政机构的情况下,岛民编甲也会大打折扣。

第三节　州县制的推广

顺治二年(1645),清军入关不久即派兵戍守崇明岛,延续明代之制崇
明县隶属太仓州④。顺治九年(1652),清军攻克琼州,即沿袭明代"州三县

---

① 《雍正朱批谕旨》第 6 册,第 402 页。
② 《世宗宪皇帝朱批谕旨》卷 126《朱批田文镜奏折》,《文津阁四库全书》第 144
册,第 619 页。
③ 《雍正朱批谕旨》第 6 册,第 402 页。
④ 元代设崇明州属扬州,明洪武二年降州为县,洪武八年改隶属苏州,弘治十年建
太仓州以崇明属之。清代因之。见(清)朱衣点修,黄国彝纂:《重修崇明县志》卷 2《区
域》,康熙二十年刻本,上海书店出版社等 2010 年版,第 324—332 页。清初崇明周围海
沙曾被张名振、郑成功等人占据,迁界时增兵弹压崇明本岛,其余沙洲尽行撤弃,但不曾
废县。见王清穆修,曹炳麟纂:《崇明县志》卷 9《武备》,民国十九年刻本,上海书店出版
社 2010 年版,第 626—627 页。

十"，设琼州府，属广东省管辖①。顺治十二年（1655），郑成功将所占据的金门、厦门二岛建思明州，设有知州及吏、户、礼、刑、兵、工等六官。康熙二年（1663），郑氏改思明州为思明县，这是金、厦二岛独立出同安县设州县之始。康熙十九年（1680），清军攻取厦门、金门，废思明县，二岛重新归属同安县辖②。康熙二十二年（1683）攻克台湾，设台湾府，属福建省，下辖三县③，这种岛陆一体化的管理模式随着海岛展复日久，逐渐推及其他岛屿。与台湾、海南受内地省辖制一样，清代展复的岛屿多受大陆临近的府州县辖制。粤人屈大均将这些海岛视为陆地在海中的延伸，称为"海中余地"：

> 廉之龙门岛，高之硇洲，雷之涠洲、蛇洋洲，皆广百里，开辟之可以为一县，皆广南之余地在海中者也，则地亦不尽于海矣。④

若学者们对《广东新语》成书时间的考辨无误，此说应在康熙十九年至康熙二十六年（1687）间即开海之时⑤，笔者推测屈大均海岛开辟设县的建议应是在康熙二十二年全面展界之后。在海岛展复不久迁徙之民尚在恢复生产的情况下，屈大均此议体现了对海岛管理的积极态度。大约在同时，康熙二十三年（1684）浙抚赵士麟、总兵孙惟统疏请展复舟山诸岛，设兵防守，遂"移定海总兵于舟山"。康熙二十五年（1686），镇臣黄大来会督抚题请设立县治，与营员内外抚绥⑥。康熙二十七年（1688）"招民开垦"，设定海县

① （清）焦应汉修，贾棠纂：《琼州府志》卷1《疆域志》，康熙四十五年刻本，第29—32页。

② （清）杨英：《（延平王户部主事杨英）从征实录》，《台湾文献史料丛刊》第七辑，第86页。

③ （清）周元文：《重修台湾府志》卷1《封域志》，康熙年间修，第6页。

④ （明）屈大均：《广东新语》卷2《地语》，广文书局1978年版，第59页。

⑤ 江宗衍：《屈大均年谱》，欧初等主编：《屈大均全集》附录一，人民文学出版社1996年版，第1933—1964页；南炳文：《〈广东新语〉成书时间考辨》，《西南大学学报》2007年第6期。

⑥ 《定海厅志》卷20《军政·海防附》，光绪十一年刻本，第12页。

属宁波府辖,原来的定海县改称镇海县,军事驻地兼县级行政单位。作为清代直接执行政府政令的层级,州县官对辖区内的邮驿、盐政、保甲、公共工程、仓储、救济、教育、宗教、礼仪等事务都负有责任,"知县掌一县治理,诀讼断辟,劝农赈贫,讨滑除奸,兴养立教。凡贡士、读法、养老、祀神,靡所不综"①。同陆地州县官对农田丰收的祈祷类似,海岛地方官对渔业丰歉与否负有责任,"澳内以鱼旺为丰年,比年网户失利,余抵任因遍祷于群庙"②。从全国范围的海岛设治情况看,岛屿设立行政机构的情况并不普遍(见表3)。

一般来说,一个县的人口在数万到数十万不等③,上文所谈到的沙门、金门、平潭、铜山、硇洲、淇澳等海岛定居人口就不及一个县级行政单位的规模。但也并不绝对,若有居民的主岛附近有若干有居民的附岛,也会以群岛为一个独立的行政区域,即"聚岛为县"、"聚岛为厅",如定海县、玉环厅、澎湖厅都是合群岛为独立的行政区域。谭其骧先生曾这样概括县治对区域发展的意义,"县乃历代地方行政区划之基本单位……一地方至于创建县志,大致可以表示该地开发已臻成熟;而其设县以前所隶属之县,又大致即为开发此县动力所自来……就全国或某一区域内各县作一综合的观察,则不啻为一部简要的地方开发史"④。海岛设县或县级以上行政机构,既反映了海岛社会转型和开发程度,行政机构的设立也必然会影响海岛的发展轨迹。王朝会在哪些岛屿上设置县或县以上行政单位,这取决于地域环境、历史沿革、人口规模以及开发程度等众多因素,通过上文对历史事件的排比、爬梳,笔者认为海岛所具有的人口数量和所处海域的战略位置对于王朝所采取的管理模式影响重大。

---

① 《清史稿》卷 116《志第九十一·职官三》,第 3357 页。
② 《南澳志》卷 11《艺文》,乾隆四十八年刻本,第 120 页。
③ 瞿同祖:《清代地方政府》,法律出版社 2011 年版,第 7 页。
④ 谭其骧:《浙江省历代行政区域——兼论浙江各地区的开发过程》,《长水集》上,人民出版社 1987 年版,第 403—404 页(原载杭州《东南日报》1947 年 10 月 4 日,《云涛》副刊第五期)。

第四节　海岛同知的设立

由前文所述可知,海岛"厅"的设置全部位于东南沿海,这与雍正朝行政区划改革有关,也能看出王朝彰显东南海域海岛屏障防卫、遏制海上势力膨胀的意图。总体而言,民事管理仍是这一行政机构的主要职能,但在其设立和运行职能上,存在诸多差别。下文将试图以玉环与南澳两岛为例揭示雍正年间海岛同知的设立情况。

雍正五年(1727),玉环岛以垦荒名义获准开复。在讨论设治之时,地方官以知县人微言轻建议设同知以示权重,第一任同知张垣熊将玉环的开复和设治情况详细记载于雍正十年(1732)的《特开玉环志》中:

> 玉环广袤七百余里,又孤悬海面,若另作一县则事权在府,事事必须禀命,文移往来海渡难于刻日,而新垦之众以位卑权轻之知县主持其间,不无歧视,且与参将体统不敌,隔属呼应。①

此议由浙江布政使、按察使、都转运使等地方官员提出仿照云南设同知管理少数民族之例管理岛民,地方官之所以提议设立同知以事权重和玉环开复前豪绅占据玉环私垦大有关系,对于玉环的开复背景和过程后文详述,下文是玉环同知设立后的具体职能:

> 设温、台玉环清军饷捕同知一员,专管查给垦田、督修塘坝、征收钱粮、审理词讼、给放粮饷、弹压地方,其通省别项公务免其差遣,仍照云南等处之例,凡命盗事件即令该同知审理解详臬司,钱粮事件听藩司考校,本管道查其地与温州郡城相近,相应隶于温属,有关涉玉环事务者,温、台二府属县俱听该同知专行管理。所有玉环居住垦民、田地、人户,俟安

---

① （清）张垣熊：《特开玉环志》卷1《司道会议》,第58页,雍正十年修。

插既定之后,将田地分立都图,照造鳞册,人户编查保甲,一体稽查。①

可见,玉环虽在地域上隶属温州府但无须事事向其禀明,案件审理向按察使司、钱粮征纳向布政使司直接负责。所谓"温、台"玉环同知是指温、台属县有关玉环事务皆归此同知专行管理。上文已述,同知本为知府副官,在清代常被派遣至地方专管水利、海防等事务,其办事衙署称为"厅",只是专管一定事务的派出官员,并非独立的行政机构。雍正时期,对行政区域进行了大幅度的改革和调整。一些由府派遣至地方的同知、通判变为专管一定人口和地区的独立行政机构。此处的玉环同知职能等同于州县官,品级高于县令,直接对布政使司和按察使司负责,是嘉庆年间直隶厅的前身②。一般来说,同知长官管州县之事,下需"设典吏二名,门子二名,捕快八名,皂隶一十二名,灯夫二名,轿夫、扇夫七名",但据该同知张垣熊称,玉环地方过于简小州县,该同知管理钱粮命盗一切词讼需役办理,若照各府同知例,止设典吏两名不敷承办:

    援照太邑中县之例分别房科经制,吏房吏二名,书二名;户房吏二名,书二名;粮房吏一名,书一名;兵房吏一名,书一名;刑房吏一名,书

① 《特开玉环志》卷3《职官》,第89页。清代同知一职有清理军籍、督催粮饷、抚绥民夷、协办海防事务等职能的侧重,会体现在名称上,如"南澳粤闽海防军民同知"侧重海防事务,这里玉环的"清军饷捕同知",笔者仅看到玉环同知清查土地、督催粮饷等事务,并未找到关于清理军籍的记载,留待日后深入考证。

② 雍正年常有派驻同知或通判到边境的做法,当有专管的区域、人口和行政机构时,就不再是派遣机构而成为独立的行政机构,只是雍正时对这一行政单位尚无称谓,也无定例。迨嘉庆年间才形成直隶厅和散厅的定例,府下分成若干个更小的行政区划:属厅(或散厅),属州(或散州)和县。直隶厅和直隶州不同于普通的散厅和散州,前者是在省布政司的直接监督下有着与府相等的地位。当时所有的直隶州都下辖若干个县,但除奉天的凤凰厅和四川的徐永厅以外,其他直隶厅下是未领有属州和属县的。可参见[日]真水康树:《清代"直隶厅"与"散厅"的"定制化"及其明代起源》,《北京大学学报》1996年第3期;[日]真水康树:《雍正年间的直隶州政策》,《历史档案》1995年第3期;周振鹤:《地方行政制度志》,上海人民出版社1998年版;傅林祥:《清代抚民厅制度形成过程初探》,《中国历史地理论丛》2007年1月。

一名；工房吏一名，书一名；铺长房吏一名，书一名；承发房吏一名，书一名；架搁房吏一名，书一名，并设库子四名，狱卒八名，皂隶除原设十二名外应添四名。①

清代对地方府、厅、县有繁简之别，"冲（交通枢纽）、繁（公务繁多）、疲（赋税拖欠多）、难（民风暴戾）"属于最要缺，一般情况下仅有三字者为要缺，仅有两字者为中缺，仅有一字者为简缺。这样的区分可看出各行政区域在国家事务中的层级。张垣熊请以太平县中缺为参考设置玉环员属，为一般性民政事务的机构②。玉环同知下设巡检一员，民壮五十名，弓兵三十五名，铺兵四名（抽拨于太平、乐清二县），仓夫四名，斗级四名，其中民壮、弓兵负有看守仓廪、缉捕陆盗之责，皆挑选习水性之人且配备武器，以团练的名义为玉环同知调动③。玉环同知不仅有独立的行政管辖区域和人口，也享有征收赋税、办理词讼等事务的专权和行政衙署，同州县官并无二致。玉环诸岛从封禁之地变为国家的独立行政区域，且政务直隶于省，这在清代沿海岛屿治理上非常特殊，也成为其他岛屿行政设置的参考。

同玉环相比，南澳同知是在海岛开复多年，岛民已分别划归福建省诏安、广东省饶平两县管理的背景下设立的。

顺治三年（1646），郑成功屯重兵于南澳岛，"分遣徒众潜赴内地招诱奸民入海，从者如市羽翼"。康熙三年（1664），清军攻占南澳，迁民内徙，康熙二十三年（1684），展界后设总兵分左、右两营驻扎南澳镇，领兵官三千名，听闽、粤两省提督辖制。一切民事虽皆附诏安、饶平两县分辖，然南澳距离两县百余里、涉海悬隔，民事多由当地将弁管理，第一任南澳总兵杨嘉瑞于

---

① 《特开玉环志》卷3《职官》，第89页。

② 可参见《缙绅全本》，乾隆二十六年，《清代缙绅录集成》第一册，清华大学图书馆、科技史暨古文献研究所编，大象出版社2008年版。最要缺、要缺、中缺、简缺并不固定，《缙绅新书》载太平县为简缺，乾隆十三年，第183页；而至迟在乾隆二十五年后太平县成为要缺（繁），见《缙绅全书》，乾隆二十五年，第341页；《缙绅全本》，乾隆二十六年，第500页；《爵秩新本》，乾隆三十一年，第539页。

③ 《特开玉环志》卷4《军制》，第6页。

康熙二十四年(1685)由厦门总兵移镇南澳,招徕流民、稽核赋税,"杨嘉瑞,从提督施琅征台湾,事平,由厦门移镇南澳,时经兵燹之后人民流散,嘉瑞驻营房以居兵士,招徕流民,扶绥安集,辟田亩、核赋税,城池、坛庙、衙署,次第修举"①。之后,南澳岛民的赋税由军营征收以充军饷,"云、青二澳租银租谷归左营征收,隆、深二澳租银租谷归右营征收,报文充饷",渔课则多流入当地势要"海主、港主"之手。"澳内生童亦由营员分别造附入诏安、饶平二县考送"②。随着招民开垦,军事重镇面临着岛民增多的问题,军事化管理显然难以对付兵民杂处、商渔云集的复杂局面,对于在此招垦设官的建议自开海之后就已有之。

康熙二十年(1681),诏安人戴冠曾在《代上经略南澳书》中建议招民赴岛,派正印官管理,"募佃耕作分其税入可养兵若干,募丁收晒招商配运可养兵若干,网桁渔舶采捕杂税可养兵若干,此皆可助官帑以济急需。倘蒙俯允,遴委廉干正印官并武弁中有晓地利谙土宜者一二人协同勘估册报"③,这里强调的正印官即是指地方上享有独立行政区域和机构的文官,如知县、知州、知府等,临时差委或派驻的不能算正印官。南澳同知之设起因于文官对武官的弹劾,雍正六年(1728)六月,右营以出洋会哨遭风坏船淹毙把总翁德1员,兵丁14名,生存9名,守备林甲俊捏报在船兵丁60名,造具册结于雍正七年(1729)十一月,共领恩赏银2080两,冒领银1110两。事隔一年之后,广东布政使王士俊密查此事,林甲俊以二月散饷为由搪塞。掌管一省财政的王士俊以此为由,于雍正八年(1730)十一月十五日以营员包庇藏私奏请设南澳同知,"一切编查保甲、送考生童、散饷监放,在在俱应文员经理,请于该处添设闽粤海防军民同知一员,与镇臣一同驻扎弹压"④,雍正批示交予督抚裁夺。

王士俊此时提议设置南澳同知,与此时全国行政区划改革的背景相关,但也与沿海社会秩序的重建有关。南澳洋面自台湾平定后即被招降的郑氏

---

① 《南澳志》卷4《宦绩》,乾隆四十八年刻本,第49页。
② 《南澳志》卷3《建置》,乾隆四十八年刻本,第29页。
③ 《南澳志》卷11《艺文》,乾隆四十八年刻本,第106页。
④ 《广东布政使王士俊奏请于南澳添设闽粤海防军民同知一员折》,《雍正朝汉文朱批奏折汇编》第19册第308条,第426、427页。

家族控制，"福建投诚汉军公郑克塽家属以奉部行分定为词，占管南澳海面"，康熙五十六年(1717)，两广总督杨琳奏请永革郑氏占管，雍正元年(1723)十月十三日奉旨查禁①。岛屿赋税被地方势要控制的情况时有发生，据施琅第五子施世骠遗孀李宜人康熙六十一年(1722)在《捐充自置山地租税备修祠费命子序》中列出了祀产各项："凡所遗产业，若田园、屋宇及山海杂税等项，已经分作三股，逐簿编记"，这其中的山海杂税应包括对沿海民众在海岛、洋面采捕所征收的规例②。与此相佐证的是施氏控制澎湖诸岛近半个世纪：

> 闽省澎湖地方系海中孤岛并无田地可耕，附岛居民咸置小艇捕鱼为生，自入版图之后，前任水师应是提臣施琅依势将该地林投、八罩等处捕鱼船只强行霸占立为独行，勒令渔户获鱼对分，嗣即有地棍在该提督衙门认闻鱼行，每年包送规礼银一千二百余两，历任相延至此。③

可见，康熙二十二年（1683）收复台湾后，澎湖列岛的控制权并未转移到朝廷手中，施琅灭掉郑氏，是一个海上势力与另一个海上势力的较量与争夺。郑氏被灭后，施琅控制台澎地区，向当地岛民收取规礼。雍正八年(1730)，福建水师提督许良彬奏请归公才结束了澎湖渔课旁落的局面④。

王朝从郑氏和施氏手中夺回东南海域的控制权，一方面，这为海岛行政

---

① 《两广总督孔毓珣奏复梁文科条陈澳门贸易等事折》，雍正二年六月二十四日，《清宫粤港澳商贸档案全集》第1册第45条，宫中档朱批奏折，第210页。

② （清）施德馨纂辑，施世纶补辑：《浔海施氏大宗族谱》卷24，康熙五十四年修成，第587页。这里的山海杂税可能还包括盐场、滨海埱田等税，有关清初施氏家族在地方的社会经济影响可见［日］森田明：《明末清初晋江的施氏家族》，载于森田明著，霍国山译：《清代水利与区域社会》，山东画报出版社2008年版，第237—267页。

③ （清）福建总督郝玉麟：《奏为闽省澎湖民人历受陋规刻剥请革除船规旧例及由马价余存项下拨给公用银两事》，朱批奏折，档号：04-01-01-0019-001，缩微号：04-01-01-004-0476，乾隆二年四月初三日。

④ （清）福建总督郝玉麟：《奏为闽省澎湖民人历受陋规刻剥请革除船规旧例及由马价余存项下拨给公用银两事》，朱批奏折，档号：04-01-01-0019-001，缩微号：04-01-01-004-0476，乾隆二年四月初三日。

机构的设置提供了条件,而另一方面也有加强海岛民事管理、遏制沿海豪势再度膨胀的考虑。在广东布政使王士俊奏折之后,雍正十年,广东总督郝玉麟奏请添设"粤闽海防军民同知一员驻扎南澳,照州县之例设立五十名专司督缉,水陆均查"①。同年五月诏设南澳同知,南澳岛共分四澳,其中隆澳、深澳粤人居多,原归广东省潮州府饶平县辖制,云澳、青澳闽人居多,原归福建省漳州府诏安县辖制,因隆、深二澳户口田园租谷等项多于云澳、青澳,所以在原来左、右营仍分两省共管的前提下,海防同知由粤省主政:

> 凡四澳军民保甲、渔船出入、监放兵饷、征收租谷银两、考录县府两试生童及一切刑名钱谷、地方命盗等事俱归该同知管理,其考核事故委署等项统归粤省主政,递年官俸役食银两亦于粤省支给报销,所需衙署监房速即委员确估工料。②

由此看出,南澳同知不仅肩负南澳岛科举、征税、刑名、地名命盗等民事职能,两营驻军也受其辖制。雍正十年(1732),第一任同知许慎对南澳稽核赋税,建衙署仓廒,"一体编立保甲,各港渔船稽查出入,造册呈送,征收租谷银两"③。此后,南澳以海防同知为最高行政长官有了独立的行政机构,建置逐渐完善。雍正十一年(1733)五月初八,广东总督鄂弥达、巡抚杨永斌以"南澳镇标设有营仓,存贮仓谷二千石,仅可接济兵食,势难兼及商民"④,奏请设仓贮以济商民。雍正十三年(1735),设"粤闽南澳巡检司巡检一员,隶同知管辖,专管监狱、仓廒并严行保甲、察奸缉赌,每逢朔望遍行各该总会要区,宣讲圣谕"⑤。

---

① 《南澳志》卷3《建置》,乾隆四十八年刻本,第29—31页。郝玉麟骁骑校出身,康熙三十四年授千总。雍正元年授云南提督,六年改广东提督,八年总督广东,十年总督福建,十二年,改闽浙总督。

② 《南澳志》卷3《建置》,乾隆四十八年刻本,第29—31页。

③ 《南澳志》卷3《建置》,乾隆四十八年刻本,第31—32页。

④ 《世宗宪皇帝朱批谕旨》卷209《杨永斌奏折》,《文津阁四库全书》第145册,商务印书馆2005年版,第549页。

⑤ 《南澳志》卷3《建置》,乾隆四十八年刻本,第29—31页。

　　由上文对玉环和南澳同知设立的简要梳理，可以看出，雍正朝派驻文官和增强文官品级、设置独立行政区域并非偶然，它是王朝巩固和加强海隅控制的需要，在乾隆四十七年（1782）任南澳海防同知的齐翀看来，南澳岛的田土并不到郡县的规模，"夫弹丸一岛，远寄于海天浩淼之区，其山川、土田曾不得比郡县之一都一鄙"，之所以能"设官分职"是因其"为漳潮之门户，粤闽之屏藩"①。不过，南澳同知虽具有正印官之权力，但在行政层级上隶属于府，"该同知职任海防，应照厦门同知之例，兼理刑名、钱谷、地方命盗等事悉归该同知就近勘审，分别径解各该知府申转"。② 这与前文提到的玉环同知享有独立于温州知府的权力有所不同。

　　雍正时期海岛同知的职能也并非都像南澳、玉环同知一样拥有一岛民事事务之决断权，如澎湖通判一职负责稽查船只、管理钱谷，刑事案件仍须交由台湾府审结，"雍正五年，奉裁（巡检司），改设通判，稽查船只，管理钱谷，遇刑名事件仍归台邑审结"③。还有一些海岛因地理位置特殊，会增设其他文官与同知一同协理地区事务。在渡台要塞厦门，驻兵既多，因偷渡、贸易之人群聚，雍正四年（1726），闽浙总督高其倬以泉州海防同知一员难以兼顾，奏请将兴泉道从泉州移驻厦门④，雍正五年（1727）准加福建兴泉道巡海道衔移驻厦门，兴泉道管辖兴化府、泉州府（雍正十二年，增领永春州，更名兴泉永道），负责管理海口，稽查商役、洋船、驿务，监发兵饷、监造战船等，厦门实际上成为直辖于泉州府的一个特殊区域⑤。厦门行政层级上隶属于府，同时受多官共管，这与番夷杂处的澳门非常相似，澳门延袤十余里，虽非孤悬海中⑥，但三面环海，直指大洋，唯前山寨一线陆路通往大陆，乾隆

---

　　①　《南澳志》"后序"，乾隆四十八年刻本，第10页。

　　②　《南澳志》卷3《建置》，韩隆四十八年刻本，第30页。关于南澳同知职责权限可参见刘灵坪：《清代南澳厅考》，《历史地理》第24辑，上海人民出版社2010年版。

　　③　（清）王必昌纂：《台湾县志》卷9《职官》，乾隆十九年刻本，第262页。

　　④　《浙闽总督高其倬奏请将兴泉道移驻厦门暨于澎湖添设台湾通判折》，雍正四年十一月二十八日，《雍正朝汉文朱批奏折汇编》第8册399条，第540页。

　　⑤　《清世宗实录》卷53"雍正五年二月甲戌"条，第805页。

　　⑥　因澳门有陆路通往大陆，本书暂未将其纳入海岛军事、民事管理的范畴。但澳门在清代被视为海岛，澳门及其附属岛屿在清代的政区模式是沿海管理的重要部分，已有学者研究，见后文所引。

七年(1742),"澳夷计男妇三千五百有奇,内地佣工艺业之民杂居澳土者二千余人",广东按察使潘思榘因"县丞职分卑微,不足以资弹压"奏请设同知,"宜仿照理猺抚黎同知之例移驻府佐一员,专理澳夷事务兼管督捕海防,宣布朝廷之德意,申明国家之典章,凡往澳民夷编查有法,洋船出入盘验,以时遇有奸匪窜匿,唆诱民夷斗争、盗窃及贩卖人口、私运禁物等事,悉归查察办理",将原香山县丞由澳门前山寨移置澳门望厦村①。此同知成为广州府的派出机构而受广州府辖制,澳门同知须同原有的香山知县、香山县丞、海关监督、水师都司一起管治澳门,五官各有分工,澳门同知负责查点澳门人口、拆毁违建房屋、查处开荒占地、审理案件等事宜②。

表3　清代独立设立县级以上行政单位的岛屿一览表

行政机构	辖属	建立时间	户口	编查时间	备注	资料来源
琼州府	广东省	洪武三年	121831丁口	顺治九年	洪武三年升琼州为府,领州三县十三,后改为州二县十,清因之	康熙《琼州府志》卷3《赋役》;康熙《琼州府志》卷1《疆域志》
台湾府(包括澎湖厅)	福建省	康熙二十二年	户12727口16820,另丁番3592	康熙二十二年	康熙二十二年台湾府下辖三县,雍正元年增设彰化县,雍正五年设澎湖(厅),雍正九年设淡水(厅),嘉庆十年设噶玛兰厅,光绪元年共设二府八县四厅,光绪十一年建省,共辖二府八县五厅	康熙《重修台湾府志》卷1《封域志》,卷5《赋役志》;光绪《台湾府志》

①　(清)广东按察使潘思榘:《奏为敬陈抚缉澳夷以昭柔远以重海疆事》,朱批奏折,档号:04-01-01-0073-023,缩微号:04-01-01-012-0203,乾隆七年七月二十五日。

②　澳门本隶属香山县,同知设置后,因香山县丞驻扎澳门望厦村,更便于管理澳葡事务,遂成为当地最直接实施政令的官员,而澳门同知则是最高实际负责官员,与香山知县、香山县丞相协调。为控制西方人的活动,粤海监督(澳门设有行台)、广东总督、巡抚、委员常遣至澳门巡视,这种逐级与多官共管的关系使得澳门行政区划非常复杂。关于澳门同知具体设立过程和对澳门的管治可参见黄鸿钊:《澳门同知与近代澳门》,广东人民出版社2006年版。

续表

行政机构	辖属	建立时间	户口	编查时间	备注	资料来源
崇明县	太仓州	洪武二年降州为县，隶扬州，弘治十年隶太仓，清因之	户 73000	顺治四年	明清两代，崇明县治因涨沙数次迁徙，但不曾废县。迁界时增兵弹压崇明本岛，其余沙洲尽行撤弃	康熙《重修崇明县志》卷1《图说》，卷2《区域》；民国《崇明县志》卷6《经政·户口》
			户 27100	顺治十七年		
			户 89300	康熙六十一年		
			户 92010，口 642743	乾隆二十四年		
定海县	宁波府	康熙二十五年			唐代已在舟山设翁山县。元代因"户口倍增"，升昌国县为州。明初改州为县，洪武中废县徙民。道光二十一年升为直隶厅	（宋）罗濬：《宝庆四明志》卷20《昌国县志》；（元）冯复京：《昌国州图志》卷1《沿革》；光绪《定海厅志》卷21《海防志》
定海直隶厅	宁绍台道	道光二十一年，升定海县为定海直隶厅	户 75489，359435 丁口	光绪二十六年夏	普陀山以僧区未列入人口编查	民国《定海县志》册一《舆地志》
厦门（厅）	泉州府	康熙二十五年移驻泉州海防同知，乾隆十七年摄厅事	16100 余户	乾隆三十年左右①	厦门原受台厦道驻台湾辖制，雍正五年取消，设兴泉道驻厦门	乾隆《鹭江志》卷1《保甲》；道光《厦门志》卷7《户口》
			男：83229，女：61664 共144893 口	道光十二年（除僧尼道）		
澎湖（厅）	台湾府	雍正五年	户 2752；11938 口；幼丁 12117	乾隆二十七年	康熙二十二年设有巡检司，雍正五年奉裁改设通判	康熙《台湾府志》卷5《赋役志·户口》；乾隆《重修台湾府志》卷9《职官》、卷5《赋役·户口》；光绪《澎湖厅志稿》卷4《赋役》
			户 2802；25843 口	乾隆三十二年		
			户 8974；59128 口	道光八年		

---

① 据《厦门志》卷7《户口》，道光十九年刊本，第139页，载此户数并有按语："《鹭江志》作于乾隆三十四年，所载户口当即是年所查。"

行政机构	辖属	建立时间	户口	编查时间	备注	资料来源
玉环（厅）	温州府	雍正五年	2782户，19616口	雍正八年至十年		雍正《特开玉环志》卷3《户口》；《玉环厅志》卷3《版籍志》
			27205户，123858口	光绪三年		
南澳（厅）	粤闽共管	雍正十年	3323户，15346口	乾隆三十六年		民国《南澳志》卷5《户口》
			2952户，17349口	乾隆四十年		
平潭厅	福州府（之前属福清县）	嘉庆三年	12319户，男42432丁，妇女26420口，共68852丁口	光绪平潭志采自公牍	雍正八年，移县丞设于平潭，以上、下山十二区及隔水岛屿归平潭县丞管辖	光绪《平潭厅乡土志略》第八章《户口志》；民国《平潭县志》卷3《大事志》、卷9《户口志》。
			18058户，124663口	民国元年		

注:以上人口户数为定居烟户。雍正年间,岛屿所设同知、通判一职已经有独立的行政区域和行政职能。当时"厅"指同知、通判所在的衙署,嘉庆年间,"厅"成为该行政区域的称谓,故此处加括号表示。民国元年一律改厅为县。金门岛(浯洲)于民国四年设县。见《金门县志》卷1《沿革》,民国十年修。

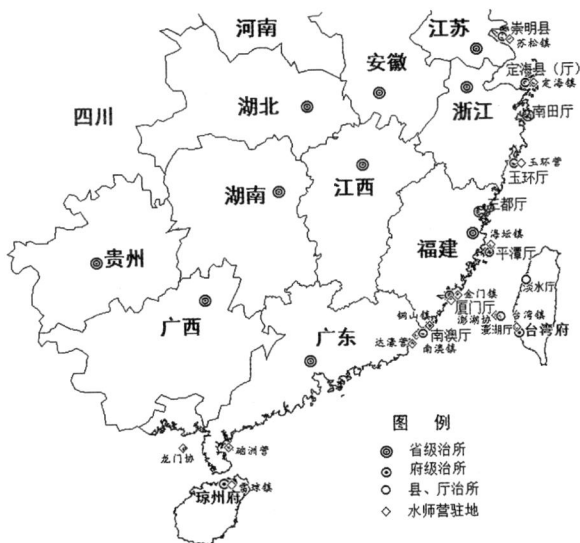

图2　清代近海岛屿军政设置一览图

第五章 垦荒与海岛开复

第一节 自下而上的海岛开复呈请

展界之初存在大量因战乱而荒芜的农田,为了复兴凋敝的农业,自康熙后期政府更多地颁发与民休息的条令,采用放宽起科年限及政府资助的办法鼓励垦复。到康熙五十一年(1712),旷土已开垦无遗,"自平定以来,人民渐增,开垦无遗,或沙石堆积难于耕种者,亦间有之。难于垦种者,闻亦有之,而山谷崎岖之地,已无弃土,尽皆耕种矣"①。海岛复业的进程也在加快,如康熙二十七年(1688),定海县开垦民田79顷48亩,二十八年(1689)15顷33亩,二十九年(1690)6顷48亩,三十年(1691)64顷10亩有奇⋯⋯这些开复的海岛土地中,很多是首次被纳入官方管理,"金塘、册子等山界在镇、定之中,地广土腴,前朝弃遗三百余年,展复召民开垦,所垦之田即为世业"②。这里的金塘(今金塘岛,位于今舟山群岛中西部,属今舟山市定海区金塘镇)与册子(今册子岛,位于今舟山群岛中西部,属今舟山市定海区册子乡)民人认垦于康熙二十七年,即定海县设立之时。

雍正继任后,人多地少的矛盾和增赋的急切愿望,使得扩大土地面积几乎成了皇帝最热衷的事,"国家承平日久、生齿殷繁,地土所出仅可赡给,偶遇荒歉民食维艰,将来户口日滋,何以为业?惟开垦一事于百姓最有裨

---

① 《清圣祖实录》卷249"康熙五十一年二月壬午"条,第458页。
② 《定海厅志》卷16《田赋》,光绪十一年刻本,第4页。

益"①,"凡属闲旷未耕之地皆宜及时开垦,以裕养育万民之计,是以屡颁谕旨劝民垦种","着各省督抚各就本地情形转饬有司,细加筹画,其情愿开垦而贫寒无力者,酌动存公银谷"②。皇帝的持续鼓励将垦荒推向了更边远的地域,有学者认为雍正年间的垦荒已由康熙朝的复垦向拓垦转变③。垦荒也成为衡量地方官员政绩的重要指标,田文镜、李卫、鄂尔泰等皆是垦辟土地的"干员",海岛作为耕地资源被自下而上纳入国家荒地的范畴内。

更为常见的是,沿海民众借垦荒之名在岛屿从事渔盐业,玉环山"地方辽阔,自从前迁界弃置海外,无籍游民多潜其中,私垦田亩、刮土煎盐及网船渔人搭寮住居,渐次混杂",虽一再派游守员弁巡视禁逐居住岛人,但朝驱暮回,遂至无籍游民渐多。浙江巡抚李卫、福浙总督高其倬等认为募民开垦可得十万亩土地。雍正五年(1727)下旨在玉环山募民开垦设官设汛④,该年招民开垦前后共报科田九百四十四顷二十亩有奇⑤,而实际上,渔盐业带来更加丰厚的收入,下文详述其开复过程。借助王朝对垦荒的热衷,濒海之地及附近洋面得以大大拓展。雍正十年(1732),督粮道陶正中到新宁县滨海地区勘察荒地并招异县殷实之民来垦,近海之地皆得垦辟⑥。雍正十二年(1734),谕"广东高、雷、廉、琼等处平坡山麓及沿海一带平壤可耕,缘粤人不习种旱田以致地有余利,令山东、河南二省选善种旱田者往粤教耕"⑦。

① 《清世宗实录》卷9"雍正元年四月乙亥"条,第137页。
② 《清世宗实录》卷80"雍正七年四月戊子"条,第51页。
③ 伊凡能、戴君虎、葛全胜:《从康雍乾垦殖政策看中国清前期垦荒发展趋势》,《地理研究》2005年第6期。有关清前期土地开垦政策转变另可见江太新:《清前期垦荒政策考察》,《清史论丛》第13辑,1996年;彭雨新:《清代土地开垦史》,农业出版社1990年版,120—124页;彭云鹤:《试论清代"摊丁入亩"制度》,《首都师范大学学报(社会科学版)》1979年第3期;李华:《清代前期赋役制度的改革——以"盛世滋生人丁永不加赋"到"摊丁入亩"》,《清史论丛》第1辑;樊树志:《摊丁入地的由来与发展》,《复旦学报》1984年第4期;周荣:《清代前期耕地面积的综合考察和重新估算》,《中国经济史研究》2001年第3期;郭松义:《清初封建国家垦荒政策分析》,《清史论丛》第2辑。
④ 《雍正朱批谕旨》第7册,第476—478页
⑤ 《清朝文献通考》卷3《田赋考》,第4876页。
⑥ 《新宁县志》卷2《食货册》,乾隆三年刻本,第359—360页。
⑦ 《清朝文献通考》卷3《田赋考》,第4878页。

所谓的"开垦呈请"是由民众到官府领取的呈请书，按要求填写呈请人的姓名、籍贯、住所、开垦地段、亩数、农夫、农具以及练总、保正姓名等，须经过层层审批通过方许开垦①，获准后须按照规定升科纳粮。这些开垦呈请，有些能通过县级官吏的同意而上报至督抚甚至中央讨论，有些没能越过县级官吏就被予以否决。与内地招垦不同，民间垦辟岛屿常常面临政府对于海防安全的考量。雍正三年（1725）十一月，福州府照磨王家挺以"生齿日繁，闽地山多田少，田不多垦，米不足用"，奏请饬令"殷实有力之家预发各种牛具，搭盖草房，招徕穷民在于山海边陌之地，尽力开垦，成熟照例升科"，对于王家挺，笔者只查到其为山阴人，别无其他线索②。在奏章还未上呈给皇帝时，他已升任陕西布政使照磨。雍正帝命福建巡抚毛文铨查议，十一月十九日，毛文铨以殷实之家多为豪强大户，开垦之事于佃农无益，更重要的是，"搭盖草房，闽省尤为首禁，盖深虑山海之区，不法之徒栖息为非"。在清代地方事务中，封疆大臣可以发挥至关重要的作用，雍正帝批示："凡有条奏，朕皆发与尔等封疆大吏斟酌"，事遂寝③。再如涠洲岛"雍正九年，海康县民颜复初具呈请垦，经遂溪县议，事属难行，事遂寝"④。之后，在民人的呈请下，乾隆七年（1742），广东御史王安国檄令雷琼道派人随带书算丈量涠洲，东厂司巡检严熊丈得洲内村基八处，"山麓大小水坑三十有一，藉兹灌溉可作水田者约二十三顷零，余旱田七十五顷零"，但"风信不顺难于进澳，设兵安塘所费不赀"，开垦之议遂罢。后"高州总兵官杨永和以安兵开垦"也并未获许⑤。

对于大多数的沿海贫苦渔民来说，赴岛屿获得生活所需成为经常性的活动，因避免税收、需索等支出，他们并不会通过呈请的方式获得岛屿的合法居住权，而是采取私垦私开的方式潜住于海岛，对这些活动的记载非常

---

① 具体土地呈请文样可参见《廉州府志》卷9《垦荒附·垦呈式》，乾隆二十一年刻本，第120—121页。

② 《福州府志》卷32《职官》，乾隆十九年刊本，第638页。

③ 《雍正朱批谕旨》第1册，第587页。

④ 《廉州府志》卷2《疆域·合浦县》，乾隆二十一年刻本，第26页。涠洲岛详见后文。

⑤ 《廉州府志》卷2《疆域·合浦县》，乾隆二十一年刻本，第26页。

少。但有迹象表明,许多外洋岛屿已成为开发的对象,"今访闻定海、衢山等处查有松江、华亭县船只装载茅柴者甚多,及马迹有鄞、镇两县采蕨船五只,衢山之万两岙又倒头岙、桶岙各有华亭县人俱搭盖棚厂、砍伐芦柴,再马迹之北基湖岙虽无人迹,差验地上破碎器具碗片等物,似有人居住,或系砍柴人到此,均未可定",文献中提到的大衢(胸)山(今浙江舟山市衢山岛)离定海县三百余里,康熙二十八年(1689)以"地处险远未经议复,仍为禁地,山北属外洋汛,山南属内洋汛",小衢山、倒头岙属定海镇左营外洋汛境,雍正八年(1730),浙江总督李卫令将上述岛民"拆棚搬回进口,永禁不许再往盖厂"①。

第二节　设官设汛:浙江玉环岛的展复

位于今乐清湾东侧、台州境内的玉环岛周700余里,是浙江省的第二大岛,自1977年漩门填海后,自此与大陆相连。玉环岛"自东晋居人数百家"②,此后村落日渐稠密。明以前,玉环乡以漩江而划分南北两地,南属乐清县地,北属太平县地。洪武二十年(1387),信国公汤和于"漩江之北玉环乡楚门、老岸筑城设所以备守御,而徙江南玉环山之民于腹里"③,此后玉环乡只剩下乐清县三十二、三十三、三十四都,包括东澳、横山、芳杜、钱澳等三十三里图④。明成化十二年(1476),玉环乡划归太平县,为太平县二十四、二十五、二十六都⑤。自嘉靖二十四年(1545)海潮淹没沿岸海塘,军民视玉环肥饶,在此窃种。地方政府曾一度丈量开垦以输军粮,但因倭乱侵扰遂旋开旋罢。万历元年(1573),召种征租以佐军饷。万历三年(1575),总督谢

① 《浙江通志》卷96《海防二》,雍正年间修,第1731、1746—1747页。
② (宋)乐史:《太平寰宇记》卷99《江南东道十一》,中华书局2007年版,第1980页。
③ 《玉环厅志》卷1《舆地志上·沿革》,光绪十四年增刻本,第6页。
④ 永乐《乐清县志》卷3《坊都乡镇》,《天一阁藏明代方志选刊》,无页码。
⑤ (明)叶良佩:《太平县志》卷1《地舆志》,卷3《食货志》,嘉靖十九年修,《天一阁藏明代方志选刊》,无页码。

鹏举令同知王一麟"即往松门卫玉环山、石塘、南大岙、仰月沙等处踏勘，军民潜复耕种，设法进行驱逐"。万历六年（1578），督抚道院下达禁令，不许私种以启边衅。万历三十四年（1606），总督刘元霖再次对宁波、台州、温州等府沿海岛屿申明禁约，"今后敢有奸民豪户擅将前项海壖闲地私自开垦占住圈利者，事发从重究遣"①。再三严禁并未能消除私种现象，"本山（玉环）内成田五十里，各处见种禾稻者五千七百七十三亩，地三百四十亩，搭厂五十三座，皆台民冒禁而私种者也"②。明清鼎革之际，沿海岛屿不仅成为地方趋利之所，更成为战乱避难之地。康熙初年迁界，玉环乡附近之属太平、乐清县境之楚门、南塘、北塘，以及芳杜、东澳、密溪、洞林、盘石、浦岐等处与玉环诸岛一同迁空，自此至雍正五年（1727）一直为封禁之地，直到雍正五年李卫奏请展复玉环山③。

康熙二十二年（1683）开海以后，民众下海采捕的禁令放宽，政府陆续招徕岛屿回迁和垦辟之民的同时，玉环诸岛并未在开复之列。浙江督抚曾针对民人在玉环等山搭厂多次咨会温州镇和温处道官员永禁勿开，"前准温镇咨会焚其居，驱其人，已得肃清之法"④。然水师营弁虽例行禁逐，又多循隐包庇以谋私利，致使玉环禁令徒具虚文。浙江巡抚张泰交（康熙四十二年至康熙四十五年在任）曾就玉环私自搭盖茅厂、营弁私收岁纳一事奏请查禁，但他的驱逐之策实际上承认了有照之人在玉环山采捕，"嗣后无论本省及外省之来海山采捕者，必取本籍地方照身，注明在某处采捕，并有识

① （明）范涞：《两浙海防类考续编》卷 8《海山沿革》，万历三十年刻本，《四库全书存目丛书》第 226 册，齐鲁书社 1996 年版，第 537、543 页。明中叶的海岛召垦之议是在官绅兼并隐匿田土、政府粮饷缺乏的背景下进行的。嘉靖以来，各地方官为清理税粮，不同程度地进行局部性的清丈田粮工作。这种清丈在万历年间张居正执政后推至全国范围，江南作为财赋重地，也是清丈重地。虽然曾有地方官清丈海岛田地意欲召垦，但无论是中央还是地方都未曾颁布召垦的政策。有关明中叶的土地清丈可见樊树志：《万历清丈述论——兼论明代耕地面积统计》，《中国社会经济史研究》1984 年第 2 期。

② 此处指台州民众。见（明）范涞：《两浙海防类考续编》卷 8《海山沿革》，万历三十年刻本，《四库全书存目丛书》第 226 册，齐鲁书社 1996 年版，第 539 页。

③ 《特开玉环志》卷 1《部议》，第 28 页。

④ （清）张泰交：《受祜堂集》卷 7《抚浙上·永禁海岛搭厂》，康熙四十五年刻本。

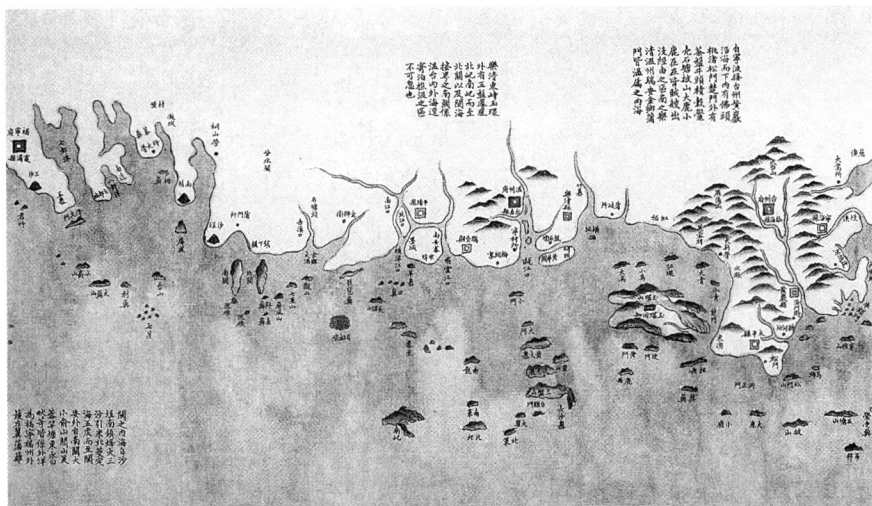

图 3　清代玉环厅及附近洋面图(乾隆《中华沿海形势全图》,局部)

注:后来开复的岛屿除了图中的玉环本岛,还包括了临近的灵昆、霓岙等岛以及大陆沿岸的蒲岐、楚门、盘石等地。

认保状方许居住,如无照身保状,可否一概驱逐,不许容留"①,即使地方已将对违禁赴岛之民的驱逐令缩小到仅对无照流民的驱逐之令,但仍受到了温州镇总兵的质疑,在他看来,这些海岛流民已是因循日久,一旦骤加驱逐,仍为地方隐忧。故浙江督抚部院令温镇遣人"亲往看视,可行则行,如人居稠密,不可骤去,当另议编查稽察之法,以别奸良,不可止以驱逐焚毁为肃清之道"②。

从材料看,浙江官员似乎对这些无籍之民进行了编查,但从雍正年间李卫的描述可知,无籍之民私垦现象并未得到遏制,"玉环各澳向年虽名为封禁不开,而利之所在,群趋如鹜,多有潜至彼地搭盖棚厂、挂网采捕、刮土煎盐、私相买卖、偷漏课税者,每遇巡船往查或行贿买脱、通同容隐或一时驱逐,渐复聚集"③。此外,绅衿吏役霸居海岛,更为难治,据永嘉县七都民陈兰玉等称:"玉环附近之灵昆涂坐砥江流,中分两段,系永、清两邑海涂,曾经开垦遗废。

---

①　(清)张泰交:《受祜堂集》卷 8《抚浙中·查玉环搭厂》。
②　(清)张泰交:《受祜堂集》卷 8《抚浙中·查逐海岛流民》。
③　《特开玉环志》卷 1《题奏》,第 16—17 页。

康熙三十八年复经垦种,现在熟田约有三千余亩,俱系绅衿吏役所踞。"①

雍正四年(1726),巡抚李卫听闻玉环山有田万亩,意欲在此设治,遂派温州知府芮复传到玉环山查勘,芮查勘后说:"玉环山虽四面,中可垦田无多,况海盗所出没,良民孰肯前往? 以粮济盗,脱肯往者亦盗丑也,即垦不过数万亩,计费无底,伤财增盗无益,不若罢之便。"这样的回复让李卫甚为恼火,"卫怒,檄他吏往,授意指必垦之"②。之后派出温处道佥事王敛福、镇海营参将吕瑞麟再行查勘。雍正四年十一月二十二日,李卫会同闽浙总督高其倬、定海总兵张溥上奏"查勘浙江洋面玉环山情形并陈募民开垦设汛管见折",在此折中李卫等人提及的开复理由颇有说服力,"此山周围约计七百余里,其中有杨岙、正岙、姚岙、三峡潭、渔岙塘、洋墩等处皆宽平如砥,约田三万余亩,乃现在成田即可耕种者,若聚族开垦尚可扩充五六万亩,总计垦田约可得十万余亩,而土性肥饶……有山可以瞭远,海盗不能掩其形,有口可以防查,洋匪难以潜其迹"③。

在李卫之前,并非无人注意到玉环诸岛的地形地利,却未有人破除封禁之令,"前总督满保因地隔海汊,禁民开垦"④。李卫将其原因归结为三:"一则恐外来认垦之徒奸良莫辨;一则恐垦熟之日私米下海;一则恐添设官员所费不赀,故也"⑤,李卫对此三条顾虑一一进行了回应,具体如下:

> 对于奸良莫辨:"就本省近地之民或有室家而愿往者,或虽无室家而有亲族的保甲者,皆由该本处地方官召募取结给照,方准往垦。到彼仍严行保甲连环编排,稽查窝引,其他闽、广无籍之人概不收录,则奸良不难分晰矣。"
>
> 对于私米下海:"赋税不征条银,止令输纳租米,所余留为食用之需,然田非民间价买,又无业主,粮数较内地不妨稍加。即所有余米,亦

① 《特开玉环志》卷3《议开灵昆》,第27页。

② (清)朱筠:《笥河文集》卷12《浙江提刑按察使司副使分巡温处道芮君墓碣铭》,王云五主编:《丛书集成初编》,商务印书馆1936年版,第226页。

③ 《雍正朝汉文朱批奏折汇编》第8册第352条,雍正四年十一月二十二日,第477页。

④ 《清史稿》卷294《列传第八一·李卫》,第10334页。

⑤ 《雍正朝汉文朱批奏折汇编》第8册第352条,雍正四年十一月二十二日,第477页。

令由口岸汛地禀明给照,止许往温郡、乐清、太平地方运卖,并将黄、坎二门隘口设汛严防,颗粒不许入海,则私卖之弊可除矣。"

对于添设文武经费之处:"设官兵则内地亦可以资藩篱,其次不甚冲要处所,原额官兵不妨通融稍减,就近酌量抽拨,即有不足添亦无须过多。文职须拨同知一员管理词讼、征比粮租、给散兵米,省出内地米价亦可添饷,再设巡检一员以听巡查。遣武职则酌调游击一员、守备水陆各一员、千总四员、把总八员、兵丁八百名,内将一半分防玉环山陆路隘口,其余一年分汛水师巡哨洋面,除出汛大船于温、黄二镇量为移拨外,其哨船惟择灵便式样,毋徒阔达费奢,所需俸饷无甚增设,再于山口开浚船陆,便于出入,置其官署营房,查取临近深山树木可以备用。惟工匠、人夫、贩食、哨船等项,俟果定添设之议,确估所需若干或于关税盈余银两内动支应用,谅不致有糜费之处。"①

　　浙江地方官员从军事角度陈述了玉环设兵防守对温台的屏障作用,而定海开垦设汛的成功范例也成为地方官消除皇帝顾虑的重要依据,地方官的推动使得开复一事进展顺利。雍正帝虽将此事交由户部议复,但不无赞赏的批示:"兴自然之利,美事也;安无籍之民,善政也,能如是方不愧封疆之寄",并在奏章中询问李卫病情时道,"诸臣中朕所最关切者鄂尔泰、田文镜、李卫三人耳",雍正帝的表态实际上是在加大对开垦土地的鼓励②。李卫于雍正三年(1725)任浙江巡抚,雍正五年(1727)授浙江总督兼任巡抚,在任期间治理盐政、修筑城海塘、垦辟旷土,宦绩卓著③,尤其与田文镜等人在地方力行垦荒颇得雍正之心,尽管这些土地拓垦在乾隆朝多被指为虚报,但在垦荒数字成为地方官员政治升迁重要考量指标的雍正朝,玉环因巡抚李卫的大力推动得以开复。

<hr>

① 《雍正朝汉文朱批奏折汇编》第8册第352条,第476—477页。
② 《雍正朝汉文朱批奏折汇编》第8册第352条,第478页。
③ 闽浙总督兼辖福建、浙江两省,雍正五年特授李卫总督浙江,整饬军政吏治,并兼巡抚事,闽浙总督则专辖福建,雍正十二年撤销浙江总督,仍合为一,后又有变更。见《钦定大清会典事例》卷23《吏部·官制》。

采取开垦即升科的办法避免了经费上的困难，开复一事连同这些具体的方案得到户部同意。此后，李卫成为推行玉环及附近岛屿开复事宜的最主要决策者。雍正五年（1727）二月十一日，由浙江督抚部院发宪牌示谕民人：

> 仰太平、乐清二县军民人等知悉：凡原系土著人民，现在住居内地编入保甲册籍者，如果无田可耕，愿往玉环山开垦，即赴本县及委查之桐庐县呈报，查明有家室并无为贼作匪过犯，或虽无家室而向住内地有亲族甲邻及无前项过犯者，取具邻里亲族保结，家口人数各册存案，准至该地方入籍居住，仍照两县原界编入本县保甲册内一体查点。有认垦田亩若干者，开明地之段落呈报桐庐县，照例复丈，明白编列字号移知本县给与印贴，听其完粮官业。入籍之后，不许私自搬回顶与他人承种，其闽、广外来之人一概不准容留、入籍、居住、开垦……①

由上可见，赴玉环开垦之民人获准入玉环当地籍居住，需要具备的条件有二：太平、乐清二县编入保甲册籍者；无贼匪过犯。清代以玉环山分属温州府之乐清、台州府之太平二县②，故招民开垦亦是针对此二县民众，赴岛民人按原界编入两县保甲册内，有家室须携家室前往，这与明人的看法截然相反，明中叶讨论浙江岛屿召垦以输军饷时，《筹海图编》认为赴岛开垦的民众禁止携带家眷，可以免去倭寇筑巢之患，"耕者搭棚厂而居，不挈妻孥，不得卖买，逐岁更始，如大家放租之法，则官民两利而争夺之患免矣。官差石工伐山造堡，海洋有警，小民避入。贼知堡中无子女财帛，自无结巢之念矣"③。与此相比，清代玉环的招徕之策显然非一时之计，而是力图将岛屿视为长远拓垦之地，这与对台湾的治理也不相同，清廷一方面担心携眷入台人口繁衍，另一方面也是出于家室在大陆便于牵制渡台民人，尤其是康熙末年朱一贵之乱后对携眷渡台一直予以禁止。雍正年间，因担心单身民人在

① 《特开玉环志》卷1《宪牌》，第50—51页。
② 《清朝文献通考》卷279《舆地考》，第7317页。
③ （明）郑若曾：《筹海图编》卷5《浙江事宜》，中华书局2007年版，第367页。

台聚集引发骚乱,经过高其倬和鄂弥达相继奏请于雍正十年(1732)准在台民人搬眷领照渡台,到乾隆五年(1740)因担心"将来无土可耕,渐成莠民"又被停止①。玉环开复携眷前往的规定表明,地方政府希望加强垦民的定居,以免民众涉海奔走引起骚乱。

玉环开复获准后,张垣熊以严州府桐庐知县署太平县事兼理玉环垦荒事宜,垦民须将开垦田地段落一同呈报给督办玉环垦辟事宜的桐庐县知县②。张垣熊,湖广汉阳县人,康熙五十年(1711)举人,初任严州府桐庐县知县,雍正五年(1727)三月初一署任太平县事兼理玉环垦务,雍正六年(1728)六月初九日升任玉环同知③,在任六年,是玉环开复事宜的具体推行者,后升温州知府,累迁至云南按察司。

玉环山开复之初,仍按太平县及乐清县界址,令两县各辖其半,后为免两县遥制难以划分,故设温台玉环清军饷捕同知一员以专其责,以彰其地,又割太平县原玉环乡之楚门、老岸等地和乐清县大荆、盘石、蒲岐等地归玉环。而实际上,玉环辖境并不仅仅在原太平、乐清两县境内,而涉及瑞安、永嘉、平阳等县,"霓岙系永嘉县所管,大瞿、白脑门二岙系乐清县所管,铜盘、南龙二岙系瑞安县所管,北关、官山、琵琶三岙系平阳县所管"④。这些岛屿虽各有行政归属,但也曾在康熙迁界时迁出,此时划归在玉环之下,归玉环同知管辖。故雍正五年所开复的玉环,包括了附近诸岛屿及大陆沿岸的部

① 对台搬眷一事,清廷时开时禁,可参见庄吉发:《清初人口流动与乾隆年间(1736—1795)禁止偷渡台湾政策的探讨》,《清史论集》(六),台北文史哲出版社 2000 年版;李祖基:《论清代移民台湾之政策——兼评〈中国移民史〉之"台湾移民垦殖"》,《历史研究》2001 年第 3 期。
② 《特开玉环志》卷 3《职官》,第 84 页。桐庐县位于严州府东北九十五里,并不临近太平县和玉环诸岛,令桐庐知县兼理开垦之事,也许和张垣熊即将调任太平县知县的任命有关,具体为何,尚待进一步研究。
③ 《特开玉环志》卷 3《职官》,第 84 页。此处张垣熊雍正五年三月初一委办玉环垦务似有误,前文记载其二月已赴玉环查勘荒地。另可参见(清)浙江温州乐清营副将王琎:《奏为遵旨保举新复玉环山办理垦务题补同知张垣熊事》,朱批奏折,档号:04-01-30-0028-005,缩微号:04-01-30-003-0319,雍正六年三月初二日;(清)新授湖北布政使徐鼎:《奏为遵旨保举浙江玉环山同知张垣熊事》,朱批奏折,档号:04-01-30-0029-009,缩微号:04-01-30-003-0511,雍正六年五月初三日。
④ 《特开玉环志》卷 3《详开霓岙、铜盘等八处》,第 58 页。

分土地,并非专指玉环一山。这些土地"随垦随报,当年升科……统济玉环经费之需"①。

玉环同知一职为正五品文官,其办事衙署称为"厅",负责垦田、钱粮、词讼等民政事务。玉环虽在地域上隶属于温州府,但直接对布政司、按察司和温处道负责,具有独立于温州知府的行政权限。作为封禁之岛,同前文中提到的军事驻地相比,玉环招民开垦之前并无军事戍守。雍正五年(1727)设玉环营,最高长官为玉环营参将1名,正三品武职。下设守备2,千总2,把总4,分左、右两营,以左营为陆路,右营为水师,兵官总数956,这900余名兵官大多从周边协营抽调而来:

参将1　右营守备1　左营守备1　千总2(盘石营1,太平营1)把总4(俱盘石营改调)　功加5　外委千总1　外委把总3　百总8管队20　什长11

有马战兵35:太平营12　乐清营10　大荆营10　温协营3

无马战兵89:太平营23　乐清营20　大荆营20　温协营6　盘石营20

水战兵145:俱盘石营水兵抽调

守兵376:太平营84　乐清营70　大荆营70　温协22　盘石营130

水守兵254:俱盘石营水兵抽调②

参将1员,守备2员,把总1员及马步战守兵98名驻扎玉环杨岙寨城,千把总作为汛的长官须带领陆汛与水汛营兵防守或巡视所在汛,后坎、楚门、大城(陈)三陆汛由千把总带领步兵轮班防守,一年一换;内洋坎门汛由专汛官千把总配备战船领水兵专防、外委千把总配备战船或哨船领水兵轮巡,内洋长屿汛由外委千把总领水兵贴防、轮巡,二月一换,此为分巡。此五

① 《特开玉环志》卷3《楚门、三盘定则》,第14—17页。
② 《特开玉环志》卷4《军制》,第1—4页。

个水、陆汛地皆为大汛,负责在其辖境范围的小汛①。另玉环营参将与右营守备配水战守兵数十名,督率师船巡视内外洋,二月轮换,此为总巡。表4所列是玉环左、右两营兵弁所负责的水陆海汛和巡防兵力:

表4　玉环左右两营水陆海汛②

玉环营	大汛	巡防及驻兵	小汛	巡防
右营陆汛	后坎汛	千把总轮防,一年一换,驻兵170,辖口址9	车首头(离城三十五里)、里澳、水孔口、塘洋口、塘洋山(离城十五里)、东青山、西青山、西滩、坎门	
	楚门汛	千把总轮防,一年一换,驻兵90名,辖口址8	桐林、梅岙、楚门口、楚门山台、琛浦(离城二十五里)、下湾、芦岙、沙岙	
	大城(陈)汛	千把总轮防,一年一换,驻兵90,辖口址8	南大岙、普竹、连屿、白磴渡、大麦屿、大古顺、小碟、鹭鸶湾	
右营水汛	内洋坎门汛	千把总专防,二月一换,领战船1,兵65,辖台7	坎门③、大岩头、梁湾、乌洋港、大鸟山、小鸟山、方家屿	此外别有外委千把1,领战船1,兵34轮巡。其中,乌洋、梁湾、黄门三汛有外委千把轮巡,二月一换,领哨船1,兵15
	内洋长屿汛	外委千把贴防,二月一换,兵34,战船1,辖洋面9	车首头、分水山、女儿洞、乾江、冲担、沙头、洋屿、大鹿、披山	
			外洋沙头汛	外委千把轮巡,二月一换,领哨船1,兵15

资料来源:(清)嵇曾筠、李卫等修,沈翼机等纂:《浙江通志》卷98《海防四》,雍正九年编纂,雍正十年告成,乾隆元年刻本。并参见(清)张垣熊修:《特开玉环志》卷4《军制》,雍正十年修。

---

① 清代的"汛"有一定的统属关系,一般来说,营管辖大汛,大汛管辖小汛。对此,可参见[日]太田出:《清代绿营的管辖区域与区域社会——以江南三角洲为中心》,乾隆以后呈现各汛由营官直接管理的趋势,《清史研究》1997年第2期(总第26期),第36—44页。

② 此表之所以采用《浙江通志》的记载,是因为《特开玉环志》仅列出陆汛(大)、水汛(大)、陆汛(小)、水汛(小),而驻兵、巡防情况、内外洋之分均未见记载,而《浙江通志》中关于海陆各汛的情况更为详细。两志中也有差别,如右营陆汛坎门汛、西滩汛,在《特开玉环志》中为大汛,应下辖小汛,而《浙江通志》中将其划分在后汛下。再如,左营海汛坎门汛、长屿汛,《特开玉环志》记载为"此二汛由千把总轮防,两月一换"。《浙江通志》记载坎门汛为千把总专防,长屿汛为外委千把贴防,均为二月一换。

③ 此处似应为黄门,参见《特开玉环志》卷4《军制》,第4页。

第三节 玉环的经费来源

玉环初辟之时,粮谷、盐灶、渔货所产仅供岛内设官分汛开支,国家尚未征课。雍正五年(1727)至乾隆十九年(1754),此二十七年之间开垦田、山、塘十五万五千亩有奇,可征近二万石谷①。但在玉环初辟之时,官员仍在玉环经费紧张的困境中设法多开税源,这是因为玉环及附近岛屿虽号称十万余亩土地,但或在海碛或在海涂,常遭受咸潮冲击,迁界后原有堤塘早已荒废,在防潮及水利设施尚未修建的阶段,田土的收益并不稳定。因海岛飓风、海啸靡定,仅仅衙署城垣之设就耗费巨大,"玉环四面高山,山石粗脆,外洋石又不能运来,当事者忧心如焚,忽起飓风,白日天黑,大雨如注;但闻风声、水声、树声并龙吼声,如洪钟鸣,屋瓦皆飞,官民相见啼泣"②。玉环的城垣尚未建好即面临赈济灾民的支出,"(张垣熊)公即开仓赈济,往勘各岙灾场"③,这些费用皆源自地方财政。

在玉环开复获准不久尚未设治之时,地方官员即已开始清查私垦、隐漏。署任太平知县的张垣熊与太平县戴世禄查出各都图隐漏自首田地山塘"七千三百四十二亩二分五厘"④。雍正六年(1728)正月,李卫令驱逐石塘私垦之民,依玉环之例许无过穷民有妻子者,丈明田地若干,取具族邻保结编入保甲。清查隐漏的同时将田地划分优劣,按土性肥硗、垦工之难易分为上、中、下三则征税,"上则田每亩征条丁米一斗六升,中则田每亩征条丁米一斗二升,下则田每亩征条丁米七升"。附近开垦之地除三盘、黄大岙等处与玉环地土不远,照玉环例分上、中、下三则征收外,"其楚门、老岸及盘石、

---

① (清)杜冠英修,吕鸿焘纂:《玉环厅志》卷3《版籍志·田赋》,光绪十四年增刻本,第5页。

② (清)袁枚:《书张郎湖臬使逸事》,《小仓山房文集》卷35,《袁枚全集》第二册,江苏古籍出版社1993年版,第640页。

③ (清)袁枚:《书张郎湖臬使逸事》,《小仓山房文集》卷35,《袁枚全集》第二册,第640页。

④ 《特开玉环志》卷3《查出隐漏》,第18页。

蒲岐等地方土皆瘠薄,且修坝疏河,岁岁皆需人力,稍有愆期,则咸潮往来,便难耕莳","照依玉环所议之下则输纳"。

尽管开垦的范围已大大扩展,仍无法满足原报"十万余亩"之数,"雍正七、八年间,前玉环厅张丞以垦复粮升不足原奏十万亩之数,始以太平之石塘山等处亦密迩玉环,请归玉环升粮,详内止言石塘等山,而升粮时又将附近石塘之横门山、狗洞门山、里港山、南北沙镶山、杨柳坑山、蛤蟆礁、掇肚门、龙王堂及白岩嘴、乌岩嘴、石板殿、小蛤蜊共十三山亦归于玉环完粮",实际上,这十三处海山本属太平县洋面,"因升垦不足,指为密迩"①。因石塘、狗洞门、石板殿等山距太平县城六十里,离太平县所辖之松门汛仅十余里,中隔小港,潮前时旱路可通,而相距玉环洋面却有二百余里,嘉庆元年(1796)以鞭长莫及仍划将其归太平县辖②。起初,垦耕之民,有家室者须偕家室前往,不许搬回内地,后来因粮额不足只好想方设法扩大玉环赋税征收范围,就连太平县民季节性的垦复也被获准,"石塘、上马、石打、鹿坑垦民皆系太邑松门、淋头之民,伊虽在地开垦,而家室仍在淋头、松门等处。东作则聚集耕种,搭厂而居;秋获则米谷运回内地,折厂而归"③。

玉环之所以获准展复,关键在于地方所报十万余亩土地,显然,当初十万亩土地有虚报之嫌。然而,"温台洋面自北及南千有余里,岛㠗遝繁,渔艇丛集"④,商渔之税显然是更为丰盈的收入。开复前的玉环洋面因禁止采捕,商船和内港渔船只需缴纳关税,"展复之前,洋面禁止采捕,是以各船止输橇头关税",商船"一丈以内每尺收税二钱,一丈之外每尺加税一钱",玉环设治以船只大小定税之上、中、下,橇头关税经由玉环厅上缴布政使司⑤。

①　(清)庆霖等修,戚学标等纂:《太平县志》,嘉庆十五年修,台北成文出版社1984年版,第90—91页。
②　(清)署理闽浙总督魁伦、浙江巡抚吉庆:《奏请将石塘、狗洞门、石板殿等山㠗仍为太平县管辖并添建守备署等官舍营房及酌改海疆营制事》,录附,档号:03-1684-007,缩微号:117-1579,嘉庆元年二月初三;(清)大学士阿桂、大学士和珅:《奏为遵旨会议酌改浙省㠗岛及海疆营制事》,朱批奏折,档号:04-01-01-0470-014,缩微号:04-01-01-060-1633,嘉庆元年二月二十一日。
③　《特开玉环志》卷3《沿海事宜》,第27页。
④　《特开玉环志》卷3《稽查网龙》,第53页。
⑤　《特开玉环志》卷3《征收渔税》,第44—45页。

伏查玉环同知所管之洋面与玉环参将所管之洋面不同，武员职司巡哨，故参将所管之洋面东分乐清县洋面三分之一，西分太平县洋面三分之一。文员职司税务，故同知所管之洋面东以温之永、清、瑞、平为界，西以台之林、黄、宁、太为界，若以台、温二府属八县之洋面为内港，必以玉环参将所管之洋面为玉环，则所分乐、太二县三分之一洋面原无船只，税从何出？

上文乃玉环同知张垣熊上给李卫的呈请，由于船只多在内港停泊，玉环与永、清、黄、太等八县共同海面，船只相通，并无塘坝为界，如果划分为八县内港则玉环无渔税可征。外省之商渔船只前来采捕者，玉环文武得以稽查征收，而本地网龙等船恣游八县洋面者，玉环无从征税。李卫批示道："玉环同知之衔冠以温、台，凡两府八县洋面渔税皆其统辖，较该营之仅与邻汛分界不同。"①这样一来，从玉环诸岛西边的洋面看，玉环同知征收渔税所负责的洋面要远远大于玉环参将巡视稽查的洋面范围，浙江省温、台两府八县的渔船都划入其管辖。体积轻便、成本低的网龙船及各种小船占了沿海渔船的很大部分，船户多是穷苦无依的下层民众，因被禁止赴外洋打捞，且樑头不得超过五尺，止许单桅，水手不得过十人，按例无须缴纳樑头关税。虽难以在波涛巨浪的外洋航行，出于生计需要，网龙船户往往私出外洋、赴岛搭厂，三、四、五月采捕冰鲜，七、八、九月打鳅。此前虽无须缴纳樑头关税（即渔税），但也未曾摆脱胥役兵弁规例需索，因以前海山禁止采捕，"此项船只本县给照，则胥吏征其规例，私出外洋则汛口索其羹鱼，渔民非无所出，究之无补正供"②。雍正五年（1727）后，将原八县内港洋面划入玉环境内，网龙船进入玉环洋面就必须缴纳关税。如此一来，陋规未除反而又多一项征敛，"温之永、清、瑞、平，台之临、宁、黄、太八县无杉板之网龙采捕各船，盈千累万……以玉环文武亦同一例稽查征收，单行者输税四钱，成对者输税

---

① 《特开玉环志》卷3《稽查网龙》，第56—57页。
② 《特开玉环志》卷3《稽查网龙》，第52页。网龙船指漂浮于内港的小型船只，各省名称不一。

八钱"①。故逃税抗税现象严重,"本属网龙小艇每对止输税八钱者,抗违成法,纷纷渎详,致烦案牍"②。

涂税是海岛开复新增加的税种,征收对象除了渔船还有商船,因商船并不经常在海岛搭厂,故而主要是针对在岛上搭厂、围涂的渔民,正如芮复传言:"入山渔者有涂税,出关渔者有渔税。"③此前海岛封禁,虽无涂税一说,但已有"黄士蕃、梁廷贤、金素先、朱遗叶、叶环如、郑汉文者占据海洋各岙,横充私伢,需索商渔"④,这些地方势力霸居海岛对赴岛搭厂之人私收规例。雍正五年,玉环诸岛开复之后,李卫令驱逐私伢,"将渔户逐厂挨查、取具保结,许其采捕,循照定海计厂征收涂税之例,酌分上、中、下三则,每处设立官牙、厂头以司稽察,所收税银查明数目造册申报以备玉环各项公费之需"。涂税由"温、黄二镇遴选弁目委员协办稽查,汛至则收牌存官,汛毕收缴涂税,各船领牌回籍"⑤。对不同船只,涂税的征收标准不一,如钓艚船照杉板多寡定则,打春船、商船照樑头大小定则,单桅船五尺以上者征收涂税,此外还有扈艚船、鲊鱼船、筏捕船、雷秋船、打秋船、健艚船、蛛网船等数十种,征收涂税银数额各有不同⑥,表5所列即为玉环的涂税银。

表5　雍正五年冬季至雍正八年玉环的涂税银

时间	共征涂税银	温台两汛征收数额
雍正五年冬季	一千一十八两五钱四分五厘	温汛:六百一十九两五钱四分五厘
		台汛:三百九十九两
雍正六年	五千六百五十二两四钱九分七厘	温汛:二千六百三两七钱九分五厘
		台汛:三千四十八两七钱二厘

①　《特开玉环志》卷3《稽查网龙》,第55页。
②　《特开玉环志》卷3《稽查网龙》,第56—58页。
③　(清)朱筠:《笥河文集》卷12《浙江提刑按察使司副使分巡温处道芮君墓碣铭》,第226页。
④　《特开玉环志》卷3《涂税》,第35页。
⑤　《特开玉环志》卷3《涂税》,第35页。
⑥　《特开玉环志》卷3《涂税》,第34—42页。除因船只种类差异,所处海岛和船户籍贯的不同都会造成涂税征收则例的差异,此问题待日后专文详述。

续表

时间	共征涂税银	温台两汛征收数额
雍正七年	六千二百五十三两一钱一分七厘	温汛：三千五百六十六两七钱五分
		台汛：二千六百八十六两三钱六分四厘
雍正八年	四千五百三十六两九分七厘	温汛：九百一十五两九钱
		台汛：三千六百一十四两一钱九分七厘

上文中虽说是照定海之例征收涂税，但定海涂税于康熙三十四年（1695）缪燧任浙江定海县知县时，将其免掉①。而此时的玉环海域的渔民需缴纳楗头关税（即渔税）、渔货进口税（即渔课）、涂税三项税种②，如果遭遇鱼汛不旺或吏役厂头的陋规需索，对穷民来说可谓重赋，常有不能交税领牌而滞留海岛的渔民。故其在设立之初就受到了指责，"弛山禁，渔者往来并税，曰涂税。既而渔者不入山者度关纳税，亦征其涂税"③。当初反对开复玉环的芮复传就曾说此"是重税也"，"具牍凡七上"，芮复传在温州任知府多年，受到同僚推戴，他对玉环涂税一事的不满颇能反映地方的声音④。

---

① 《清史稿》卷476《列传第二六三·循吏一》，第12977页。

② 这应是玉环海域的渔民最主要的赋税，清代还有鱼苗税、渔盐税等名目，但未见《特开玉环志》有记载。

③ 《清史稿》卷477《列传第二六四·芮复传》，第13006页。

④ 《清史稿》卷477《列传第二六四·芮复传》，第13005—13006页。芮复传，顺天宝坻人，原籍江苏溧阳。康熙四十八年进士，授钱塘知县，因政绩突出被雍正特招接见擢为温州知府，于雍正元年底至雍正七年在任，雍正七年二月补受温处道，期间因玉环岛开复一事与督抚李卫分歧极大，之后极力反对玉环繁杂的税种。芮复传虽"恃才自大"，但因操守好、办事勤，受到同僚保荐升任温处道，参见(清)浙江学政王兰生：《奏为据实保荐温州府知府芮复传事》，朱批奏折，档号：04-01-30-0026-022，缩微号：04-01-30-002-279，雍正六年二月二十二日；(清)镇守浙江处州等处总兵王安国：《奏为遵旨保举温州府知府芮复传事》，朱批奏折，档号：04-01-30-0028-040，缩微号：04-01-30-003-0456，雍正六年五月十二日；(清)浙江分巡温处道王敛福：《奏为遵旨保举温州府知府芮复传事》，朱批奏折，档号：04-01-30-0029-021，缩微号：04-01-30-003-0559，雍正六年五月十八日；(清)浙江定海镇总兵林君升：《奏为遵旨保举温州府知府芮复传事》，朱批奏折，档号：04-01-30-0157-001缩微号：04-01-30-011-0850，雍正六年二月二十日；(清)朱筠：《笥河文集》卷12《浙江提刑按察使司副使分巡温处道芮君墓碣铭》，第224—228页。

后来,渔涂被占,渔民赔累,乾隆元年(1736)温州镇总兵施世泽奏请禁革涂税,谕旨减免一半。乾隆三年(1738),免掉滞留海岛渔民的涂税银,乾隆四年(1739)浙江巡抚卢焯再次奏请全免玉环涂税①。乾隆八年(1743),谕令永远革除涂税②。因此,涂税更大程度上是玉环初辟,为建筑城闸、仓署诸项费用的暂行税种,迨玉环规模已定,即随之取消。

另有一项重要赋税来源即为盐灶,玉环有塘洋、后坎两盐场,原本为枭徒私煎之地,展复后改为官收官卖,共计十八灶,所煎之盐只在本山卖于渔户、居民,不许贩卖出境,"非比内地场灶可以设厂添盘招商配引","比照崇明、定海计丁派引充课征收,以为永远之例","每盐一百斤价银五钱,二钱五分归灶户以为人工贩食之资,二钱五分作经费以官役奉工之需"③。盐场由政府统一管理征收盐课,除盐本外,所余造册充公。

渔盐之利是玉环行政草创时极为重要的经费来源,"现在玉环建设城垣,费用浩繁,赖有沙水渔盐出息帮工","此数年中凡有前项所指玉环应用公务,悉以玉环所收额粮及渔盐等项出息尽数抵用",此外还有牙税、契税甚至捐浙江官员俸银以作玉环经费之用。总体看来,由于国家并未提供经济支持,玉环设治之初的经费筹措异常艰难,"大索山中田仅二万亩,不足则取山麓潮退之地充之,又取近天台县田丈量,亩有所余并以属之又不足,更取乐清县民田岁输粮者,距城四十里外尽隶玉环经费,不敢辄支帑金,则令捐浙江省官俸半及关津一切杂税增税其半,用给经费"④。玉环建置完备、规模粗具后,赋税才上缴浙江布政使司,"照内地之例,粮米鱼税编造全数归入藩司项下充为本省兵饷,题销盐课亦归盐政项下充饷"⑤。经费的困

①　(清)大学士管理浙江总督事务稽曾筠:《奏报免除渔船涂税玉环经费不缺乏事》,朱批奏折,档号:04-01-35-0543-028,04-01-35-030-2895,乾隆三年正月二十六日;(清)浙江巡抚卢焯:《奏请全免玉环涂税事》,朱批奏折,档号:04-01-35-0543-034,缩微号:04-01-35-030-2912,乾隆四年四月初八日。

②　《清会典事例》卷268《户部·蠲恤》,第52页。

③　《特开玉环志》卷3《详禁私煎该设官灶》,第61页。

④　(清)朱筠:《笥河文集》卷12《浙江提刑按察使司副使分巡温处道芮君墓碣铭》,第226页。

⑤　《特开玉环志》卷1《司道会议》,第63页。

难使得地方官在谈及海岛设治时唯恐成为地方财政负担，玉环开垦获准并成功设官分汛，总督李卫对垦荒一事的乾刚独断成为更重要的原因。

第四节 岛民的户籍与身份

玉环获准开复之前，有绅衿在玉环诸岛有田可耕有庐可居，招雇工人代为力作，为防势要之家假借垦复之名雇人赴岛或无籍流民混入岛中，政府限制赴岛之人户籍，起初仅准许太平、乐清两邑且无过之人取具本县族邻保结移送该令，给予印照计口授田。自雍正六年（1728）起，迫于经费压力，将召垦范围扩大至温、台二府相近属县，赴垦民人呈明地方官出具印甘各结，向玉环同知衙门投验听候，拨给田亩编入保甲，造报藩司①。但其实此规定后来也发生了变化，因赋税不足，对非能纳入玉环籍的垦民也大开招徕之门，如石塘、上马石、打鹿坑等处垦民为太平县松门、淋头之民，这些人家室均在太平县，"东作则聚集耕种搭厂而居，秋获则米谷运回内地折厂而归"②。

据《特开玉环志》载，刚刚展复的玉环厅"户口共 2782 户，男 14226 丁，女 5390 口，男女共 19616 丁口"，这些人口包括计口授田的垦种之人还有灶户，将闽广无籍之徒及渔户、非玉环籍的垦民等排除在外，"本省淳谨农民，素无过犯者，始得计口授田，而闽、广无籍之徒不与焉"③，故此数字并不能反映玉环开复以后的真实人口数目。闽、广无籍之人不能入籍的规定，意味着大批流民要遭到驱逐，但海岛之民旋遣旋回的迁移性决定了驱逐一事成效有限。大概仍是出于经费的考虑，在玉环垦复不久，政府对闽、广之人的禁令也做了调整，对玉环诸岛居住年限超过十年的民人则准其入籍，"现在闽省人户六十余口，除搬有家室住居十年以外者，准其入籍，一体编入保甲，不时严厉稽查其无籍之徒，概行驱逐"④。当然，闽、广无籍之人寄顿海岛，

---

① 《特开玉环志》卷 1《司道会议》，第 59 页。
② 《特开玉环志》卷 3《沿海事宜》，第 27 页。
③ 《特开玉环志》卷 3《户口》，第 8 页。
④ 《特开玉环志》卷 3《查出隐漏》，第 18 页。

人数应不止六十余口,不少闽人通过冒称温台附近县籍居住下来。据学者谢湜对今玉环岛及楚门半岛多部族谱的研究,他认为玉环的移民故事具有相似的叙述结构,即"都突出了入垦玉环的闽省移民曾以温州附属县平阳或瑞安或台州府属县作为迁居'中转站'的情节",一些族谱记载明后期由福建迁至平阳,康雍之际始至玉环开基,或直接写明始迁祖是雍正后期到玉环应垦入籍①。笔者认为,不论是号称已在温州、台州两府入籍的福建人,还是雍正后期玉环设厅以后应招垦之令入籍玉环的福建人,为了得到合法居住权,私垦历史在族谱中皆被抹去,而成为了玉环展复中的"响应者"。

除垦种之人、灶户外,大量流动的渔民、商人构成了海岛上的暂住人口:

> 石塘岙内,闽人搭盖棚厂一十四所。每年自八、九月起至二月止,鱼汛方毕,各船始散,各厂亦回其中停泊。船只查有三项,内有湘船系挟资商船俱有身家,颇能守法。又有躯艚借名换鱼,其实偷运酒米煮盐,以致近海产谷之区岁登丰稔,市价反行腾贵,且令玉环官盐堆积二十余万斤,壅阻不行。又有钓艚系属闽民船系,租用水手亦系顶替,人照面貌俱不相符,倏泊坎门、倏泊石塘,往来无定。②

由此段材料可见玉环诸岛上流动人群的复杂多样,这些湘船、闽船只能临时停泊,并不准在岛居住。禁止渔民在海岛搭厂并未能奏效,"黄坎、梁湾等地搭有棚厂百余,采捕鱼虾,杉板船只市买贸易其间",地方政府遂开始放宽渔户在岛搭棚,向其征收涂税即是承认其合法地位的体现,但同时规定"俟鱼汛一毕,即合帮同返,毋许逗留"③,这说明赴岛采捕之渔户仍未获得在海岛的长久居住权。于是,渔户借开垦之名携家眷赴各岛搭盖寮厂,他们虽定期向玉环缴纳赋税,但籍贯仍属各县,致使农渔不分、归属难定,难怪温镇总兵倪鸿范说:"玉环同知惟以征粮归之玉环,而人民户口诿之各县,

---

① 谢湜:《14—18世纪浙南的海疆经略、海岛社会与闽粤移民——以乐清湾为中心》,《学术研究》2005年第1期。
② 《特开玉环志》卷3《请禁搭厂》,第23页。
③ 《特开玉环志》卷1《司道会议》,第62页。

向来疆界不清,全无专责",赋税收归玉环,而户口编查仍在本籍,这说明玉环的保甲无法做到约束在岛居民。

周边各县渔民向玉环岛的迁徙导致的骚乱和争端引起了玉环和各县的相互推诿,已获得玉环合法居住权的岛民对不断增加的草寮棚厂怨声载道。乾隆十二年(1747),由垦民提出对农渔住眷进行稽查,意在驱逐渔户,温州总兵倪鸿范将此民间呈请上奏并提出对玉环编排保甲,以规范玉环同知和玉环营的稽查职责①。乾隆十二年题准:"浙江玉环一山管辖岛岙,饬令该管文武官弁会同清厘界址,分立都图,编排保甲,在岙民人分别是农是渔,果是耕种农民,准其居住。如系渔户,不准混杂占住。"②虽然并未承认渔户在岛居住权,但由于迁徙赴岛的新垦民是可以获得海岛居住权的,而实际上这些垦民大多是半渔半农的,所以真正驱逐的只是那些没能占得土地而漂泊无定的渔民。

这也许能解释,玉环各家族首次修谱多为乾隆年间。族谱的纂修者不断表明其是雍正朝垦辟之诏响应者的同时,也不忘宣称他们是这片土地第一批拓垦者,"(文廷公)住居平邑,以雍正年间一身奉旨开筑玉环,斯时也,问谁彻我疆土乎?惟公先之;问谁入执宫功乎? 惟公先之;问谁筑场围纳禾稼乎? 亦惟公先之。蒙业而安者,第知耕桑,有土画疆而处者"③,这些族谱的共同点在于所描绘的玉环始迁祖皆为勤耕勉织之人,渔户、灶户以及偷垦私煎之徒消失于家族记忆,更有玉环高桥李氏如此要求后世子孙,"务宜以耕读为本,商贾为事,毋许罔为卑贱以污先辈"④。需明白的是,其实大多数岛民是来自周边各县及闽粤两省的下层贫苦渔民。因此,在海岛初辟之时,玉环厅同知一切规制与州县相同,所有仓署、城垣、坛庙都已次第修建,唯缺学宫。在鼓励耕读的官方主导下,采取定居垦种的生产和生活方式显然更

---

① (清)浙江温州总兵倪鸿范:《奏为玉环诸岛农渔混杂奸良莫辨会商清厘界址查编保甲事》,朱批奏折,档号:04-01-01-0128-029,缩微号:04-01-01-020-0380,乾隆十一年十月初十日;(清)闽浙总督马尔泰:《奏为温郡玉环一带垦民请核疆界应确勘查办事》,朱批奏折,档号:04-01-01-0128-011,缩微号:04-01-01-020-0266,乾隆十一年七月二十二日。

② 《清会典事例》卷158《户部·户口》,第993页。

③ 《武功郡苏氏宗谱(玉环)》,"文廷公赞",1948年重修,无页码。

④ 《高桥李氏宗谱(玉环)》,"遗训八条",2004年重修,第46页。

加能够进入政府所标榜的正统,而设立文官管理民事除了职掌赋税和词讼外,每月朔望宣讲圣谕广训,并派人下乡到偏僻海隅宣讲也是体现王朝权力的方式,其对民众的教化可谓深远。随着人口和土地垦辟增加,岛民对于中央所构建的正统就愈加向往,最初在海岛占得土地资源的这批人逐渐抛弃渔猎的生产方式,并开始以正统自居而排斥那些新迁来的渔民,这就是高桥李氏要求子孙以耕读为本的原因所在①。

到嘉庆年间,玉环厅户口已经由初开时的丁口 19616、户口 2782,增长为丁口 81752、户 13203②。人口增长过程中,士绅和宗族逐渐形成,乾隆二十年(1755),玉环岛民终于取得科第的名额,"巡道朱椿以玉环田地日辟,生齿倍繁,士渐知慕义,率同知详请附入温州府学。岁科额定入学数目,文生员四名,武生员二名"。入温州府学的玉环生员需涉海往返,仍有诸多不便。乾隆四十三年(1778),建玉环厅学(政府管理教育的机构)于厅治,入学额数为八名③。到嘉庆年间,应试人数已与浙东云和、景宁、松阳、宣平等县相埒。嘉庆六年(1801),绅士戴全斌等呈请捐建学宫。嘉庆八年(1803),巡抚阮元奏准在玉环建学宫,改温州府学训导为玉环学训导,设文生八名,武生四名,廪生八名,增生三年一贡,十二年一拔贡④。由此,玉环真正地走入王朝国家的体系当中了。

小　　结

随着展复进程的加快,民众向海洋的流动对政府管理提出了新的要求。

---

① 通过族谱的记载和笔者在阳江海陵岛、广州龙穴岛、防城港等地田野考察,这种情况在沿海非常普遍,后代在追溯祖辈从事的生计时,往往说自己家族一直都是种田的,并不打鱼,他们会说靠海的那群人才是打鱼的。

② 《嘉庆重修一统志》卷 306《玉环厅》,四部丛刊续编史部。

③ 《嘉庆重修一统志》卷 306《玉环厅》,四部丛刊续编史部。

④ (清)浙江巡抚阮元、浙江学政文宁:《奏为拟建玉环厅并请准照例添设廪增事》,朱批奏折,档号:04-01-38-0110-028,缩微号:04-01-38-005-1930,嘉庆八年正月二十一日;另见《玉环厅志》卷 7《学校志》,光绪十四年增刻本,第 1 页。

当政府试图加强对沿海民众的管理却又无力实现有效控制和监督时，民间自治就成为政府的良方。保长、甲长、澳长、牌长等作为政府在基层社会的代理人，成为执行特定政府职能的民间力量。从商渔船只的澳甲、船甲组织到岛民保甲组织，都是政府将庞大而散乱无序的沿海民众加以切分和固定的尝试。在制度层面上，如果说这种小单位的组织对于流动的船户和数量不多的岛民尚可以称得上合理的话，那么对拥有成千上万岛民的海岛来说，仅靠编排保甲当然不能解决问题。

本编将山东沙门岛、浙江玉环、广东南澳岛等作为案例进行分析，即是考察国家对自然条件、地理位置、历史沿革等都各有不同的沿海岛屿采取了怎样的管理方式。拥有湾泊澳口和田地、淡水的海岛皆在明代就已经有很好的开发基础，同时，这些岛屿也是政府在海上建立防线的最好据点。在清廷准许展复之后，临近的民众即源源不断地流向这些岛屿，原本在迁界前已有独立行政机构的岛屿如崇明很快恢复了县级管理，而对定海、玉环、南澳等大多数岛屿来说，设立县级以上行政机构无疑是康雍时期海岛管理的重要举措。从派驻佐理官制度的讨论可看到，相比康熙朝，雍正朝在海岛治理上更加成熟和强势，尤其设置同知或通判管理岛民，相比设县提高了海岛行政级别，这不仅加强了王朝在海隅的控制力，更体现了牧民在清代海岛事务中的重要性。

雍正《浙江通志》的编纂者如此评价玉环山的开复与设治，"犹是山也，置之荒秽则潜匿伏莽，隶诸疆索则作镇为藩"①，这种化"贼"为民之策成为决策者治理盗乱问题的重要手段。笔者认为，康雍两朝奠定了清代岛民管理制度的基础，雍正朝在管理模式的探索和实际操作层面尤具开拓性。因各岛的战略位置、开发程度、自然地理条件的差异，王朝管理模式虽未有一定之标准。然简单概之有三，居民不多而又离汛不远的岛屿，以水师稽查和民间自治为主；岛民众多又便于驻守的岛屿则加强防务、设立行政机构管理民事；离汛较远的外洋岛屿，则禁止民众居住。然而，海岛上的潜住人口（包括流动人口），特别是外洋岛屿上违禁搭寮居住之人并未得到真正的重视和治理，这成为清代沿海社会的隐忧。

---

① 《浙江通志》卷1《图说》，雍正十三年修，乾隆元年刻本，第143页。

下　编

防民为"盗":乾隆朝对海岛
聚众的现实应对

政府对海岛设治缺乏财力支持使一些地方官对海岛开复并不积极,但不得不说,雍正五年(1727)玉环的开复设治为封禁岛屿改变境遇提供了示范和可能,"雍正五年,开垦玉环(即今玉环厅),南田历次请开请禁,案牍不一"①,这种形势发展到乾隆朝却遭到遏制,重要原因在于乾隆皇帝对虚报荒地的彻查和"毋轻开海禁"的强调,雍正朝如火如荼的垦荒行动冷却下来,封禁岛屿的开复也在这个大背景下放缓。此后,虽然中央和督抚对岛屿垦荒大体持消极态度,沿海民众私开禁岛的活动却大大增加,地方官不仅未贯彻驱逐令,反以各种理由向中央取得宽赦并要求赋予非法搭寮采捕之人合法权,中央对地方的妥协和让步也最终促成了海岛流动人口的大幅增加。

---

① (清)不著撰人:《南田县志》不分卷,光绪抄本,无页码。

第六章　地方与中央对海岛开发的博弈

第一节　海岛开复进度的放缓

雍正年间对于土地的忧患到乾隆朝成为一种现实,乾隆对人地紧张的担忧频频见于纸端,"各省生齿日繁,地不加广,穷民资生无策",故而皇帝一再激励民众多辟尺寸之地、多收升斗之储,"凡边省内地零星地土可以开垦者,嗣后悉听该地民夷垦种,免其升科"①。虽然乾隆帝并未放弃鼓励垦荒,但决意改变雍正朝报垦的浮夸不实。雍正十三年(1735),在河东总督王士俊向雍正奏报豫省开垦成效之事后,雍正帝令内阁照誊此折发给闽省督抚以示效仿②,紧接着,四月初八日闽浙总督郝玉麟和福建巡抚卢焯以"依山濒海旷土甚多"、"仰慰圣怀"发檄文令布政使司对"坡陀、土岗、山峣、林麓及临河滨海斥卤淤滩"逐一查勘,福建布政使司张廷枚经过查勘奏报,"各厅州县陆续呈报查勘得内地并沿海各岛屿与界联生番之处田地、山塘共一十一万余亩",此次呈请开复涉及的岛屿如下:

> 闽县查报之上竿塘,连江县查报之下竿塘,长乐县查报之东狮、白犬、白沙,霞浦县查报之大嵛山、小嵛山、南关山、烽火山、浮鹰山,福安县查报之鹭鸶岛,澎湖厅查报之东吉、西吉、花屿、半屏、大屿,凤山县查报之小琉球。

---

① 《清高宗实录》卷123"乾隆五年七月甲午"条,第811页。
② 郝玉麟称自己收到了这份录副奏折,不知是否也发给其他督抚。见(清)福建布政使张廷枚:《奏为外洋孤立岛屿仍请严禁开垦等事》,档号:04-01-30-0274-013,缩微号:04-01-30-017-0652,雍正十三年十月十五日。

　　文献中提到的岛屿分别由闽县、连江县、长乐县、霞浦县、福安县、澎湖厅、凤县呈报。这些岛屿位于福宁府、福州府、兴化府沿海,分布于福建与台湾之间的广阔海域。其中,闽县查报之上竿塘、连江县查报之下竿塘,因紧临省会福州府,属紧要海汛,设有烟墩瞭望①。

　　上竿塘（又名南竿塘）、下竿塘（又名北竿塘）,属今天的马祖列岛,现属台湾连江县管辖。南竿塘岛是马祖列岛中最大的岛屿,面积达 10.64 平方公里,南竿塘岛因岛上妈祖天后宫,又称马祖岛。竿塘及附近岛屿有非常久远的史前文化,考古学者在东莒、北竿塘、南竿塘等岛上发现了公元前6000—前 4000 年的陶器和石器②,宋人梁克家所撰《三山志》云:“桑屿、东路、上下竿塘（在海中）,关岭、蛤沙、北交（旧有镇,今废）,大、小亭山（昔黄氏兄弟载宝没于此,遂二处立庙）。”③又云“白水郎,夷户也,亦曰游艇千,或曰卢循余种,散居海上”④,这里所称的卢循余种的白水郎,即古称“疍族”。居民在南竿塘、东莒曾发现唐宋时期的钱币与元代残留石碑,可见,竿塘诸岛的历史自唐宋时期持续至元代。明太祖朱元璋统一福建后,曾于竿塘设置“埠寨”,拨官兵驻防,可并没有持续太久,明王仲昭《八闽通志》记述连江县所属上竿塘山、下竿塘山,“洪武二十年（1387）,以防倭故,徙其民附城以居”⑤,在洪武二十年江夏侯周德兴经略福建海防时,即以上竿塘埠寨在海岛难援,尽徙岛上居民于内地,将埠寨移入连江县北茭。自是以后,上、下竿塘“二山遂虚”⑥,宋元以来岛上居民开发的塘田荒废⑦。竿塘及附近岛屿在明代一度成为倭寇海盗出没之区,迨至嘉靖、万历年间,渐有闽东

① 《福州府志》卷 13《海防》,乾隆十九年刊本,第 317、319 页
② 连江县马祖民俗文物馆:《马祖炽坪陇遗址研究计划期末报告》,连江县马祖民俗文物馆,2005 年,第 51—60 页。
③ （宋）梁克家:《三山志》卷 2《地理类二》,海风出版社 2000 年版,第 11 页。
④ 《三山志》卷 6《地理类六》,第 65 页。
⑤ （明）黄仲昭等纂修:《八闽通志》卷 4《地理·山川》,第 80 页。
⑥ （明）喻政修,林材纂:《福州府志》卷 5《山川》,《稀见中国地方志汇刊》第 32 册,万历刻本,中国书店出版社 1992 年版,第 72 页。
⑦ 关于竿塘及附近岛屿的开发可参见张书才:《马祖列岛开发历史初谈》,《历史档案》2001 年第 1 期;陈良源:《明清以降政策变迁下马祖列岛地区文化发展》,（台湾）《海洋文化学刊》2007 年第 3 期,第 43—74 页。

长乐、连江、罗源等县渔民迁入各岛采捕、开垦。顺治十八年（1661），迁界时"下竿塘海礁船税银七十五两四钱，俱迁移无征"①。康熙二十二年（1683），展界令颁发前被派往闽粤考察的杜臻道出了竿塘及附近岛屿在地理位置上的特殊性，"凡哨探淡水，鸡笼、琉球、日本俱从此放洋，认此收澳，倭寇至竿塘亦必泊而取水焉"②。康熙二十二年后，作为控制台湾海峡的要地，福建省西南以至广东交界处的梅花、厂石等岛屿悉行开复，竿塘及附近岛屿也曾一并得到开复，但"康熙四十四年，经前任督臣题禁往贩西南洋并请禁撤各岛耕佃渔民，于是上、下竿塘等一十四岛复行拆寮逐禁"③。禁岛后，贫民赴岛谋生以至"大小嵛山、浮鹰、四礵、朱荣、竿塘等山，皆匪船潜藏之所"④。

迨至雍正年间，政府鼓励大规模开垦土地，闽省督抚正是在雍正帝的鼓励下加大了海岛查勘报垦的力度。然在檄文四月初八下达后，八月雍正帝驾崩。同年八月乾隆帝即位，十月颁发"禁虚报开垦"的谕旨⑤，同月针对雍正十三年（1735）广东巡抚杨永斌报垦土地一百二十余亩批示："报垦非徒无益，而且有害之事，朕不为也"⑥。乾隆帝的这些谕旨和朱批皆发生在这一年的十月，也许是张廷枚事先探听到这种风势的扭转，在其十月十五上呈给乾隆皇帝的奏报中指出这些岛屿是明代以来奸民勾引倭寇之地，"易滋接济盗贼米粮薪水之弊"，以孤处外洋为由反对开复各县所报岛屿：

> 康熙八年，止展复界外五里，许民移居，又至二十二年，始全行展

---

① （清）李菶修，章朝栻纂：《连江县志》卷2《田赋》，嘉庆十年刻本，第261页。

② （清）杜臻：《粤闽巡视纪略》卷5，第43页。

③ （清）闽浙总督喀尔吉善、福建巡抚陈大受：《奏为奉旨查勘酌议周学健请开福建沿海竿塘等岛屿事》，档号：04-01-22-0025-106，缩微号：04-01-22-004-2249，乾隆十二年八月初十日。

④ 《雍正朝汉文朱批奏折汇编》第19册，第446页。

⑤ 《清高宗实录》卷5"雍正十三年十月乙亥"条，第220页。

⑥ 《清高宗实录》卷5"雍正十三年十月乙未"条，第255页。关于雍乾两朝对垦荒的政策转变，可参见韦庆远：《论雍乾交替与治道同异》，《史学集刊》1991年第1期。

复，听民人迁移界外居住，惟外洋各岛屿仍然严禁，不许民人移居及搭寮采捕，以故九十余年，海宇敉宁，人民乐业，此实防范严明之征验，更不便准其报垦认课，潜弛禁令，使奸民乘机聚集生事，以致海洋不靖。

这和乾隆帝整顿虚报、慎重海疆的思路相一致，针对张廷枚此折，乾隆帝批道："各省奏报开垦者多属有名无实，竟成累民之举，而河南尤甚，前已颁发谕旨矣，闽省海洋之地尤不可生事滋扰，并传谕尔督抚知之"。① 竿塘诸岛屿开复一事遂告搁置。

乾隆十一年十二月，福建巡抚周学健"奏为闽省竿塘等海岛农田渔利裨益贫民，亟请一体驰禁垦辟事"②，再次提出开复上竿塘、下竿塘、西洋屿、东狮（沙）、白畎、东洛、西洛、大嵛山、小嵛山、烽火衕、浮鹰山、四礵山、七星屿、南关山等十四岛，相比较雍正十三年，此次开辟呈请岛屿集中在福建东北部福州、福宁两府沿海。周学健此请源自福州、福宁两府绅士黄瑞等人的呈报，"各岛水田、旱围共一万一千六百余亩，出产紫菜礁石共九十五处，网地十四岛，沪地一十七所"。这十四个岛屿除作为汛地定期派兵弁稽查、在上竿塘、下竿塘、西洋屿还设有烟墩瞭望③。这里提到除水田、旱围可供农垦之外，九十五处紫菜礁石指生长紫菜的浅海岩石，"礁紫菜"在明清时期是闽东沿海岛屿特有海产，与南竿塘岛南向相对的海坛山（即平潭岛）上即有"紫菜礁"（又称紫菜滩）的地名④。渔民往往在海岛附近水深之处寻找设网之地，即网地。沪是指捕鱼的排栅，唐人陆龟蒙有诗云："列竹于海澨

---

① （清）福建布政使张廷枚：《奏为外洋孤立岛屿仍请严禁开垦等事》，朱批奏折，档号：04-01-30-0274-013，缩微号：04-01-30-017-0652，雍正十三年十月十五日。

② （清）福建巡抚周学健：《奏为闽省竿塘等海岛农田渔利裨益贫民亟请一体弛禁垦辟事》，朱批奏折，档号：04-01-01-0134-009，缩微号：04-01-01-021-0052，乾隆十一年十二月二十六日。

③ 《福州府志》卷13《海防》，乾隆十九年刊本，第317—320页。

④ 黄履思纂：《平潭县志》卷4《山川志》，民国十二年铅印本，第585页。

曰沪",网地与沪地皆是渔民捕捞之地①。周学健自然知道康熙朝对于外洋
岛屿的禁令和乾隆初年竿塘诸岛因地处外洋被反对开复一事,故奏折中特
别提到竿塘诸岛并非外洋岛屿,"臣详查旧卷并细按舆图,竿塘等一十四岛
原系沿边内洋,并非外洋荒岛",这样一来竿塘诸岛就有了可开复的必要
条件。

图 4　竿塘诸岛位置图

(底图主要依据谭其骧《中国历史地图集》第八册 42—43,中国地图出版社 1996 年版。)

那么竿塘诸岛究竟是否为外洋岛屿呢? 并未见此时期对该海域内外洋
有一个明确定例,仅有相关论述出现在清人的著述及奏折中,陈伦炯曾这样

---

① (唐)陆龟蒙:《渔具(序)》,《唐甫里先生文集》卷 5《五言八句诗》,四部丛刊景
黄丕烈校明钞本。

描述闽江出口的海域："闽之海,内自沙埕、南镇、烽火、三沙、斗米、北茭、定海、五虎而至闽安,外自南关、大崳、小崳、闾山、芙蓉、北竿塘、南竿塘、东永而至白犬(畎)。"①如果按照这个描述来看,竿塘十四岛中有外洋岛屿,也有内洋岛屿,无法一概而论。就在周学健奏报开复竿塘诸岛的八个月前,乾隆十一年(1746)闰三月,福州将军新柱在向皇帝描述福建沿海形势时,将"烽火"作为内洋②,而将南北竿塘、南关山、大俞山、白畎等岛屿皆作为外洋,"内洋则自沙埕、南镇、烽火、三沙、斗米、北茭、定海、五虎门而至闽安,外洋则自南关、大崳山、闾山、芙蓉、南北竿塘、东永、而至白犬(畎)大洋均为省会左翼之屏蔽"③,因新柱与周学健两人上奏时间非常近,乾隆帝与军机处大臣应该能注意到周学健故意将竿塘诸岛列为内洋的意图。

乾隆令军机处评议,大学士张廷玉虽未对十四岛弛禁一事作明确答复,而是交由福建督抚讨论,但其在该折批复中对海防的担忧实际上传达了乾隆一直以来对开复海岛的态度,"若匪类资以为窟,即有利益,亦当弃地以安民"④。乾隆十一年(1746)底,巡抚周学健已调任江南河道总督,而原任闽浙总督马尔泰也于乾隆十一年九月奉调回京,此折交由新任督抚讨论。紧接着乾隆十二年(1747)三月,新任闽浙总督喀尔吉善与新任福建巡抚陈大受派福州府理事同知许逢元、台湾俸满在省候补同知郝霱、督标参将张凌

① (清)陈伦炯:《海国闻见录》,《台湾文献史料丛刊》第7辑,第3页。陈伦炯为福建同安人,生于康熙年间,卒于乾隆十六年,父陈昂以贩洋为业,陈伦炯少时曾随父至出洋游历,曾隶于施琅标下,对东南沿海岛屿地理及自然条件有着深刻了解。可参见《清耆献类征选编》卷8《陈伦炯》,《台湾文献史料丛刊》第九辑,第710—715页。

② 这里的"烽火"有可能指与烽火山对峙的秦屿。清代烽火营水师驻防秦屿,该岛与烽火山相对峙,两山耸立如门,位于福鼎县东南九十里。参见(清)朱珪修,李拔纂:《福宁府志》卷3《地理志·海防》,卷7《建置志·粮饷》,乾隆二十七年修,上海书店出版社2000年版,第46、110页。

③ (清)福州将军新柱:《奏报闽省沿海形势事》,朱批奏折,档号:04-01-35-0319-042,缩微号:04-01-35-018-2423,乾隆十一年闰三月初一日。

④ (清)大学士张廷玉:《奏为遵旨议奏请开闽浙海岛事关海防应请再加查勘详慎定议事》,朱批奏折,档号:04-01-23-0133-005,缩微号:04-01-23-008-1512,乾隆十二年正月十三日。

霞、抚标游击胡重壁协同分往福州、福宁二府偕各该地方官亲历各岛逐一履勘①。同年四月,据喀尔吉善称,当地绅士已经开始占据土地:"前抚臣周学健奏垦海岛竿塘之事正在议详,该处绅士公然据为己业,遍处糊贴布告,必须伊等批字始准招佃招渔。"②以此为由,对周学健奏垦竿塘十四岛的争议不断涌现。

第二节 皇帝与官员对"洋利"的意见分歧

乾隆十二年六月,新柱以密奏形式陈述了绅士黄瑞等呈报奏请开垦上、下竿塘各岛的土地数目有所夸大,"除西洋屿、四礵山、七星屿、南关山四岛尚未丈勘,其余十岛仅丈得水田、旱围共三十三顷零(3300 亩——笔者注),与黄瑞等原报一万一千六百亩之数大相悬殊"。新柱,满洲镶蓝旗人,乾隆八年(1743)由满洲都统擢升福州等处将军并兼管闽海关事,为驻闽八旗兵最高长官,从一品,乾隆曾多次令其奏明福建督抚的相处情况③,一方面出于乾隆皇帝对汉臣的戒备,另一方面是对督抚掣肘难以共事的担心。新柱需时刻留意福建地方动态,将消息以最快速度传递给皇帝。密奏中得到的土地数字即由福建新任督抚派人丈量而得,新柱将焦点转向竿塘开复的真实目的:

---

① (清)闽浙总督喀尔吉善、福建巡抚陈大受:《奏为奉旨办理查勘福建东北沿海岛屿兴办农业等情事》,朱批奏折,档号:04-01-22-0024-056,缩微号:04-01-22-004-1416,乾隆十二年三月二十日。

② 《清高宗实录》卷289"乾隆十二年丁卯四月丁丑"条,第778页。

③ 《钦定八旗通志》卷180《人物志六十·大臣传四十六·新柱》,台湾学生书局1986年版,第12213页。新柱所奏福建官员情况可见(清)福州将军新柱:《奏为遵旨奏闻马尔泰与周学健二臣现在相处情形事》,朱批奏折,档号:04-01-12-0043-023,缩微号:04-01-12-008-0119,乾隆九年十一月十九日;(清)福州将军新柱:《奏为遵旨查明抚臣周学健舆论声各殊好事》,朱批奏折,档号:04-01-12-0050-007,缩微号:04-01-12-009-1016,乾隆十一年八月初十。

其意不在山而在海。海洋之利名色种种，如白水者可采捕鱼鲜，海岛左右水深之处也，网地者。海水浅处张网以待潮涌鱼至，潮落而取者也……此皆海利，大者向无专主，沿海贫民输纳渔课，于各岛附近分收其利，与其使绅衿富户垄断，不若仍公诸贫民。①

"仍公诸贫民"说明这片海域原本允许渔民采捕。新柱奏后不久，八月，闽浙总督喀尔吉善、新任福建巡抚陈大受复奏如新柱言事，以无利贫民和海防安全为由再次提出反对，并认为"绅士图利，借开垦之地以为霸踞之地"②。

在这一系列的反对声中，官员们并未以外洋禁岛作为依据，一方面是因为当时内外洋界限并未明晰；另一方面则是因为此时政府对于民间在外洋岛屿活动有所放宽，详见后文。官员的争议集中在士绅丈量田地数字的不实，"原报共田三千一百一十二亩零，共园八千五百三十三亩零，今丈实共田一千八十四亩零，共园二千九百四十九亩零"，所报田地"不及十分之四"，这与乾隆初年针对雍正朝虚报开垦进行整顿的大背景有关，岛屿开复问题因上升为对虚报土地的质疑而成为群臣讨论的焦点。此次，重新丈量及存在争议的土地仅限于水田与旱围，即农业用地，鉴于存在双方土地丈量标准不一的可能，故此暂不讨论哪一数字更加确实。然而，反对官员对于一开始周学健奏报的 14 个岛屿的网地以及 95 处紫菜礁石、17 处沪地并未提及，这说明与海洋切实有关的经济活动并未被官方认为具有值得推动的意义。

透过对史料的进一步挖掘，笔者认为，争议的发端虽是田地丈量的不实，对"洋利"的不同态度才是影响海岛开复与否的关键所在。闽浙总督喀尔吉善在乾隆二十二年（1757）为遏制番商来浙，"浙民习俗易嚣，洋商错处

---

① 《奏为密陈开垦上下竿塘各岛与其使绅衿垄断认垦不若仍公诸沿海贫民》，朱批奏折，档号：04-01-01-0142-042，缩微号：04-01-01-022-0518，乾隆十二年六月二十五日。

② 《奏为奉旨查勘酌议周学健请开福建沿海竿塘等岛屿事》，朱批奏折，档号：04-01-22-0025-106，缩微号：04-01-22-004-2249，乾隆十二年八月初十日。

必致滋事"，提议加重浙省税率以使番商赴广东澳门停泊①。乾隆八年（1743），浙江巡抚常安"以温、处二府贫瘠鲜盖藏，招商转江苏米自海道至，佐民食"，时任江苏巡抚的陈大受疏论常安"轻开海禁"②。由此二事可见，喀尔吉善和陈大受对于"洋利"非常保守。由竿塘诸岛开复一事还可看到二人对海岛人群的成见，"屡有地棍垂涎海利或往搭寮聚匪或借升科名色混呈认垦"，这说明陈大受和喀尔吉善表面抨击耕地丈量不实，实际对垂涎海利的做法非常反感。

加之士绅在还未得到中央开复海岛的谕令时，便已开始在各海澳糊贴布告召佃户、渔户前往海岛，官员由对土地统计数字的否认进而转向质疑开复海岛的目的：

> 海岛沙碛，地甚硗薄，即所称可垦田园者不过种植番薯、杂菜，皆不宜于五谷，盖海风时发，势急气肃，不能使禾稻扬花结实，实加以潮冲沙压，又非人力所能抵御，番薯一种虽亦可助民食，而出产又属无多，则开垦之说，绅士不过借田园为名，实贪图全海渔盐诸物之饶美。③

在官员看来，禁地一开，奸良莫辨。若海岛田地不足以供官兵之经费，不能补内地之需，那么开复一事就失去了意义：

> 各岛田园果多出产米谷，果裕可以济益内地之所需，而升科纳粮又

---

① 《清高宗实录》卷530"乾隆二十二年正月庚子"条，第679—680页。提高税率的办法并未能起到实效，随后乾隆帝谕令自二十三年起禁止番商到宁波口岸停泊贸易，可参见廖声丰：《乾隆实施"一口通商"政策的原因——以清代前期海关税收的考察为中心》，《江西财经大学学报》2007年第3期。喀尔吉善，伊尔根觉罗氏，满洲正黄旗人。历工部郎中，兼袭世管佐领。乾隆五年任山西巡抚，八年调山东，十一年迁闽浙总督。见《清史稿》卷309《列传第九六·喀尔吉善》，第10597页。
② 《清史稿》卷338《列传第一二五·常安》，第11065页。陈大受，湖南祁阳人，雍正十一年，进士，选庶吉士。乾隆元年，授编修。十一年，由江苏巡抚加太子少保，调福建。见《清史稿》卷307《列传第九十四·陈大受》，第10552页。
③ 《奏为奉旨查勘酌议周学健请开福建沿海竿塘等岛屿事》，朱批奏折，档号：04-01-22-0025-106，缩微号：04-01-22-004-2249，乾隆十二年八月初十日。

足以为官兵之经费，则补偏救弊自当设法经理，岂容因噎废食，今田园既少寥寥并无粮赋之可恃，海利久为贫民生计，不待绅士之举行，而海外禁地若无弹压则事甚可虞，添设官兵又为费甚巨。①

喀尔吉善与陈大受从田赋、海防等方面陈述开辟事宜之弊端，乾隆帝认为所奏甚是，并令彻查招贴告示的绅士，竿塘及附近岛屿于乾隆十二年（1747）九月被谕令照旧严禁开复。乾隆君臣自然明白，沿海岛屿开复的价值主要并不在于耕地，而在于"洋利"。从玉环和南澳等海岛机构设置来看，打破现有水师与临近各州县固有局面、建立一套新的军政机构的确并非易事，不过，海岛附近洋面的各项渔船税、商船税、盐课等费用能够大大充实地方行政经费和饷银的不足。更值得关注的是，竿塘十四岛地处闽江口，是控制台湾海峡的要地，又位于闽浙互通之路。开海以后，台湾与福建往来频密，位于航道上的竿塘诸岛成为走私商船停澳取水之地。加之，开海日久，闽东渔民迁入各岛采捕、开垦，与清初的荒凉大不相同，乾隆朝此海域已是耕渔稠密。若对海岛实况缺乏了解或充耳不闻，一味计较初期投入，弃而不守，必然酿成非政府力量的坐大。

奏恳开复海岛的周学健生于康熙三十二年（1693），"江西新建人，雍正元年进士，改庶吉士，散馆授编修，五迁至户部侍郎。命如山东按事，两诣上下两江与督抚治灾振、水利，出署福建巡抚、浙闽总督。加太子少保，授江南河道总督，坐违制剃发，夺官"，后因与淮商交结营私受赃被乾隆皇帝赐自尽②。周学健自雍正元年（1723）中进士开始步入仕途，位至封疆大吏是在乾隆朝。乾隆六年（1741），周学健作为钦差下至江南协同督抚查办灾赈、水利事务，因查办有力于乾隆八年（1743）四月二十四日，以刑部左侍郎署

① 《奏为奉旨查勘酌议周学健请开福建沿海竿塘等岛屿事》，朱批奏折，档号：04-01-22-0025-106，缩微号：04-01-22-004-2249，乾隆十二年八月初十日。

② 《清史稿》卷338《列传第一百二十五·周学健》，第11058页。周学健乾隆十一年九月调任江南河道总督，十三年三月二十一日皇后富察氏去世，周学健在丧期内剃头（剃头案牵涉到许多官员），因而被革职并彻查家产，九月被怀疑与淮商交结营私贪赃，十一月被赐自尽。有关剃头案涉及官员可参见刘桂林：《孝贤皇后之死及丧葬余波》，《故宫博物院院刊》1981年第4期。

理福建巡抚,十月二十日授福建巡抚,加兵部侍郎、右副都御史衔。后因时任闽浙总督的那苏图调离,又曾兼任闽浙总督一职,其在福建省漕运、水利、屯垦等方面都有显著政绩,乾隆评价其"急公认真",尤其分配商船由台运米至闽,解决了闽地谷米紧缺的难题。福建各地购买台米原本只能由商人在厦门购得,不能到台湾直接购买。"乾隆十一年,巡抚周学健奏定分配商船运赴各仓,此商运台谷所由来也"①,隔年,周学健又奏准漳、泉两地米商在政府给照后,可赴台湾买米,这些商船"皆为漳泉富民所制"②。纵观周学健履历,可知其长期在关系王朝经济命脉的领域担任要职,与地方绅商过从甚密大概也是事实,其为筹措福建谷米而多次赴台,开启了清代商运台谷入闽的先河,尤为后世所称道。

对于供应闽省谷米的重要产地台湾,周学健曾在乾隆九年(1744)与同为江西人的巡台御史熊学鹏上呈了开复台湾岛的奏折,主张内地人前往岛上开垦。原任闽浙总督的满臣那苏图认为,台湾"孤悬海外,并无土著,所聚民人,半属游惰……虽有旷土可耕,而封禁已久,万难开辟",并严厉指责周学健是一意孤行,自以为是,这些分歧显然已超出了政见不一③。在此一个月前,乾隆九年(1744)八月闽浙总督那苏图才刚因与周学健不和调为两广总督,"因汝督抚二人不和,则事必有掣肘,是以调用。然自汝至福建,虽无陨越之失,亦无大过人之处。今至粤省必黾勉从事,以盖前愆可耳"④。

---

① （清）丁曰健辑:《筹议商运台谷》,《治台必告录》卷2,《台湾文献史料丛刊》第三辑,第168页。此外,周学健于乾隆十年奏请将台湾运往诏安的南澳镇标左营兵米全部运往南澳仓储,"较运诏,路直费省",参见《清高宗实录》卷251"乾隆十年十月丁巳"条,第238页。综上,皆可看出周学健对于贩洋之利的积极作为。

② 见（清）姚莹:《筹议商运台谷始末》,《皇朝经世文编续编》卷48《户政二十·漕运中》,第5299页;丁曰健:《筹议商运台谷》,《治台必告录》卷2,《台湾文献史料丛刊》第三辑,第168页。

③ 《清高宗实录》卷224"乾隆九年甲子九月乙酉"条,第897页。

④ 《清高宗实录》卷223"乾隆九年甲子八月甲戌"条,第883页。因督抚不和调马尔泰任闽浙总督,马尔泰继任后,乾隆认为其事事依顺,福建事宜皆由周学健主持,颇为不满。乾隆十一年九月调喀尔吉善为闽浙总督。见（清）福州将军新柱:《奏为遵旨奏闻马尔泰与周学健二臣现在相处情形事》,朱批奏折,档号:04-01-12-0043-023,缩微号:04-01-12-008-0119,乾隆九年十一月十九日。

皇帝对于那苏图的表面责备实际偏袒，让我们猜测满臣的意见也许更能得到皇帝的认可①。军机处根据那苏图的奏折同样对开复台湾持反对意见，乾隆帝批："其愿垦者不过希冀海洋之利，徒使绅衿富豪逞其欺占，以图私利。"开复一事无益贫民外，也动摇国策，"况海岛一开，未必不弛海禁，尤有关系"②。三年后新柱等大臣对开复竿塘诸岛的反对正是由于乾隆皇帝对海洋一贯的防范态度。

对于竿塘诸岛，乾隆政府并未表现出雍正年间劝民开垦时的积极态度，竿塘诸岛和它所处的东南沿海不仅在清初被台湾郑氏占为据点，而且这里聚居着众多汉人，且当地汉人与东南亚吕宋等地之人互相往来频繁，清朝统治者对此海域民众的措置与防范一直非常谨慎。而乾隆皇帝对于"洋利"的抑制比较康雍时期更加严厉，这为保守派官员提供了依据和支撑，他们进而以"其利在海而不在山"，"海岛开垦，海禁即弛"为由反对开复海岛。竿塘诸岛屿的处理方案对于沿海地方官来说是一种参照，此后，他们甚至无须奏报中央便可做出裁决，位于宁州、台州府之间的南田岛，"距内地较玉环为近，其壤地亦较玉环褊小"，"乾隆十七年，御史欧阳奏请开垦，奉旨饬查，其时督抚二宪止就南田一隅，已垦之田数目不及七十顷，经费不敷十之一二，仍议禁"③。竿塘诸岛的禁垦一事进一步明确了其外洋位置，此后的《连江县志》卷1《山川》明确将南北竿塘、西洛、东洛、西洋屿、四礵山等列为外洋④。在记录福建省各项政务条例章程的《省例》中，将竿塘诸岛列为外洋岛屿而明令禁止搭寮挂网：

> 严禁外洋孤山断屿，毋许搭寮挂网，以防盗匪潜踪也……如闽县五虎门外之南竿塘、沪澳、妈祖澳、竿塘尖；连江县之上中竿塘、八使、下

---

① 满汉臣冲突矛盾可参见 Mark C. Elliott, *The Manchu Way: The Eight Banners and Ethnic Identity in Late Imperial China*, Stanford University Press, 2001。

② 《清高宗实录》卷295"乾隆十二年丁卯七月辛亥"条，第866页。

③ （清）不著撰人：《南田县志》，不分卷，光绪抄本，无页码。

④ （清）李菶修，章朝栻纂：《连江县志》卷1《山川》，嘉庆十年刻本，《福建师范大学图书馆藏稀见方志丛刊》第8—9册，北京图书馆出版社2008年版，第73页。

目、津沙、牛角、芹角各澳、进岐门、东洛、西洋山、长岐、马鞍屿；霞浦县属之马砌、魁山、笔架山、四礵山、君竹台山、火焰山、大目屿、小目屿、浮鹰、东涌等处，奸渔搭盖寮屋，插桩挂网，在所不免……并竟闻有在彼常年居住，聚集人众，开园种山，不听驱逐者。将来必为逋逃之薮，不可不及早驱除。①

第三节　地方官与水师营弁对
民众潜住海岛的默许

乾隆十二年（1747）的禁令打击着地方官开复岛屿的积极性，然而在地方社会，对海洋利益的追逐从未停止。上文福州、福宁两府绅士遣人赴岛丈量田地，并将开复岛屿呈请通过巡抚上奏给皇帝，绅士在垦辟海岛中四处奔走的身影值得追根问底，他们应是活跃于海洋上的一股力量，才有资力去统计十四岛的土地数目并将开垦海岛的意愿上呈。周学健也在奏折中强调了士绅在开辟海岛过程中的作用，"各岛荒芜已久，无论水旱田园必从新垦辟，方可耕种，开荒搭寮均须工本，口粮盐菜均须出资，即峩养、紫菜、扦立、网位、沪桁，其船只寮房均需费不赀，皆非佃丁渔户自能经营措办，必借省会及各邑有力之家出资召集佃丁渔户，给以工本乃可前往垦辟"。周学健的说法并非全无道理，沿海贫民之单桅或舢板船赴外洋岛屿进行捕捞活动非常困难，风险大且所获微薄，深海作业对于船只和渔具的要求更高。自康熙四十六年（1707），福建省渔船准用双桅以来②，地方有资本之人建造大船，雇用贫民驾船、撒网、搭厂、晒鱼、织网的外海捕捞方式在福建海面甚至远至浙东洋面已相当常见。

在中央还未批准开复海岛时，士绅就已在各海澳遍贴告示，渔佃必须向其批字，方能耕种。这引起了周边县民的骚动，因海岛可耕之处昔日皆是民

① 《福建省例》《船政例》《台湾文献史料丛刊》第七辑，大通书局2000年版，第705—706页。
② 《钦定大清会典事例》卷629《兵部·绿营处分例·海禁一》。

人垦辟之所，迁界时始弃其业，当得知海岛禁令可能取消时，"虽事远年泯而民间各执其契券、粮串以为请复张本，且谓省城绅士可以报垦升科，岂原主子孙转不容其完赋复业，纷纷呈诉争辩不已"①，绅士这些举动若没有当地官员的庇护显然无法进行，当巡抚周学健和总督马尔泰双双调离之后，新任总督喀尔吉善、巡抚陈大受将绅士此举上报，皇帝愤怒地要求呈报这些士绅名单并令督抚严查不法②，《清高宗实录》列出了参与此事几位缙绅名字，"若原任郎中李德绚、庶吉士李修卿、孙拱极、侍卫林明、知县施廷瓒、俱已身列职官"③。这中间李德绚，福清人，曾任兵部郎中；庶吉士李修卿，侯官人，雍正十一年（1733）进士；孙拱极，连江人，乾隆四年（1739）进士；侍卫林明，霞浦人，雍正二年（1724）进士；知县施廷瓒未详④。地方志对于士绅们参与此事以及受到惩罚的记载相当简略，"督抚会题奉旨永行禁止，并黜诸绅以为将来妄议者戒，觊觎之焰乃息"。⑤ 但可推测这些士绅在当地皆有一定名望，如后来的《连江县志》还为孙拱极写了传⑥。海岛搭寮盖厂、垦辟土地需要大笔资金，士绅在此过程中的作用不可磨灭。但作为贫民生计来源

① （清）闽浙总督喀尔吉善、福建巡抚陈大受：《奏为奉旨查勘酌议周学健请开福建沿海竿塘等岛屿事》，朱批奏折，档号：04-01-22-0025-106，缩微号：04-01-22-004-2249，乾隆十二年八月初十日。

② （清）闽浙总督喀尔吉善：《奏为遵旨确查办理沿海岛屿招佃招渔禾帖事》，朱批奏折，档号：04-01-22-0025-087，缩微号：04-01-22-004-2120，乾隆十二年八月十一日，此折中喀尔吉善提到将绅士姓名另呈单具奏，笔者暂未找到此单。另，陈大受奏上杭、永定绅士越境拆人房屋案，乾隆皇帝由此二案谕令各省督抚训斥绅士，严查不法，参见（清）贵州巡抚孙绍武：《奏为上杭衿民越境拆房又竿塘十四岛绅士专利钻营二案奉旨晓谕绅士敦品守法办理情形事》，档号：04-01-01-0155-032，缩微号：04-01-01-024-0200，乾隆十二年十一月初六日。

③ 《清高宗实录》卷298"乾隆十二年九月丙申"条，第902页。

④ 朱保炯、谢沛霖编：《明清进士题名录索引》，台北文海出版社1981年版，第1245、574页

⑤ 《福宁府志》卷4《地理志·山川》，乾隆二十七年修，上海书店出版社2000年版，第49页。

⑥ 李德绚见《福清县志》卷9《乡举》，光绪二十四年刻本；《福清县志》卷9《选举志》载李修卿为雍正七年由侯官县学中进士，乾隆三年至七年任高安知县，后归乡，见乾隆十二年刊本；《连江县志》卷14《选举》载孙拱极为乾隆三年进士，卷27《清文苑》有传，见民国十六年铅印本。以上皆未提及"召佃召渔"一事。

的海洋成为多方争利的场所,豪势借此机会划分势力、克扣鱼佃也是积患难除,这成为反对官员的依据之一。

当绅士将海洋资源的开发合法化进而重新分配的尝试遭到失败,福建督抚却强调了将海岛附近洋面仍给"内地各澳主"采捕:

> 应请将闽省东北沿海一十四岛屿仍前永行饬禁,其内地各澳主着渔户照旧许其在于近地洋面采捕资生。①

文献中的"澳主"自明代中叶既已有之,"徒党在海澳者亡虑数百千人,大者称澳主,小者各有名号,皆分布诸澳中,而益造桐艚诸戈船,亡虑数千百艘,亦密藏诸澳中,数召集天下亡命奸人豪侠剑客与群党杂居",如硇洲岛之蔡番鬼、陈二老,被称为"澳主","倚为寇峰者也"②。清初海上豪势"海主"、"澳主"、"港主"将洋面占为己业,向渔户、商船收取规礼。康熙五十六年(1717),两广总督杨琳奏请"将沿海州县额编渔课,按渔船多寡均摊征收,听渔户自纳,禁革海主、港主名色",雍正元年(1723)禁革郑克塽家族占管南澳洋面③。雍正八年(1730),结束了施琅家族霸占澎湖海面的局面。康熙晚期、雍正朝对沿海势要进行清理,对沿海渔船、渔户进行登记,征派税收。"澳主"、"港主"、"海主"等地方势力虽大不如前,却依然存在于沿海社会,代地方政府收取商税、渔税、盐税等,这说明竿塘诸岛一带洋面原本就处于少数地方势力的控制之下。

"内地各澳主着渔户照旧许其在于近地洋面采捕资生",这也透露出地方官对沿海民众在禁岛附近洋面采捕和在岛上搭寮暂居一直采取的默许态度。这并非意味着康熙朝禁令的改变,自康熙四十二年(1703)规定,禁止

---

①　(清)闽浙总督喀尔吉善、福建巡抚陈大受:《奏为奉旨查勘酌议周学健请开福建沿海竿塘等岛屿事》,朱批奏折,档号:04-01-22-0025-106,缩微号:04-01-22-004-2249,乾隆十二年八月初十日。

②　(明)黄宗羲编:《明文海》卷71《碑五·岭南平寇碑》,《文津阁四库全书》第485册,第753页。

③　《孔毓珣奏陈广东内河外海事》,雍正二年六月二十四日,《宫中档雍正朝奏折》第2辑,第802页。

渔船越出本省境界①。康熙四十九年(1710)，浙江温州镇标左营水师千总郭王森在向康熙皇帝条陈海防十事，第九条强调了外洋岛屿对边海穷民深海采捕的重要性，"海山搭盖蓬厂，每年请开四月之禁以裕穷民"，闽浙总督范时崇以海上盖棚最易藏奸为由认为不可行，此项有益于渔民赴岛开发的奏议遂遭否决②。乾隆九年(1744)，浙江巡抚常安查勘宁波府镇海、定海海域后奏称内洋岛屿宜招民开垦，"凡涉外洋之山最易藏奸，虽膏腴沃衍之区必须严行饬禁，毋许开垦、采捕、煎烧等类，以滋事端"③。毋许开垦、采捕、煎烧即禁止垦户、渔户、灶户登上外洋岛屿进行生产活动，这并不意味着地方官禁止渔民在禁岛附近洋面采捕和在岛上搭寮暂居。事实上，为免人口流窜和海洋稽查推诿，乾隆初期，各州县为便于明晰职责而划分洋面。

竿塘十四岛再遭封禁，附近洋面却仍允许作为闽东渔民采捕资生之地。这可以理解为对沿海贫民的体恤，也可说是乾隆朝中期以后官员保守风气之体现，他们一方面认为积极地开发海洋会危及海疆安全，并在外洋防御上持消极态度，却也在维护沿海贫民的渔猎活动，避免一切可能的动乱。这种思想源自康熙时期，却在乾隆朝表现得更加极致和具体。这同乾隆朝趋于保守的用人标准有很大关系，由于缺乏严格的分权来保证海洋禁令的执行，军政与民政权力在海上相互交错，这就对官员的能力提出很高的要求。雍正在位13年，提拔了大批具有开拓能力的官员，因此，雍正君臣能够打破明清以来的许多常规，完成了诸如耗羡归公、摊丁入亩、养廉银、行政区划等诸多影响深远的改革，在面对沿海商渔船只管理和海岛行政机构的设置等问题上，能够因时制宜，积极作为。相比之下，乾隆更重官员操守和是否容易驾驭，雍正朝受到重用的官员在乾隆朝多受贬斥，"但求无过"的官场生态消磨着官员们的士气。在遇到决策时，皇帝的行政思维代替了官员们的行政思维，官员们表面遵守祖制、慎重海疆，实际上揣摩迎合、须臾推诿。相对应的，下级官员消极惰怠、自行其是。特别是在乾隆后期，康熙朝对民众海

---

① 《清会典事例》卷629《兵部·绿营处分例·海禁一》，中华书局1991年版，第1149页。
② 《康熙朝汉文朱批奏折汇编》第3册，第314—367页。
③ 《清高宗实录》卷211"乾隆九年二月戊寅"条，第719页。

洋活动范围的禁令作为祖制不断被保守官员加以运用,却并未在地方得到真正的贯彻,陋规的存在与泛滥促成了乾隆末期海岛人口的迅速膨胀,却未能衍生出一套与之相应的、可延续的管理制度。

从渔民来看,集体出海撒网捕鱼的深海作业模式在沿海已经相当普遍,尤其在非鱼汛期鱼皆在深海,必须到外洋岛屿方能撒网施筌,"凡沿海一带穷民俱以海为田,藉渔为活,春夏天和日暖,鱼浮水面近岸者多,民可近洋取鱼,一交冬季凡鱼俱就水极深处潜伏,非深入大洋在洲岛间搭厂,何从撒网施筌?"①加之,近海洋面多被地方势要分占殆尽,又属于州县和水师稽查最为密集的海域,需索甚多。而水师兵弁在日常稽查与巡视中的纵容,是外洋岛民日渐增多的直接成因。外洋岛屿谋生之人从大陆涉海前往,逐渐脱离州县官的控制,漂泊往返于海陆之间。因外洋岛屿不在州县官管辖范围之内,一系列杂税及规例银由水师征收并充地方军饷,若禁岛获得开辟,这部分费用的收取与划拨原则上将归州县负责,且州县有权稽查海岛附近洋面活动的人群。虽然并非所有文官都对海岛开复表现出兴趣和信心,也并非所有禁岛都具备开复的有利条件,但乾隆朝总督及上级武官的消极态度却相当普遍,一方面,他们主张勿轻开洋禁,避免为海上防御稽查增加困难:

> 今若一十四岛尽行开辟出入者,何虑数千百人,现在所需米谷、食锅、米耖以及搭寮、架屋、造船、扦网之木植,钉铁种种,其必须任其搬运,其间指一运十,射利之徒借以接济外匪莫可究诘,而人既众多,往来络绎,沿海有舟可渡之处,争趋便捷,出没无常,难以责其迂回远道必由汛口,而奸徒顶冒影射又岂能人人查察,势必潜伏衅端,使数百里海防一旦全撤。②

---

① 《浙江温州镇标左营水师千总郭王森条陈海防十事折》,《康熙朝汉文朱批奏折汇编》第3册,第314—367页。

② (清)闽浙总督喀尔吉善、福建巡抚陈大受:《奏为奉旨查勘酌议周学健请开福建沿海竿塘等岛屿事》,朱批奏折,档号:04-01-22-0025-106,缩微号:04-01-22-004-2249,乾隆十二年八月初十日。

另一方面，又对属下罔顾禁令、私收陋规的行为姑息纵容，甚至从中渔利。雍正四年（1726），广东巡抚杨文乾的奏折说明，文武官员通过各项陋规对商渔船只层层需索，而渔户能在洋面久待不归，全恃水师庇护：

> 武职衙门自总兵以至千把并自兵字识文职衙门，自知县以至典史、巡检及书办、衙役无不皆有陋规，如花红、季规、月规、羹鱼、寿礼、给照、换牌等项名色，不一而足，故大船一年每只至十余两，小船一年每只亦至数两，规礼入手，之后大船则任其在洋一月两月，小船逐日出港所带何物，所载何人，总不过问，渔户人等遂竟恃为屏障，全无一毫顾忌。①

这些名目繁多的陋规并非仅因官弁贪利所致，和税收制度也有很大关系，清代税收来源主要依靠田赋和丁银，摊丁入亩之后，田赋、丁银合并，田赋成为清代财政收入的主要来源。由于清代田赋皆有定额，虽然上缴中央的税额并无太多增加，但随着人口增长、物价波动，行政成本却今非昔比，还要除去拨付给地方的军饷，地方经费不足的问题非常普遍。许多地方需要通过收取附加税、陋规例银的方式弥补缺口，有些是督抚赞成的，有些是遵循先例或习惯②，前文提到的玉环涂税银即是为解决地方财政资金而增加的税种。特别在雍正皇帝耗羡归公改革失败之后，附加税在数量和种类上不断增加，终成累民之举③。明代中期以后，沿海对渔船和商船增收的渔税、商税被用于地方军饷或军镇衙门开支，清开海之后，这一先例被很多地方沿袭，成为沿海饷银的重要来源。沿海州县本有渔课银，但因其有定额且数量很少，一些州县通过渔货税（即渔船樑头税）、商船樑头关税等各项杂税银增补财政，这违背了清代对贫民一直以来所坚持的"轻税"政策。乾隆元年（1736），兵部尚书甘汝来奏请豁免海关对单椗渔船所收的规例银：

---

① 《广东巡抚杨文乾奏陈粤省海洋渔船应禁应革事宜管见折》，雍正四年十月二十一日，《清宫粤港澳商贸档案全集》第 1 册第 67 条，宫中档朱批奏折，第 279 页。
② ［美］王业键：《清代田赋刍论（1750—1911）》，人民出版社 2008 年版。
③ ［美］曾小萍：《州县官的银两》，中国人民大学出版社 2004 年版。

沿海捕鱼船只不应输饷也。查边海之地,遍处汪洋,居民惟有采捕鱼虾,藉以活命。其船则用单桅,不能出洋贸易,向例只在于本县给照,稽其出入,并不输税。近闻各海关监督,虽单桅船只亦令请领关牌,同双桅出海贸易之船一体输钞。此无论输钞之多寡,即请领关牌一次,已需规例四、五、六两,嗟此穷渔,奚能堪此! 请敕令海疆督抚,查明单桅渔船概免领牌输饷,庶滨海贫民得有生计,不至困迫为盗,则官与商民又胥享安静之福矣。①

同年,乾隆在谕旨中斥责粤东县官滥收渔税:"归善县不肖知县私取陋规,加于额征十数倍,遂经抚臣定议加增鱼税一千余两作为盈余,而海丰、惠来、潮阳三县亦仿照加增,海丰县则增至四千余两,惠来县增至五百两,潮阳县增至七百余两。"②乾隆免除了粤东的新增渔税,仅征渔课一项。但是,各地情况不一,福建仍然保留了渔税③。清廷虽然反对肆无忌惮或过度地强行征税,但基本认可地方自主征收非法定的附加税,大众对此也予以容忍。如此,上报的法定税额与实际征收税额之间的差距日渐扩大,随之而来的是中央政府对全国财政资源的控制日渐减弱,在混乱的赋税体系中,下层官吏衍生出名目繁多、千差万别的各项陋规。

第四节　兵部对外洋海岛无照居住之人的彻查

乾隆三十一年(1766),水师总兵马全对小洋山一带外洋岛屿居民非法潜住搭寮情况的奏报,引起兵部对全国外洋岛屿进行彻查,本节通过呈现该

---

①　(清)甘汝来:《请除烦苛之榷税疏》,《皇朝经世文编》卷51《户政二十六·榷酤》。

②　《清朝文献通考》卷31《征榷考六·杂征敛》,浙江古籍出版社2000年版,第5136页。

③　关于清代粤东的渔课与渔税,可参见杨培娜:《清朝海洋管理之一环——东南沿海渔业课税规制的演变》,《中山大学学报》2015年第3期。

事件的前因后果,揭示中央与地方的博弈与调适。

　　小洋山位于崇明县高家嘴、廖角嘴东北方向,地处外洋,属江南苏松镇巡视范围,因与东南向之大洋山"山多羊又名羊山"①相对而名(今称大、小洋山,下文除引文,皆书为洋山),"自崇明出高、廖二嘴即为外洋,大洋山屹峙于中,其北则小洋山,为江浙两省分辖之处,每年派拨弁兵坐驾战船,春秋两次出巡"。② 这里的大洋山、马迹等属浙江定海汛境,"大、小羊山相倚,中隔一港三四里许,大羊山稍东南小羊山,稍近西北、正北有小山错杂交浮洋面,正东为上川、下川、徐公、马迹,东北为大七、小七,正南双头洞、姚姓、浦长、白山,正西为浒山、滩山,西南为大、小渔山,为东霍、西霍。闽省商船之收入乍浦者,必由东霍、西霍之北浒山、滩山之南西向入口;收入上海者,必由大七、小七西向入口"③。这一海域岛屿错杂交错,为江浙两省会哨之处,"浙江海汛以大洋山为界,大洋山脚以北之洋岛属江南管辖,江南海汛以马迹山为界,马迹山脚以南之洋岛属浙江管辖,自西至东山岛洋面俱以二山为准"④。这里紧挨定海(舟山群岛),尤以小洋山商渔最为密集,周围约计30余里,共有六处澳口,每到春秋二汛,江浙两省捕鱼采蚌之人驻留岛上,除网户、舵工、水手之外还有帮同工作之人附船到山,以及庙祝艺业之人等驻山。

　　乾隆十年(1746)八月,两江总督尹继善针对此海域搭盖房屋现象奏请驻兵弹压,"小羊山地方,江浙两省商船渔船尽泊于此,在山岙之下搭盖芦篷",因巡洋船只无法收泊澳内,应"另设小哨船二只,挑选弁兵前往小羊山驻泊,常川在彼,弹压商渔等船",待"秋底满哨,渔船进口,官兵一并撤回",获准⑤。由此可见,处于外洋的小洋山一带最晚在乾隆十年已允许民众在此暂住。此后,小洋山作为外洋岛屿中为数不多的常川驻守的哨点。乾隆

　　① (清)王昶等纂修:《直隶太仓州志》卷3《封域》,嘉庆七年刻本。大洋山是今崎岖列岛的主岛,北距小洋山4千米,全岛岸线长15千米,面积约3.56平方千米,曲折多澳。小洋山是今崎岖列岛的第二大岛,岛岸线12.26千米,面积1.74平方千米,湾岙环列。见舟山市地名委员会编:《舟山海域岛礁志》,1991年,第65—66页。
　　② 《清高宗实录》卷247"乾隆十年八月己巳"条,第189页。
　　③ 《浙江通志》卷97《海防三》,雍正十三年修。此处误,应是小羊山东南为大羊山。
　　④ 《浙江通志》卷96《海防二》,雍正十三年修,第109页。
　　⑤ 《清高宗实录》卷247"乾隆十年八月己巳"条,第190页。

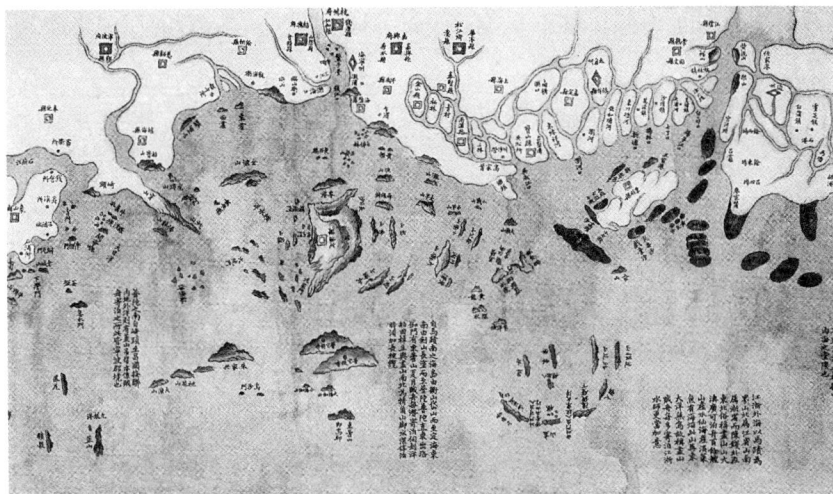

图 5　小洋山附近洋面图《中华沿海形势全图》(乾隆年间绘,局部)

二十五年(1760),江南苏松总兵为驻守小洋山而借居天后、羊公二庙的兵弁奏请添建营房十间①,据载乾隆三十年(1765)"(小洋山)驻弁兵六十六员名,渔人篷厂六十余处"②。从小洋山至大洋山、徐公(贡)等皆有采捕之人,只要持有牌照且人照相符都允许在汛期到来之时在此搭厂暂居,外洋岛屿不再作为浙省官员驱逐岛民的依据,而更多考虑岛屿各自的地理条件与商渔活动实况,"惟马迹山周二百余里,吞门二十余处,恐藏奸匪,久经封禁"③。地方官对于海洋并无匪类的奏报在此时极为常见④。江南苏松水师总兵马

---

①　(清)江南苏松水师总兵黄锡申:《奏为羊山岛添建营房以卫商民事》,朱批奏折,档号:04-01-20-0003-024,缩微号:04-01-20-001-0878,乾隆二十五年九月初九日;(清)两江总督尹继善:《奏为遵议羊山添建营房有裨海疆事》,朱批奏折,档号:04-01-20-0003-027,缩微号:04-01-20-001-0893,乾隆二十五年十二月初四日。

②　《清高宗实录》卷745"乾隆三十年九月壬寅"条,第204页。

③　《清高宗实录》卷745"乾隆三十年九月壬寅"条,第204—205页。马迹山今属舟山市今马关镇,面积1.1平方千米。见舟山市地名委员会编:《舟山海域岛礁志》,1991年,第72页。

④　如(清)江南苏松水师总兵陈伦炯:《奏报外洋督哨期满海宇宁谧及崇明沿海地方谷豆木棉收成分数事》,朱批奏折,档号:04-01-01-0016-020,缩微号:04-01-01-003-1712,乾隆二年十月初七日;(清)江南苏松水师总兵胡贵:《奏为赴外洋督巡已遍海疆宁谧事》,朱批奏折,档号:04-01-19-0002-006,缩微号:04-01-19-001-0080,乾隆十一年六月初三日。

全的奏议打破了海疆宁谧的景象,乾隆三十一年十二月初九日,他上奏道:

> 小羊山一带洋面江浙商渔云集,在山搭寮厂数十余所,其中佣工贸易不下数百人,皆系附搭渔船来山,并未另执执照。①

根据马全的上陈,这些人多附搭商船、渔船来岛并不曾取得官府颁发的执照。小洋山附近海域的混乱引起了中央对岛屿搭厂之人的警觉,兵部令沿海诸省督抚查报沿海未给执照却在岛上搭棚居住者,主要针对的是外洋岛屿②。

针对兵部的问询,最先做出回应的是山东省,相较于江南商渔船只无执照而混行入岛搭棚居住的现象,乾隆三十二年三月山东巡抚崔应阶称,山东省沿海登州、青州、莱州、武定四府稽查向来严密,而且山东省与东南沿海的海岛有着显著的地理差异:

> 武定、青州二府所属海口,出口即属海口,近岸之处多有海岛,大抵皆系卷石孤屿,不堪居住,其岛形略大,局面稍宽之处,则每处各设有兵役稽查及战船往来巡逻,要皆离岸不过十数里及二三十里之遥,别无海外山场堪以搭厂居住,所有东省海面情形与江省小洋山不同,并无未给执照人等混行出口于山内搭厂居住情事。③

山东由于外洋岛屿多不适合居住,有居民的岛屿又多为离岸较近的岛

---

① （清）山东巡抚崔应阶:《奏为查明山东省海面情形并无未给执照人等混行出口于山岛搭厂居住事》,朱批奏折,档号:04-01-01-0270-062,缩微号:04-01-01-037-1904,乾隆三十二年三月二十六日。

② （清）山东巡抚崔应阶:《奏为查明山东省海面情形并无未给执照人等混行出口于山岛搭厂居住事》,朱批奏折,档号:04-01-01-0270-062,缩微号:04-01-01-037-1904,乾隆三十二年(1767)三月二十六日。关于兵部令沿海各省彻查海岛之令见于各省奏报,笔者暂未找到兵部的咨文。

③ （清）山东巡抚崔应阶:《奏为查明山东省海面情形并无未给执照人等混行出口于山岛搭厂居住事》,朱批奏折,档号:04-01-01-0270-062,缩微号:04-01-01-037-1904,乾隆三十二年三月二十六日。

屿,有兵役驻守巡逻。据笔者所查,山东省海岛兵役之设,始自乾隆二十九年(1764),督抚檄令"查战船有捕盗专责,但巡游无定,未便常川守岛,应令州县与营汛各照所管海岛即责成查岛兵役备带器械,潜行巡查,如获匪船即便查拿,如兵役避差不到或在岛滋事,该管官查出严加究治,仍准其按月换班"①。兵役所设之处主要是有居民岛屿或可湾泊、有淡水岛屿,而"偏僻闲旷之处及不可泊船又无薪水之岛似无庸设立岛役,徒劳无益",所派兵役数额也有定例,除了稽查匪船尚且负有监察水师哨弁勤惰之责:

> 查海岛之中,多有人民居住,沿海亦有营汛墩房及巡查弓兵、海差等官役,嗣后战船出洋后,文职则责成州县,武职则责成沿海将备各按所管境汛派拨强壮兵役各三名赴岛稽查,将某号战船某日巡至某处,因何事在某岛收泊几日,何日开行,各报该管文武衙门转报臣察核,如有无故停泊日久,不行游巡,将该船将弁兵丁分别处治。②

由文献可知,有居民岛原本由各州县官派遣弓兵、海差负责巡逻和税收,但皆为不定时遣往③。自乾隆二十九年后,改由州县官与沿海将备各派三名兵役随战船赴岛稽查。登州水师营游击吕明辅在接到山东督抚的檄令后,造具了岛屿清册,"何岛应设巡役之处,卑职未及深悉,不敢草率注详,伏启宪台檄饬该管地方文武自行详加酌议,卑职谨将遵奉宪饬缘由并海疆清醒列册绘图,详呈宪台查核批示"。

山东省何处设有岛役,笔者尚未找到山东督抚的批示和地方文武的讨论。据吕明辅所报登、莱二府三汛的84处岛屿中,有居民岛屿10余处,可湾泊船只的19处:

---

① (清)山东登州水师营游击吕明辅:《奏呈山东登、莱二府东北南三汛岛屿清册》,录副奏折,档号:03-0364-075,缩微号:024-1321,乾隆二十九年。
② (清)山东登州水师营游击吕明辅:《奏呈山东登、莱二府东北南三汛岛屿清册》,录副奏折,档号:03-0364-075,缩微号:024-1321,乾隆二十九年。
③ 海差一职,常见于滨海之区,应是负责沿海税务的吏役。

水师三汛共计岛屿八十四处，据留传图单内开可湾泊船者仅得十数处，即如南汛有古镇、唐岛、青岛、浮岛、田横、行村、乳山、棉花、海阳所、靖海卫等十岛，东汛有马头嘴、俚岛、碙矶岛、青鱼滩、龙口崖等五岛，北汛有刘公岛、养马岛、八角口、庙岛等四岛，三汛共计一十九岛，其余岛屿非系水浅即系石礁均难收船避风。①

有居民岛屿则是刘公岛、养马岛、崆峒岛、灵山岛、黄岛、宫家岛、马官岛、斋堂岛、砣矶岛等处（见表6），可以肯定的是，自乾隆二十九年（1764）开始设有兵役稽查的岛屿大致为此清册中注明可湾泊、有居民的岛屿。而且，清代登州是山东海防重点，登州镇水师营在各处海岛驻守甚为严密。（见图6）除登、莱外，山东省沿海武定、青州二府岛屿数量很少且多卷石孤屿。据乾隆五十五年（1790）山东省统计，全省岛屿数目为94处②（见表7）。因此，吕明辅所奏报的登、莱二府84处岛屿的居民和湾泊情况可以大致反映山东一省的状况。与山东省设兵役稽查海岛相比，闽、浙、粤三省岛屿皆数百处之多，多为小岛，无法一一设兵，无照之人藏匿情形非常普遍，这也是东南沿海一带对民众无照居留海岛的禁令难以贯彻的主要原因。

继山东巡抚的奏报，乾隆三十二年（1767）五月，两江总督高晋的奏报值得注意，他不是将小洋山无照之人安插回籍，而是令官给印照、编入保甲，赋予其合法地位，并建议从驻山渔户中遴选老成明白之人认充厂头，由巡山员弁遴选报明，"将备移会巡道转行地方官取具原籍里邻保结，准其充当，即将各澳驻山渔户责成各厂头分管约束，平时令巡山员弁将厂头渔户一体稽查"，同时高晋对于兵部特别提到的马迹、扁礁、徐贡、陈钱等永行禁止采捕之处称并无违禁樵采驻山民人③，同年七月十一日兵部准高晋等所请，

① （清）山东登州水师营游击吕明辅：《奏呈山东登、莱二府东北南三汛岛屿清册》，录副奏折，档号：03-0364-075，缩微号：024-1321，乾隆二十九年。
② 又有载山东一省岛屿总数为105，见《清会典事例》卷210《户部·海运》，第467页。
③ （清）两江总督高晋、江苏巡抚明德：《奏为查议小羊山棚厂照依保甲之法编立厂头经管实在情形并立法稽查事》，朱批奏折，档号：04-01-02-0020-007，缩微号：04-01-02-001-1450，乾隆三十二年五月二十六日。

"江南小羊山棚厂樵采人等令官给印照,按册查验",这无疑认可了无照之人在外洋岛屿的非法居留。同时,兵部惩处了疏漏隐匿的兵弁,并规定:

> 嗣后凡有赴山佣工贸易地方官给与印票,守口官弁稽查验放,并该山岙口六处,每岙官设厂头一名,分管约束,倘仍有无照之人混迹采樵除照例押回原籍究治外,即将疏漏之守口各员弁分别参处。①

鉴于闽、浙、粤三省迟迟不见上报,紧接着,七月二十一日,兵部再次咨文地方令查明沿海未给执照之人混行出入于山内搭棚居住情事。在第二次兵部咨文下达后不久,闰七月,闽浙总督苏昌、浙江巡抚熊学鹏回复兵部咨议:

> 查附近定海县衢山之倒斗岙、沙塘、癞头屿、小衢山等处查属禁地,但每年春冬渔期有暂时搭彼贮畚贸易,又宁海县之金漆门、林门二处,每当鱼汛时,亦有暂时搭厂贸易之人,海洋关系綦重,自应严密巡防。所有搭彼贸易渔船,应令各将弁查明执照于何日搭厂,何日撤回之处一一造册禀报,加意巡察。②

闽浙官员在此提出对衢山、癞头屿、金漆门等封禁岛屿要查明执照、何日搭厂、何日撤回,意在承认渔民在外洋岛屿搭厂挂网的合法性。这里的衢山、倒斗岙及其北面的马迹等山均地处外洋,华亭、松江、鄞县、镇海等县民多有在此砍柴、采蕨,遂搭棚居住渐成村落。雍正八年(1730)正月,为防接济匪类,李卫檄令驱逐拆毁,"前项砍柴民人偷越浙洋在于衢山、倒斗等岙搭盖各棚厂,速饬查明限以日月,勒令查行拆棚搬回进口,永禁不许再往盖厂"③。可见,从之前被禁止搭寮居住到允许执照人等居住以及为滞留海岛之人颁发执照,地方政府对于外洋岛屿的管理有了很大

---

① 《清高宗实录》卷787"乾隆三十二年七月壬申"条,第674页。
② 《清高宗实录》卷789"乾隆三十二年闰七月丙午"条,第702—703页。
③ 《浙江通志》卷96《海防二》,雍正年间修,第1731页。

放宽。

乾隆三十二年(1767)八月初十，两广总督李侍尧解释了广东省迟迟未报，是因前任总督杨廷章未曾核实，并间接陈述广东沿海岛屿稽查的艰难，"粤东地处边防，各属港汊多崎，在在可达外洋"，广东省无照搭厂之人必不在少数，而李侍尧相比闽浙总督苏昌的奏报则显得过于简略和笼统，"未经给照人等混迹出入在山搭棚居住情事，各属岛屿，六年(1741)永禁采捕山场，日久懈弛之处，臣惟有不时严饬文武员弁，于出海口岸实力盘验稽查"①。李侍尧将未给执照混迹情形统归为乾隆六年永禁之岛屿，并不承认未给执照之人在其他岛屿上采捕。乾隆六年距此时奏报已过去二十六年，封禁岛屿有哪些，奏折中并未详述。事实上，在渔民越境和赴外洋岛屿搭厂挂网难以遏制的情形下，广东地方对于外洋搭寮之人的给照已非常宽松。有江牡屿位于海丰县长沙港西南外洋中②，乾隆二十一年(1756)，据海丰县称"查该屿独处海中，徐元英等在彼居住"，"请将该屿居住之人查明年籍，交着长沙港澳甲约束，仍令不时亲往查察，朔望赴县递具并无为匪甘结存案，仍移会营员每季驾桨船稽查一次。倘有容留面生可疑之人及囤积违禁货物，即行据实禀报查究"③。

这样，自北向南各省督抚都向兵部回复了查勘沿海岛屿情况，旨在对无执照之人的稽查成为补发执照的行动，兵部除准地方所请外并无颁行新的治理措施，除对个别封禁岛屿如马迹、扁礁、徐公(贡)等重申禁令外，那些未再申明封禁的岛屿反而在这次彻查中被允许搭寮暂住，岛民在岛屿的居住权和开发权得到公开认可。笔者未找到下级官员对此次针对外洋岛屿彻查事件的记载，但可推测督抚们对沿海外洋岛屿情况的奏报来自于沿海州县官，尤其是东南沿海督抚向兵部提出为无照之人补发执照并开发一些禁岛给渔民暂住，均能看出地方和中央对海岛开发的博弈。在这次彻查中，民

① 《两广总督李侍尧奏报查禁私出海口船只折》，乾隆三十二年八月初十，《清宫粤港澳商贸档案全集》第4册第428条，军机处录副奏折，第2379—2380页。

② 《广东通志》卷124《海防略》将江牡屿标为外洋，道光二年刻本，第2154页。内外洋划分应是在乾隆年间已大致确定，但也存在江牡屿道光年间被划为外洋的可能。

③ 《广东海防汇览》卷33《保甲》，第854页。长沙港口有巡检司、长沙炮台。

众虽仅被允许汛期在外洋岛屿搭盖棚厂，但冬季汛期结束，内港处水温降低，鱼类洄游至深海处，故而冬季仍有不少渔民和雇工滞留外洋作业。据驻小洋山外委徐铨禀称："羊山因今年逢闰蜇期较早，渔船俱已回籍，其在山场户、佣业人等皆系人照相符。"①可见，在渔期结束渔民回籍后，岛上仍有常住居民。

乾隆三十六年（1771），苏松总兵刘鹏程稽查小洋山，奏报："今春渔民及佣工艺业人等逐一点验，共有四百八名，俱系搭盖草棚一百六十余所居住，核其人照俱各相符，询及渔期春夏之交，出渔甚旺，商渔俱各安业。"②除临时搭住的商人、佣工、渔户外，小羊山的居民须持有政府颁发的执照方为合法，这项在地方早已施行并获得中央默许的制度终于在乾隆三十九年（1774）由中央出台了正式的规定：

> 三十九年奏准，江南小羊山地方如有赴山佣工贸易者，地方官给予印票，守口员弁稽查验放。③

允许民众在外洋岛屿晾晒搭寮、佣工贸易，虽规定鱼汛过后必须撤走，"船离则拆"，不许常住，但实际情况显然相差甚远。如同前文提到的竿塘十四岛被禁止垦复，外洋岛屿未被官方划入积极开拓的疆域，实际却在民众日复一日的经营与地方官的默许下，从追逐鱼汛到结棚挂网的临时渔寮发展成渔农聚落。如此，内外洋岛屿渐渐不作为民众居住与否的必须参考，更多地成为水师汛哨分责的标准。

---

① （清）江南苏松水师总兵陈杰：《奏报秋季督巡内外洋面安靖情形及稻谷收成粮价事》，朱批奏折，档号：04-01-03-0028-014，缩微号：04-01-03-001-2190，乾隆三十五年九月二十四日。

② （清）两江总督高晋：《奏为署苏松总兵刘鹏程率同官兵巡历外洋各山岛俱安靖事》，朱批奏折，档号：04-01-01-0297-033，缩微号：04-01-01-040-2844，乾隆三十六年六月初二日。

③ 《清会典事例》卷630《兵部·绿营处分例·海禁二》，第1162页。

表 6　乾隆二十九年山东登、莱二府东、北、南三汛岛屿清册

辖区	海域	岛屿、海口名称	湾泊情况	居民情况	备注
南汛西南	胶州府海口	头营口	战船出哨发源处所		
		黄岛	不可停泊船只	有居民	
		陈家岛	口窄，船不能入		
		连岛	内俱石礁，不可泊船		
		槟榔岛	海中悬岛		
		竹岔岛	可暂寄锚		
		水灵山	厂洋浪紧，船不能入	有居民	即灵山岛
		小岔岛	水浅暗礁不可泊船		
		唐岛	可泊战船		炮台 1 座
		柴胡荡	不可泊船		
		古镇口	可寄锚采取薪水		炮台 1 座
	诸城县	曹家口	战船不可湾泊，平地小沙船可入		
		琅琊台	水底暗礁，不可泊船		
		斋堂岛	不可泊船	有居民	
		董家口	水浅战船不能入		
		宋家岛	水浅不能入		
	日照县	龙汪口	战船不可停泊		
		涛雒口	战船不可停泊		炮台 1 座
		夹仓口	战船不可停泊		炮台 1 座
		安东卫	战船不可停泊		
		岚山头	战船不可停泊		
		莺游门	战船不可停泊		山东、江南交界

续表

辖区	海域	岛屿、海口名称	湾泊情况	居民情况	备注
南汛东北	即墨县海口	青岛	可寄锚		炮台1座
		会岛	不可泊船		
		阴岛	不可泊船		
		浮山所	可寄锚采取薪水		
		巉山	可寄锚		炮台1座
		浮岛	可泊战船		炮台1座
		崂山头下清宫	不可泊船		
		田横岛	可泊战船		
		黄龙庄	可寄锚		炮台1座
		古迹洋	海中悬岛		
		大关岛	海中悬岛		
		小关岛	海中悬岛		
		车门岛	海中悬岛		
	莱阳县海口	香岛	不可泊船		
	海阳县海口	大山	石礁,不可泊船		
		行村口	可寄锚采取薪水		
		乳山口	可泊战船采取薪水,商船必由之路		
		棉花岛	间有商船停泊		
		黄岛	可寄锚		炮台1座
		宫家岛		有居民	
		土埠岛	海中悬岛		
		马官岛	可寄锚采取薪水	有居民	
		泥岛	闲旷		
		鲁岛	闲旷		
		竹岛	闲旷		
		母猪岛	闲旷		
		千里岛	孤悬海内		
		小青岛	闲旷		
		海阳所	可暂寄锚		炮台1座
		牙岛	闲旷		
		丁字嘴	可寄锚		炮台1座
	文登县海口	五垒岛	不可泊船		
		靖海卫	可寄锚		
	文登县东路	马头嘴	可泊战船,商船往来要道		东、南二汛交界

169

辖区	海域	岛屿、海口名称	湾泊情况	居民情况	备注
成山汛东北		琵琶岛	水浅,不可泊船		
		张濛岛	不可泊船		
		桑岛	不可泊船		
		墨岛	不可泊船		
		甏岛	不可泊船		
		裡岛	不可泊船		
		威海卫	可泊战船,商船必经之路	有居民	
		祭祀炮台	可寄锚		
	荣城县西南	苏山	不可泊船		洪涛巨浪
		石岛	暂可泊船		
		碍矶岛	厂洋暗礁,不可泊船		又名模榔岛
		倭岛	闲旷		
		青鱼滩	可取薪水,船难停泊		
		俚岛	湾泊要道		
		养鱼池	可泊战船		东汛出哨源头
	容城县东北	龙口崖	可采取薪水、寄锚		又名龙须岛
		海驴岛	民船可寄锚,采取薪水		
		始皇桥	不可泊船		
		成山头	不可泊船		北、东汛交界
北汛东路	福山县海口	八角口	商船要道,有薪水可采取,战船可停泊		
		芝罘岛	商船要道,有薪水可采取		
		大河口	沙淤水浅,不可泊船		
	宁海州海口	养马岛	可泊战船,采取薪水	有居民	
		崆峒岛	可泊战船,采取薪水	有居民	
		浮山岛	海中孤岛		
		栲栳岛	海中孤岛		
	文登县	刘公岛	商船要道,战船可湾泊,有薪水	有居民	

续表

辖区	海域	岛屿、海口名称	湾泊情况	居民情况	备注
北汛东北	蓬莱县海口	天桥口	可泊战船		北汛出哨源头
		庙岛	可泊战船,商船要道		
		砣矶岛	可采薪水,战船不可湾泊	有居民	
		大钦岛	可采薪水,平底民船可寄锚		
		小钦岛	可采薪水,民船可寄锚		
		南隍城	可采薪水,民船可寄锚		
		北隍城	可采薪水,民船可寄锚		
		大竹山	不可泊船		顽石高岸
		小竹山	不可泊船		顽石高岸
北汛西路	蓬莱县	牟牛岛	不可泊船		顽石高岸
		猴鸡岛	不可泊船		水底暗礁
		长山岛	民船可寄锚,采取薪水		
		大黑山	民船可寄锚,采取薪水		
		小黑山	民船可寄锚,采取薪水		
		高山	不可泊船		顽石高岸
	黄县海口	桑岛	可泊船,采取薪水		
		屺坶岛	可泊船,采取薪水		
		依岛	闲旷		
		黄河营	不可泊船		
	掖县海口	三山岛	不可泊船		淤塞
		小石岛	可采薪水,可寄锚		
		芙蓉岛	闲旷		

注:该表包括了山东登州营吕明辅奏报的84处岛屿和21处海口。吕明辅对有居民岛屿状况的记录应有遗漏,据雍正九年山东巡抚岳濬的奏报,大小黑山岛、长山岛、庙岛皆有居民,见前文。且据乾隆五十五年至六十年的奏报,山东一省有居民岛屿为30余处,这些岛屿主要集中在登、莱二府。

资料来源:(清)山东登州水师营游击吕明辅:《奏呈山东登、莱二府东、北、南三汛岛屿清册》,录副奏折,档号:03-0364-075,缩微号:024-1321,乾隆二十九年。

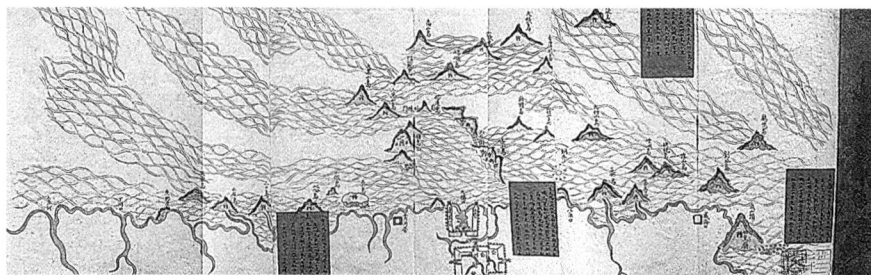

图 6　山东登州镇标水师前营北汛海口岛屿图

第七章　岛民管理政策的讨论与推广

第一节　海岛开复的新形势:安置流民

据乾隆帝自己的说法,乾隆朝人口是康熙朝的 15 倍,这使得大量的边疆土地得到开垦,"滋生人丁日益夥颐,视圣祖时且十五倍有奇,谕谓犹幸朕临御以来辟土开疆幅员日廓,小民皆得开垦边外地土,以藉暂谋口食,大矣哉"。① 据学者何炳棣研究,清朝人口增长率在乾隆末年前后达到高峰②。乾隆五十八年(1793),洪亮吉在其《卷施阁集》中认为康乾之际的 100 年以来,清代户口增加了 20 倍:"其户口则视三十年以前增五倍焉,视六十年以前增十倍焉,视百年百数十年以前不啻增二十倍焉。"但田地与房屋并没有得到相应的增长,"户口则增至十倍二十倍,是田与屋之数常处其不足"③。加上,乾隆朝洪水、干旱、地震、蝗虫等自然灾害频仍使得民众失

---

① 《清朝续文献通考》卷 25《户口考一》,浙江古籍出版社 2000 年版,第 7756 页。

② [美]何炳棣:《明初以降人口及其相关问题(1368—1953)》,生活·读书·新知三联书店 2000 年版,第 75—76 页。人丁税废除后,乾隆帝更为强调实际人口的编查,史料中呈现乾隆朝人口数量增长也和此时人口登记制度有关。对于人口增长率在乾隆末年达到高峰,何炳棣认为太平天国以前国家权力尚为集中,而保甲制度将人口登记作为重要职能是在乾隆四十年冬开始的,乾隆四十四年以后保甲制度才在全国有了统一的落实,故而这一结论是将乾隆四十四年人口作为基数,道光三十年作为结束得出的。

③ (清)洪亮吉:《卷施阁集》文甲集卷 1《治平篇》,光绪三年洪氏授经堂刻洪北江全集增修本。

业、流徙,造成人口流动性的加强①,"各省刁民有于秋收后将粮食器具寄顿亲族,挈家外出冒称流民者;又有灾地贫民,领得赈票转卖得钱流移外出者;又有一半在家领赈,一半充作流民者"②。为寻得更多的生存资源和生存空间,人口大量从已开发地区向外迁移,四川、东北、台湾等地皆在此时迎来了移民的高潮,大陆沿岸的海洋移民迅速膨胀,向偏远的海域迁移③。

海洋经济的发展与人口的增加推动了移民向海洋的流动,地方政府对海岛搭寮的放宽促使流民涌向海岛,除少数封禁岛屿外,民众若拥有执照便可在汛期赴岛打鱼、佣工、贸易。随着捕捞活动的日渐频繁和海岛耕地的随之开发,乾隆中后期,越来越多未经开发的、狭小的、偏远的海岛出现了居民。但实际情况并不允许笔者对清代海岛人口的增长数字做一个全面统计,因为除了有独立行政机构的岛屿外,大多数的海岛附属于沿海各县,地方志中将海岛田地、岛民数量单独列出的情况并不多见。海岛田地与人户被山塘、湖地、田园以及灶户、渔户这样的名目掩盖,我们难以统计在这一时期各个海岛人口与耕地的数字,如福州府闽县就含糊不清地囊括了海中岛屿"海咸山脊垦荒田地七十一顷五亩七厘有奇"④。

通过一些海岛地方志的有限资料,能够管窥康乾沿海经济发展与人口变迁过程中海岛人口的增长情况。据雍正十年(1732)《特开玉环志》所载玉环厅"户口共 2782 户,男 14226 丁,女 5390 口,男女共 19616 丁口"⑤。光绪三年(1877)编查共 27205 户,男 72129 丁,女 51729 口⑥,共 123858 丁口,较雍正十年户数增 24423 户,涨幅 878%;丁口增 104242,增幅 530%。

---

① 有关此时的社会问题可见:[美]韩书瑞、罗友枝著,陈仲丹译:《18 世纪中国社会》,江苏人民出版社 2009 年版;[法]魏丕信著,徐建青译:《18 世纪中国的官僚制度与荒政》,江苏人民出版社 2003 年版。

② 《清高宗实录》卷 314 "乾隆十三年五月己丑" 条,第 153 页。有关人口增长与人口流动参见郭松义:《清代的人口增长与人口流迁》,《清史论丛》第 5 辑。

③ 可参见杨国桢等:《明清中国沿海社会与海外移民》,高等教育出版社 1997 年版;庄国土:《17—18 世纪闽南人移民海外原因分析——以闽南人移民台湾为例》,《华侨华人历史研究》2001 年第 1 期。

④ 《福州府志》卷 10《田赋》,乾隆十九年修,第 203 页。

⑤ 《特开玉环志》卷 3《户口》,第 8 页。

⑥ 《玉环厅志》卷 3《户口》,光绪十四年增刻本,第 1 页。

康熙五十一年(1712)滋生人丁永不加赋的诏书大大降低了编查丁数的重要性。丁数成为缴纳赋税的单位而经年沿袭,不再是反映人口规模的实数。不过,对于玉环诸岛来说,雍正十年(1732)新辟之时所统计的户口数字虽不免漏报,但仍具有较高的可信度。自乾隆朝以后,为了掌握实际人口数量同时编排保甲、发放门牌,清代地方官会定期编查烟户,该数字能在一定程度上反映定居人口的规模,据乾隆《南澳志》载,雍正十年初设南澳同知时"澳城内外兵多民少"[1],到乾隆三十六年(1771)编查烟户,深澳1781户,男4185丁,女2475口;青澳198户,男704丁,女298口;云澳563户,男1553丁,女878口;隆澳781户,男3465丁,女1788口,共计男女15346丁口。据乾隆四十年(1775)编查烟户,深澳1397户,男4127丁,女2611口;青澳199户,男831丁,女402口;云澳571户,男2622丁,女1531口;隆澳785户,男3582丁,女1643口,共计男女17349丁口[2]。从南澳岛男女丁口数来看,从乾隆三十六年到乾隆四十年,短短四年增长了2003丁口,涨幅13%。

经过了从康熙朝至乾隆朝一百年的开发,面积较小、离海较远的岛屿也已蔚然成村落。居住之人多属无所依靠的穷困之人,其生活离不开船只,即使是海岛上的耕作之户在鱼汛到来之时也要漂泊于海上从事采捕,大多岛民须靠打鱼来取得生活补给,岛民生活困窘,"列岛渔民板户止有草盖厂屋,除大岛及市集外,盖未见瓦屋"[3]。甚至土地开发较为成熟的舟山群岛一带的农户也是如此,"岛户以产米不敷,所食每饭必杂以补充粮食如薯丝包粟等",这与大陆居民依靠个人或家庭力量使用简陋工具就可获得劳动产品的生产方式相去甚远。虽然一些海岛因居住年久、面积较大被政府划入体制之内,之后发展成为成熟的社区村落。但大多沿海岛屿尤其是外洋

①　(清)齐翀纂修:《南澳志》卷4《宦绩》,乾隆四十八年刻本,第47页。
②　《南澳志》卷5《户口》,乾隆四十八年刻本,第55页。"烟户"指有入籍之人"正天下之户籍,凡各省诸色人户,有司察其数而岁报于部,曰烟户",见(清)昆冈续修:《清会典》卷17《户部》,第175页。
③　《定海县志》册三《食货志》,民国十三年铅印本,台北成文出版社1970年版,第307页。

岛屿长期未能给予足够的重视,活跃在这里的人群始终处于国家正统化的边缘。穆黛安对华南水上世界的描述用来形容大多数的岛民也十分贴切："这是一个官方和现实的世界未能为了共同利益而结合为一体的地区——包括沿海岛屿和国际边界——以致海盗活动的滋生成了自然的事情。"①

对于民盗消长,康熙帝在谈及福建外洋尽山、花鸟等岛潜藏之人时说,"朕知俱是渔船上的人,且守口的兵渔船上出入俱要钱,譬如打有鱼的有钱给他,打不出鱼的那里的钱给他,没钱不得进口,又回不得去,没奈何抢人东西食,一个船抢食两个船,抢食就成贼了"②。即使许多岛民不愿从事劫掠活动,"盗匪上岛,抢劫幼孩,经该处民人拾石抛掷伤毙匪犯二人,余匪挟雠于次早驾船四只,每船约十余人登岸报复,放火烧毁草厂四十余间"③,然面临穷困、兵弁需索或海盗威逼之时他们也会通过为海盗探听信息、销变赃物、寄泊船只来谋得生存。岛民在被推向生存边缘时,海盗活动作为一种临时生存策略便成了顺理成章的事,海盗活动成为渔民、灶户、耕户迫于生计而采取的冒险活动④。故而当岛上人群急剧增多的时候,民与盗的身份越来越难区分,他们纠聚海上,时而为"民"时而为"盗",对他们的讨论最终被推上了国家议事日程。

第二节　东南沿海督抚对驱逐岛民的争议

清廷起初并未留意到海岛居民问题,"各处海岛向来惟有渔船遭风暂

---

① ［美］穆黛安:《华南海盗(1790—1810)》,中国社会科学出版社1997年版。
② 《海坛总兵程汉鹏奏报钦遵圣谕严禁兵丁勒索渔船折》,《康熙朝汉文朱批奏折汇编》第7册第2106条,第101页。
③ 《乾隆朝上谕档》第17册,乾隆五十八年五月初四日,第331页。此为闽浙总督伍拉纳奏台州洋面盗匪登岸肆劫案。
④ 有关海盗的经济影响可参见安乐博:《中国南方的海盗活动及影子经济(1780—1810)》,载李庆新主编:《海洋史研究》第二辑,社会科学文献出版社2011年版,第183—201页。

时搭寮栖泊"①,这种印象在乾隆末年之所以扭转源于盗贼的增多,尤以东南沿海的海疆形势最为严峻,缉盗成为各省督抚、水师员弁政绩的重要考量标准。大概从乾隆五十四年(1789)左右,乾隆特别重视海盗出没的消息,在奏折中一再指示地方官留意海盗活动,并对各省地方官互相推诿捏报极为不满。乾隆五十六年(1791),水师在浙江与福建一带海上捕获海盗110余名,不久后又逮捕了318名,被捕者多为沿海地方居民,他们不只袭击商旅,亦袭击巡逻哨船②。正如前文所述,海盗增多的原因是多方面的,他们将沿海岛屿作为巢穴,根据地主要在浙江省舟山群岛到温州的沿海岛屿,以及福建到广东的沿海岛屿,其活动海域遍及中国沿海各地。尽管清廷水师汛哨体系旨在缉盗,但混乱和重叠的军事机构分散而零星,难以严密控制分布广泛的海岛,以致"海洋僻壤、渔船会聚之处,纠党制械,肆行劫掠"③,遇到兵船出洋缉捕,则远匿海岛④。回应乾隆针对海盗问题的接连责问,沿海官员曾通过划定洋界、加重兵弁奖罚、加紧巡防等方式希望熄灭盗风,但海盗气焰并未被打压。

于是,有人提出洋盗的增多与海岛聚众太多有关,"近来洋盗之多,总由于海岛聚集之人太众,且历次浙江、广东捕获王崐山、王马盛各案盗犯,审明皆是隶籍福建之人"⑤。这个人正是浙江布政使顾学潮,其在热河面见乾隆帝时奏改造海船、焚毁海岛房屋草寮二事,称"各岛屿地面多竟有搭寮房屋之事,以致日聚日多,无从查察",乾隆当时并无异议,遂令军机处大臣和珅与顾学潮共同商议,乾隆五十四年六月二十日,和珅奏请清查闽省漳、泉地方海盗出没岛屿,"现在各处海岛一时难以清察,惟有于闽漳、泉地方盗犯出没之所,设法禁止,严行稽查"。对福建省的清查延伸至整个沿海,奏

---

① 《乾隆朝上谕档》第15册,乾隆五十四年六月二十日,第29页。

② 《乾隆朝上谕档》第16册,乾隆五十六年三月十一日,第204—220页。

③ (清)卢坤、邓廷桢主编:《广东海防汇览》卷33《保甲》,河北人民出版社2009年版,第862—863页。

④ 可参见[日]松浦章著,李小林译:《明清时代的海盗》,《清史研究》1997年第1期。

⑤ 《乾隆朝上谕档》第15册,乾隆五十四年六月二十日,第29页。

中令"该镇将督同弁兵于出巡时奋勇搜捕,见有在岛内搭盖草房屋者,立即烧毁",和珅虽称有了严格的章程则海岛既无房屋也无从窝聚,"盗风可以渐戢",但也一再说明这是与顾学潮商议的结果。此议得到乾隆皇帝首肯,并于六月二十一日批示沿海各省各督抚将海岛建房居住情况统计于年底奏报①。福建省漳、泉的清查行动推行至沿海各省,搭寮之人多属无籍流民违禁私占,若果真执行此令意味着沿海岛屿房寮面临"尽行拆毁"的局面。

顾学潮,江南苏州府元和县人,由附生中举人就州判职加捐知县,因表现卓异由一介微员升任河间府知府、保定府知府,乾隆五十一年(1786)由直隶清河道擢升至浙江布政使司,此时在热河面圣的顾学潮已是73岁高龄,到浙以后对地方事宜一直未有整顿,故在热河时被乾隆屡次问及,遂以改造海船、焚毁海岛房屋草寮二事面奏②。

对于拆毁海岛房屋"依议速行"的批示与乾隆对沿海局势的不甚了解有关。其实,海岛聚众已久,督抚大员之所以无人提及,根本原因在于问题一旦提出,相应的解决之策和落实之责又将成为各省的新难题。目前,水师废弛使大范围清查海岛变得很困难,就连和珅等人亦深知各省水师虚应故事已是常态,"于附近海汊处所将船收泊,并不认真巡哨"。清廷在海上所具有的水师稽查力量并不足以对付日聚日多的民众,星罗棋布的海上布防原本就极为分散又大多位于海口内港,加之乾隆末年武备循守成规、战船性能低劣等弊端制约着水师的战斗力③。据乾隆二十四年(1759)王进泰奏:"时值春操赴崇明查阅,只有出巡船只五只,其余各营战船俱交厂修造,无船可操"④。就在乾隆五十四年(1789),广东官员还在抱怨战船笨重难以

---

① 《乾隆朝上谕档》第15册,中国档案出版社1997年版,第30页。
② 《呈直隶保定府知府顾学潮履历单》,档号:04-01-13-0067-053,缩微号:04-01-13-003-2808,乾隆四十七年。顾学潮,乾隆二十六年大计卓异,二十七年调繁汾阳县,二十八年保举堪胜府,二十九年四月奉旨升受直隶滦州知州,三十四年二月奉旨升受浙江金华府知府,四十六年大计卓异,四十七年升任保定府知府。
③ 参见王宏斌:《清代前期海防:思想与制度》,社会科学文献出版社2002年版。
④ 《清高宗实录》卷586"乾隆二十四年五月甲申"条,第501页。

冲风破浪,出洋巡哨皆雇用商民船只①。船只修造不及时、营弁偷减物料或逃避出巡任务频频见于奏报。而据蓝鼎元记载,即使在海防素称严密的雍正时期,军队的巡哨范围也只是在离岸10余里而已,清查海岛谈何容易?

驱逐岛民很快便受到地方督抚的质疑,乾隆五十四年十一月十五日,两广总督福康安将广东沿海岛屿的实际情形上奏,反对不作区分地驱逐岛民:

> (广东)通省自高、雷、廉、琼以至广、肇、潮、惠,处处濒临大海,袤延数千余里,其间岛屿最多,洲沙漫衍,民人占聚有年,渐成村落自千百户至万户不等。在伊等违禁私占固有应得之罪,而一经赶逐焚烧,未免人多失业,此等民人不皆籍隶本省,逐一迁回原籍,将复作何安插,若任其漂流为匪,必致滋生事端……臣节次分饬司道镇将大员确查通省洋面岛屿若干,现在占种处所若干,何处人数较多,何处人数较少,如何设法清厘,可否就地编排保甲、添驻文武弹压,稽查务须亲历其地,逐一查明户口籍贯、地址形势。②

此奏绝口不谈驱逐岛民的困难和匪徒出没之事,而从民众生计和盗乱之间的密切关系着眼,"若任其漂流为匪,必致滋生事端"。此时台湾的林爽文之乱才刚刚平息,这切中皇帝最为担忧的流民问题。对于年底奏报的期限,福康安认为未免过于仓促。对于沿海数以万计的岛民,乾隆皇帝显然缺乏足够的了解,类似于查明户口、籍贯、地址、形势等皆需文武官员亲至岛屿统计汇册,对于聚众太多的岛屿又必须添驻军队弹压,福康安为沿海诸省延长了半年的期限。大概是在等待各省的人口奏报,乾隆对驱逐抑或编甲并未明确回应。虽然展限半年,各省的奏报仍不见至京,即使对海疆奏报一

---

①　(清)两广总督福康安:《奏为查改外海内河船只及清查海岛占住居民请展限办理事》,朱批奏折,档号:04-01-30-0495-007,缩微号:04-01-03-030-1662,乾隆五十四年十一月十五日。

②　(清)两广总督福康安:《奏为查改外海内河船只及清查海岛占住居民请展限办理事》,朱批奏折,档号:04-01-30-0495-007,缩微号:04-01-03-030-1662,乾隆五十四年十一月十五日。

向快捷的山东也是如此。

乾隆五十五年（1790）九月初二，姗姗来迟的闽浙总督伍拉纳在奏折中汇报了本省居民数目，重要的是他同样反对一味驱逐岛民，"烟户稠密之处多有建盖瓦房、开设市肆、望宇对衡、俨同村落，若概行拆毁驱逐使数十万滨海谋生之民一朝失业，流离迁徙，情殊可悯。且恐糊口无资，转至漂流为匪，并或地方官办理不善，张皇惊扰，别滋事端"①。伍拉纳，满洲正黄旗人，皇室近支，和珅姻亲，任福建布政使司一职时正逢林爽文之乱，主馈军，往来蚶江、厦门，事定，赐花翎，迁河南巡抚②。伍拉纳因平定台湾林爽文之乱（1786—1788）有功，乾隆五十三年（1788）由福建布政使升任河南巡抚一职，而真正河南巡抚由惠龄署任，转眼第二年正月即擢升为闽浙总督一职，可谓恩宠正隆③。

在两广总督、闽浙总督的一致奏请下，乾隆皇帝开始重新思考岛民的安置问题，影响乾隆决策的主要有两点，一是濒海生计，二是岛民漂流为匪，乾隆曾批复"沿海民人居住海岛久已安居乐业，若遽饬令迁徙，使濒海数十万生民失其故业，情殊可悯，且恐地方官办理不善，张皇滋扰，转至漂流为匪"。乾隆五十五年（1790）九月二十七日谕令：

> 所有各省海岛除例应封禁者、久已遵行外，其余均着仍旧居住，免其驱逐。至零星散处人户，僻处海隅，地方官未必能逐加查察。所云烧毁寮房，移徙人口，亦属有名无实。今各岛聚落较多者，已免驱逐，此等零星小户，皆系贫民，亦不忍独令向隅，而渔户出洋采捕，暂在海岛搭寮栖止，更不便概行禁绝……自应听其居住，毋庸焚毁。④

① （清）闽浙总督伍拉纳：《奏为遵查闽浙两省海岛寮房分别毁逐等事》，朱批奏折，档号：04-01-03-0032-002，缩微号：04-01-03-001-2531，乾隆五十五年九月初二日。

② 《清史稿》卷339《列传第一二六·觉罗伍拉纳》，第11082页，伍拉纳因福建贪污案于乾隆六十年被处死。

③ 《清史稿》卷202《表第四二·疆臣年表六·各省巡抚》，第7720页。

④ 《乾隆朝上谕档》第15册，乾隆五十五年九月二十七日，第955页。

关键在于,该谕令有别于之前对渔民搭盖草寮颁发执照,是核心决策者对于海岛定居之民的认可。东南沿海督抚的意见之所以能使形势扭转,源于清廷对东南沿海民众一直以来的防范,这里有大规模的宗族组织、海盗团体、反政府的会党①。最先对驱逐岛民提出质疑的福康安,乾隆五十一年(1786)林爽文之乱爆发后,乾隆五十二年(1787)从陕甘总督任上以钦差协办大学士的身份赴台湾平息战乱,乾隆五十三年(1788)几乎令全台陷落的林爽文之乱终于平息。当乾隆令其考察台湾岛内情形并拟定善后措施时,福康安建议开放民人赴台,"嗣后安分良民,情愿携眷来台湾者,该地方官查实给照,准其渡海,一面移咨地方官,将眷口编入民籍。其只身民人,亦有地方官一体查明给照,移咨入籍",此奏获准②。自康熙二十五年(1686)左右就颁布了禁止携眷入台之令,虽雍正十年(1732)经过鄂弥达和高其倬的相继奏请曾准台湾立业人等携眷赴台,但乾隆五年(1740)再禁。此时放宽入台政策对于清廷来说是一次重要转变③。紧接着,乾隆五十四年(1789)令闽浙总督伍拉纳等人拟定设立官渡的办法,民人经官方给照渡台。促使政府转变对民人赴台政策的原因就在于,林爽文事件清查出大量无籍民人,福康安认为禁止民人赴岛的政策并不能消弭动乱,反而助长无籍之民的偷渡和叛乱,他主张地方官抚缉并用,在坚决驱逐匪犯的情况下对良民的生计应予以保护,令地方官将无籍之徒登记入簿编入保甲,并增加营汛添设兵弁④。在这点上,依靠平定林爽文之乱擢升的闽浙总督伍拉纳与福康安达

---

① ［英］莫里斯·佛里德曼著,刘晓春译:《中国东南的宗族组织》,上海人民出版社 2000 年版,第 177 页;庄吉发:《清代秘密会党史研究》,文史哲出版社 1994 年版;连立昌:《福建秘密社会》,福建人民出版社 1993 年版;秦宝琦:《清前期天地会研究》,中国人民大学出版社 1998 年版。

② (清)福康安:《钦差协办大学士福康安等奏擒获林爽文家眷及筹划善后事宜折》,中国人民大学清史研究所、中国第一历史档案馆合编:《天地会》第 5 册,中国人民大学出版社 1986 年版,第 99 页。

③ 关于携眷入台政策始末可见李祖基:《论清代移民台湾之政策——兼评〈中国移民史〉之"台湾移民垦殖"》,《历史研究》2001 年第 3 期。

④ (清)福康安:《钦差协办大学士福康安等奏擒获林爽文家眷及筹划善后事宜折》,中国人民大学清史研究所、中国第一历史档案馆合编:《天地会》第 4 册,中国人民大学出版社 1983 年版,第 264 页。

成共识。这种思想直接促使东南沿海督抚在处理其他岛屿的岛民问题时采取类同的做法以避免重蹈台湾林爽文之乱的覆辙①。

先前奏请焚毁海岛房屋的顾学潮也因此失去了皇帝的信任，"是顾学潮所奏两事，核之地方实在情形，俱系难行之事，可见顾学潮只以虚言塞责、全无实际，已不能胜藩司重任"，顾学潮于乾隆五十五年（1790）被革职②。

如同对大陆居民和商渔船只编排保甲，当政府发现沿海军力难以稽查和管理日渐增多的岛民时，便试图依靠民间自治来节省成本，"户口有籍可稽，奸匪亦无从托足"③。实际上，自康熙展界以来，已开复岛屿如定海、玉环、南澳早在雍正年间就开始定期提交保甲烟户册。乾隆十一年（1746）十月初十，浙江温州总兵倪鸿范提出对浙江玉环附近各岛的岛民编排保甲的建议④。为防流民为匪，就地编甲在乾隆末年更为普遍，乾隆五十三年（1788），福康安在处理台湾善后事宜时对岛上无籍之人编查保甲，"每户皆给用印手票，开载姓名、人口，分派妥员登记簿籍，事定后查拿逸匪，村民不能容隐，无不立时擒献。应令地方官推广此意，于清查叛产之便，责成族长管事，按户编甲"，福康安认为这种清查户口以搜拿匪犯的办法对于海外地方十分有效⑤。

因海禁久开、生齿日繁，一些地方官尝试对民众聚集又未在封禁之例的

---

① （清）觉罗伍拉纳：《为遵旨筹议设立官渡事宜仰祈圣鉴事》，《明清台湾档案汇编》第三辑，第 38 册，远流出版事业股份有限公司 2007 年版，第 489—490 页。

② 《乾隆朝上谕档》第 15 册，乾隆五十五年十月初八日，第 976 页。顾学潮改造海船一事，参见乾隆五十四年十一月十五日，福康安两折：《奏为查改外海内河船只及清查海岛占住居民请展限办理事》《奏为乾隆五十四年广东省修造船只分别改修停修事》，奏称外海战船不一，各就海道情形均匀配造，实为缓急足备，请均仍其旧，毋庸改造，以免更张。

③ （清）山东巡抚惠龄：《奏为海岛居民与内地悬隔筹拟仿照内地一体编立保甲并酌定章程事》，朱批奏折，档号：04-01-01-0436-005，缩微号：04-01-01-056-1445，乾隆五十六年四月初三日。

④ 《奏为玉环诸岛农渔混杂奸良莫辨会商清厘届址查编保甲事》，朱批奏折，档号：04-01-01-0128-029，缩微号：04-01-01-020-0380，乾隆十一年十月初十日。

⑤ （清）福康安：《钦差协办大学士福康安等奏擒获林爽文家眷及筹划善后事宜折》，中国人民大学清史研究所、中国第一历史档案馆合编：《天地会》第 5 册，中国人民大学出版社 1983 年版，第 98—99 页。

岛屿编排保甲，如据乾隆五十五年十二月惠龄奏报山东省 30 处居民岛屿中向有保甲稽查①，福建省伍拉纳奏报中也说一些"业经编甲输粮"之岛，应免其驱逐。此次中央颁行全国的岛民政策，其实是对以往地方所行之事在更大范围的推广，"免其迁徙之劳，予以安居之乐，无不咏歌帝德，各保身家，与内地编氓无异"②。乾隆五十八年（1793），伍拉纳在编查岛民时，"奏获浙江石板殿海岛烧寮肆劫首伙各犯，审明正法"③，这里的石板殿早在雍正年间已归入玉环厅完粮纳课④，也被纳入了此次编查。

第三节　沿海各省对岛屿及居民数目的上报

在地方统计报册的岛屿中，一些有广阔而肥沃的平原可供耕种；一些则满山石头，荒山野坡，无地可耕，但周围却有着丰富的海洋资源；一些面积大且有丰富淡水资源，方便派兵驻守；一些则星罗棋布置于广阔海域，不便驻守和巡视。政策具体到地方，推行各有不同，所谓"除例应封禁、久已遵行外"，也为地方官员和民间留下游移空间。在此需要追问的是，在全国范围的岛屿居民管理中，哪些岛屿居民受到政府认可从此成为编户齐民，向政府输课供役；哪些岛屿始终作为封禁之地，赴岛居民被冠以"寇盗"头衔？岛民管理政策的推行，受到各方面复杂因素的影响，在截然不同的对待上，是什么左右着国家政策的制定？乾隆五十五年（1790）九月初二，闽浙总督伍拉纳所奏使我们得以窥见其中细节：

　　海岛较大、聚居联络，向来本不封禁，及居民虽少，附近汛地，并居住

① （清）山东巡抚惠龄：《奏报山东省本年海岛户口数目并向无居民各岛查无建房搭寮事》，朱批奏折，档号：04-01-01-0427-056，缩微号：04-01-01-055-1700，乾隆五十五年十二月二十一日。
② （清）福建巡抚浦霖：《奏为遵旨实力稽查闽省海岛居民事》，朱批奏折，档号：04-01-01-0460-009，缩微号：04-01-01-059-1483，乾隆五十九年二月十九日。
③ 《乾隆朝上谕档》第 17 册，乾隆五十八年七月二十五日，第 479 页。
④ （清）庆霖、戚学标：《太平县志》，嘉庆十五年修，第 90—91 页。

已久,业经编甲输粮者,均应仰恳天恩免其驱逐,即未经编列者,一并照例查造户口,取具连环互结,选举诚实之人充当保长、甲头,严加管束,所垦地土准其升课完粮,如有愿归内地者,悉从其便,惟内地之民不许再行搬往……至于浮沙孤岛,向无居民,虽从前未经封禁者,亦一并严行杜绝,不许搭寮潜住。惟各处渔户,每当鱼汛旺产之际,驾船出洋云集采捕,各就收泊山岛暂搭寮厂,为腌晒鱼鲞、樵采柴薪、栖息之所,渔期一过,即行拆毁,与在岛久住者本属不同,且为小民生计所关,未便概行禁阻。①

可见,就地查造户口的岛屿有两类,一是海岛较大、聚居联络、向不封禁;二是居民虽少,附近汛地并居住已久。对于浮沙孤岛,虽不允许内地之人居住,却允许鱼汛收泊山岛搭盖寮厂之人作为栖息之所。而"例应封禁"的岛屿在各省中所占比例实际上也并不高,如山东一省并无明令封禁岛屿,浙江在沿海诸省中的封禁岛屿最多,561处岛屿中共有80处例应封禁,而这80处中有11处已有人搭寮潜住,11处为渔民暂时搭寮,剩余岛屿并不适宜停泊居住。对11处搭寮潜住岛屿也并非完全驱逐,"原应封禁应行驱逐者十一处,内除宁海县所辖之南田山等四处业经迁徙外,其余太平、乐清二县所辖之柳机山等七处海岛居民,居住年久,概行驱逐,不免流离失所,准其照旧居住"②。这样算来,浙江一省只有南田等4处岛屿岛民被迁徙。广东省当时上报的岛屿总数暂时不详③,从巡抚福康安给乾隆皇帝的奏折看,全省明令封禁岛屿为涠洲、斜阳二岛以及散处外洋离汛较远的校椅湾等32

① (清)闽浙总督伍拉纳:《奏为遵查闽浙两省海岛寮房分别毁逐等事》,朱批奏折,档号:04-01-03-0032-002,缩微号:04-01-03-001-2531,乾隆五十五年九月初二日。
② 《清会典事例》卷158《户部七·户口》,第1004页。
③ 现在广东、广西二省区关于岛屿的统计数字或有一定参考价值,据广东省20世纪90年代的调查数字显示广东省海岛数量面积大于500平方米的有759个,小于500平方米的672个,常住居民岛44个,另有干出礁956个,见广东省海岛资源综合调查大队、广东省海岸带和海涂资源综合调查领导小组办公室编:《广东省海岛资源综合调查报告》,广东科技出版社1995年版,第1页。而据广西的统计,有群岛12,岛431个(其中有人居住的岛11个),群礁84个,礁473个(其中明礁79个,干出礁317个,暗礁73个,适岸礁10个),见广西壮族自治区地名委员会编:《广西海域地名志》,广西民族出版社1992年版,第1页。

处,共 34 处岛屿遭到封禁,涸洲、斜阳二岛拆毁情况未见奏报,其余 32 处共有 158 间海岛寮房被拆毁,162 户被驱逐。此外,"尚有散处外洋离汛较远,均属难以稽查而寮屋人口本属无几"之岛屿,也应概行拆毁。位于炮台、塘汛附近的 83 处沿海岛屿共 16731 户免于被驱逐,就地编排保甲:

> 除雷州府遂溪县之涸洲、斜阳二岛多有刘草种薯搭寮居住,该处逼近夷洋,易于藏奸聚患,先经委员带同兵役查拿散逐外,其余必须饬委文武大员会同亲勘,通盘筹酌、另行妥办……广州、惠州、肇庆、潮州、高州、雷州、廉州、琼州八府所属州县内,除地非沿海及并无海岛占住民人册庸置议外,合计东莞等县土名校椅湾等三十二处草寮房屋一百五十八间,共一百六十二户,或散处外洋离汛较远,均属难以稽查而寮屋人口本属无几,应请概行拆毁。其土名海南栅等八十三处,共一万六千七百三十一户,均各附近炮台塘汛,久成村市或已设有澳长稽查,历来亦无窝匪作奸之事,均惠上体圣慈免其毁逐。①

文献中提到的校椅湾(土名,现名不详)位于广东中部外洋,距东莞虎门寨南城四十余里,"在沙角炮台南,为夷船入境之要津也,山形如椅,地甚宽敞,有灵泉,清冽可饮,大旱不竭"②,属太平汛范围,其南面榕树头、腊杂尾等皆为外洋岛屿③(见图 7);海南栅位于校椅湾北面内洋,纵横各八里,周三十五里,距虎门寨城不到十里,离所属汛地太平汛较近,清代迁界前有 16 处村落④,展界后村民陆续回迁,有海南栅渡⑤。就校椅湾而言,该处有

① (清)广东巡抚福康安:《奏为海岛占盖房寮遵旨逐一查明酌拟去留事》,朱批奏折,档号:04-01-01-0427-040,缩微号:04-01-01-055-1605,乾隆五十五年五月初八日。
② (清)仲振履:《虎门览胜》,暨南大学图书馆藏汉画轩抄本,第 8 页。
③ 虎门寨位于"(东莞)县城西南五十里,界连新安县",见康熙《广东舆图》卷 1《广州府》,第 34 页。
④ (清)杜臻:《粤闽巡视纪略》卷 2,第 37 页。关于海南栅的记载还可见于(清)黄佐修:《广东通志》卷 13《舆地志一》,嘉靖年间修,"合连海,在缺口巡司之南,水通东南大洋,连深澳、桑洲、零丁诸山,而汇于此。又南,有海南栅,有居民"。
⑤ (清)郝玉麟:《广东通志》卷 15《水利》,第 413 页。

泉水，又位于番船出入虎门的必经之路，成为夷人驻泊汲水之地，"（英夷）各船不得已而出口，复又旋转在外洋校椅湾停泊多时"①，清人仲振履曾言："夷人之来，均在九、十月之交，海水春夏淡而秋冬咸，其时涓勺不可入口，断校椅之泉，截龙穴、大屿之汲，不数日，而夷人渴毙矣。"②严禁此岛应有控御夷人之目的。这里海南栅岛民的编甲和校椅湾岛民的驱逐，依据并非单是内外洋的地理位置，更重要的是校椅湾等32处海岛离汛太远。

润洲、斜阳两个禁岛毗邻安南，位于雷州府"遂溪县西南二百里大海中"③，后文详述。从康熙二十二年（1683）展界至乾隆五十五年（1790），润洲岛岛民始终未能获得王朝的承认，而其他处于外洋但汛弁易于巡视的岛屿并未在封禁之例。如雍正六年（1728），清廷驻军于外洋岛屿老万山，"中路之老万山虽属外洋，实与香山县之澳门对峙，离澳门水程相隔一百五六十里，其山周围三十余里高耸海中，凡洋船入广与各省商船往赴南洋者，收口放洋俱以此山为准，须安兵设立烟墩瞭守"④。"上、下二川延袤数百里为产盐办饷之区，为洋番南船出入必经之地"，雍正十三年（1735），新安知县王昷详请添设二汛，奉准饬行⑤。这里列出的老万山、上下川等外洋岛屿均因设汛防守并未被列为禁岛。

自乾隆五十五年谕令颁布之后，沿海山东、浙江、福建、广东各省对沿海岛屿及居民数目进行了统计，并陆续提交了海岛清册与居民数目。此后，按照规定，地方水师和县官负有每月亲赴岛屿查点的职责，年底由道府官员报给总督，再由总督奏给中央。针对此次中央谕令，未曾见到沿海的江苏、盛京奏报海岛居民情况。据笔者推测，应是由于海岛居民较少，或中央对其情况已有掌握。江苏省北部海域与山东接壤，今属南黄海辐射沙脊群，当时称

① （清）梁章钜：《浪迹丛谈》卷5《英夷》，道光二十七年刻本，《续修四库全书》第1179册，上海古籍出版社2002年版，第157页。

② （清）仲振履：《虎门览胜》，暨南大学图书馆藏汉画轩抄本，第10页。

③ 《廉州府志》卷2《疆域》，乾隆二十一年刻本，第26页。

④ 《两广总督孔毓珣奏报访闻日本情形暨广东洋面防犯缘由折》，雍正六年十一月二十二日，《清宫粤港澳商贸档案全集》第1册第85条，宫中朱批奏折，第369—370页。

⑤ 《新宁县志》卷1《民俗册·岛居》，乾隆三年刻本，第321页。

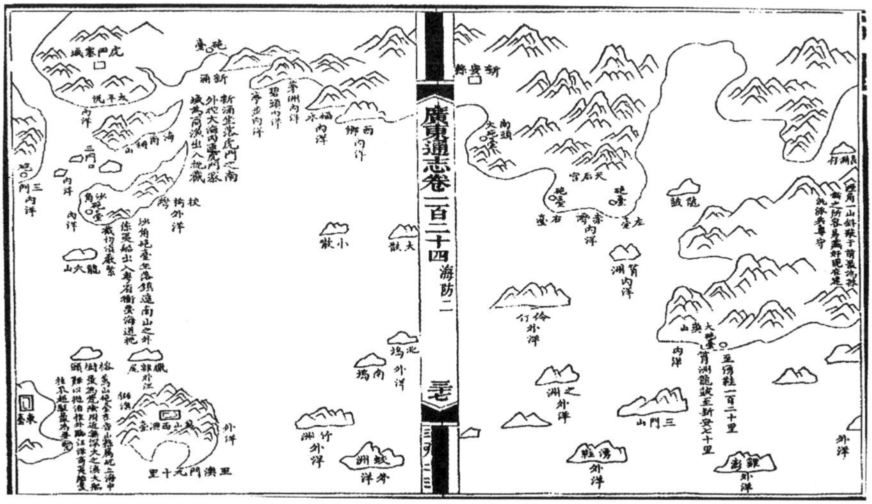

图 7　道光《广东通志》中的内外洋面图(一)

为"暗沙",主要是古长江和古黄河水下三角洲遗留的沙体,零星岛屿则多为面积很小的礁石和泥沙堆积岛,不适宜居住。南部分布有崇明岛、小洋山等少数有居民岛屿,崇明岛位于长江口入海口,岛上设有军政机构——崇明镇和崇明县。小洋山一带海域临近舟山群岛,周围约计 30 余里,共有六处澳口,每到春秋二汛江、浙两省捕鱼采蜇之人驻留岛上,除网户、舵工、水手之外,还有帮同工作之人附船到山,以及庙祝艺业之人等驻山。这里是商渔云集之地,又是江浙洋面交界处,属江南苏松镇巡视范围,有兵弁常川驻守,水师巡视稽查较为严密,"自崇明出高、廖二嘴即为外洋,大洋山屹峙于中,其北则小洋山,为江浙两省分辖会哨之处,每年派拨弁兵坐驾战船,春秋两次出巡。"①。乾隆五十八年(1793)春夏之交(渔期),苏松总兵孙全谋奏称:

> 五月初一日,奴才收泊小羊山,查照在山六呑厂头、网户人等共二百三十五名,俱有地方官印给腰牌,并无无照之人询称本年鱼期较上年颇盛,渔户咸皆乐业,当饬驻山官兵留心稽查,毋致匪徒匿迹,奴

---

① 《清高宗实录》卷 247"乾隆十年八月己巳"条,第 189 页。

才随赴徐贡、马迹、扁礁一带洋面山岛巡查，并无违禁搭寮张糊等事。①

乾隆五十八年（1793）夏秋之交（蜇期），孙全谋再报稽查情况，厂头、网户人等由春夏的 235 减少到 222 名：

> 九月初一日，奴才收泊小羊山查照在山六吞厂头、网户人等共二百二十二名，俱有地方官印给腰牌，并无无照之人，询其今秋蜇期较上年稍减，捕蜇人等咸皆安业，经令驻山官兵严密稽查，毋致匪类潜踪，奴才随往徐贡、马迹、扁礁一带洋面山岛巡查，并无违禁搭寮张网等事，复赴大七、小七各屿往来巡查，洋中均各宁静。②

盛京所辖的奉天府与锦州府（位于今辽东半岛）有州县临海，海中有大小长山岛、广鹿岛、獐子岛、石城岛、海洋岛、王家岛等，附近居民在辽东半岛同山东半岛组成的渤海海域往来穿梭，濒海地区还居住着一万余户前来贸易的福建商人。乾隆五十五年（1790）左右，地方官对奉天府、锦州府一带沿海地区的人口有一个清查，"地方官以闽人在彼贸易营生，借此多征商税，遂尔任其居住"，"渐成村落，多至万余户"，闽盗黄如玉等人在这片海域呼朋引伴、劫掠过往，乾隆皇帝并未因海盗问题而驱逐岛民，乾隆五十六年（1791）令"闽人在彼居住已非一日且户口较多，亦未便概行驱逐以至激成事端，惟有严饬该管旗民员弁编列户口清册、设立保甲、逐一清厘"③，并令奉天将军嵩春等人清查奉天、锦州、牛庄流寓闽人，后查明岫严界内石城等

---

① （清）江南苏松水师总兵孙全谋：《官奏为四月二十六日赴外洋督巡鱼汛及英国贡船二十二日过境并报崇明境内麦收分数等情形事》，朱批奏折，档号：04-01-04-0018-005，缩微号：04-01-04-001-2041，乾隆五十八年六月十二日。

② （清）江南苏松水师总兵官孙全谋：《奏为八月二十九日赴外洋督巡蜇汛情形及崇明县境秋收分数事》，朱批奏折，档号：04-01-04-0018-006，缩微号：04-01-04-001-2046，乾隆五十八年九月二十一日。

③ 《乾隆朝上谕档》第 16 册，乾隆五十六年四月初七日，第 238 页。

岛俱向有民人居住,毋庸令其迁移①。滨海之民通过海洋迁徙往来在这片海域早已司空见惯,"(失风海船)向装人载前往关东,因福山对渡,即属关东锦州红崖口地方,洋面虽有肆百余里,若遇顺风一日即可进口彼地,人民往来习以为常","至查问前往关东缘由,或称种田,或称探亲,或称携带货物贸易,或称伴送闺女完姻,或称搬移家眷各等因"②。中央对于闽人流至辽东海域定居的认可,说明了国家在更大范围内对于濒海居民身份的认可。

为了避免海岛居住之人转为海盗,中央承认了其"民"的身份。明令封禁之岛禁止内地民人居住,但允许渔民暂时搭寮,时间一久,暂时搭寮之人又会成为久住之人,而大多不在封禁之例的岛屿,随着民众的开发又会成为编甲输粮之岛。因此,虽然各省地理条件迥异,但对于海岛开复和居民数目的限制变得越来越难,这使得皇帝十分强调禁止增加海岛房屋,就在乾隆五十五年十二月,山东巡抚奏报海岛居民数目时,皇帝的批注是"虽不能尽逐,不可逐渐加增"③。同年,户部规定:

> 粤东、福建、浙江等省沿海地方,除地处外洋离汛较远各海岛不准民人居住外,其附近炮台、塘汛搭盖寮房久经居住民人,令文武员弁实力稽查,照内地民人之例,就近编排保甲分给门牌,开载户口、年岁,设立牌头、甲长、澳保,如有窝藏盗匪等事即将该犯所住寮房烧毁,并令自乾隆五十五年奏准清查后,毋许再有无籍可稽之贫民续行占住,统由该管营、县按月亲赴查点,年底道府通报,凡例应封禁以及向无寮房各海

① 《乾隆朝上谕档》第16册,乾隆五十六年七月初七日,第345页。石城岛在宁海县东一百八十里,又王家岛、乌满岛俱在县东一百九十里,獐子岛、海洋岛俱在县东二百里,参见《大清一统志》卷38《奉天府》。石城岛位于今辽宁省庄河市,为石城乡政府驻地岛。大王家岛位于今辽宁省庄河市,是王家镇政府驻地岛。獐子岛位于今辽宁省大连市长海县,是獐子岛镇政府驻地岛。海洋岛位于今辽宁省大连市长海县,是海洋乡政府驻地岛,参见《中国海岛志》(辽宁卷第一册),海洋出版社2013年版。

② 《宫中档雍正朝奏折》第20辑,台北故宫博物院1978年版,第873—874页。

③ (清)山东巡抚惠龄:《奏报山东省本年海岛户口数目并向无居民各岛查无建房搭寮事》,朱批奏折,档号:04-01-01-0427-056,缩微号:04-01-01-055-1700,乾隆五十五年十二月二十一日。

岛专责营员随时查勘,仍于年终将有无续占汇折具奏,如有虚应故事、捏饰容隐,严参究处,至渔户出洋采捕暂在海岛搭寮栖止者,仍听。①

乾隆五十八年十二月二十日谕令,"今阅福宁所奏山东一省海岛居民即有二万余名,各省海岛住者想亦不少,此等民人相沿居住为日既久,人数又多,势难概令迁徙,惟当遵照前旨不准添建房屋以至日聚日众"②。故统计海岛数目和居民数目的同时,确查海岛居民有无增添也成为各省地方官严格稽查并不时上报的内容。乾隆五十九年(1794),福建巡抚浦霖在奏折中提到自乾隆五十六年(1791)任职后即对沿海岛屿编排保甲,在确保并无新增居住岛屿的同时声称岛民有所减少,"一百八十九处之中,续又查出闽县辖之卯石一处,福清县辖之牛山、东岑二处,莆田县辖之横屿、板屿、小屿三处,以上六处旧有居民俱已陆续迁徙内地,现在并无房屋,人民从此日渐减少"。③

表7 乾隆末年沿海督抚对岛屿及居民数目统计一览表④

时间	省份	督/抚	岛屿总数	居民岛	居民	禁岛	无居民岛	备注
五十五年	广东	福康安	不详	83	全省岛民人口总数不详。海南栅等83处共有居民16731户	34	不详	拆除校椅湾等32处禁岛寮房158间,162户。
五十五年	福建	伍拉纳(闽浙总督)	457	189	各岛自数十户至千余户不等	不详	247	搭盖寮厂21处岛屿均系零星散处。
五十五年	浙江	伍拉纳(闽浙总督)	561	133	117处岛屿已编保甲,各岛自数十人至万余人不等	80	406	禁岛搭寮私住11处,鱼汛暂时搭厂11处。

① (清)薛允升:《读例存疑》卷22《兵律关津》。

② (清)福建巡抚浦霖:《奏为遵旨实力稽查闽省海岛居民事》,朱批奏折,档号:04-01-01-0460-009,乾隆五十九年二月十九日。

③ (清)福建巡抚浦霖:《奏为遵旨实力稽查闽省海岛居民事》,朱批奏折,档号:04-01-01-0460-009,缩微号:04-01-01-059-1483,乾隆五十九年二月十九日。

④ 各省督抚所奏报的岛屿数字主要针对面积较大的岛屿,并非今天意义上全省实际的岛礁数目。

时间	省份	督/抚	岛屿总数	居民岛	居民	禁岛	无居民岛	备注
五十五年	山东	惠龄(布政司江兰)	94	30	3070 户,22226 口	无	64	较乾隆五十四年增32 户,200 口。
五十六年	山东	江兰	99	35	3317 户,23013 口	无	64	所增 5 处岛屿向有居民,前因民户无多且与各岛毗连,是以附列各大岛之内。此次编甲将隍城岛、宫家岛迁移至附近海岛。
五十七年	山东	吉庆	94	33	3315 户,23067 口	无	61	
五十八年	山东	福宁	94	33	3289 户,23090 口	无	61	
五十九年	浙江	吉庆	561	120	18656 户,91874	4		鱼汛时暂行搭寮27 处,事毕即令拆毁。
五十九年	福建	浦霖	457	189			247	搭寮岛屿有 21 处零星散处。
六十年	浙江	吉庆	561	120	18148 户,91284 口		414	零星搭寮之岛屿27 处。此次编查迁往内地 508 户,共 590 口。

同福建省一样,各省上报有居民岛屿的数字和岛民户数增速大大放缓且有减少,如山东省护理巡抚江兰于乾隆五十六年(1791)的奏报:居民岛屿数为 35 处,居民 3317 户,共23013 口,相比乾隆五十五年(1790)惠龄奏报,人口增加了 247 户,787 口,增加了 5 处有居民岛屿,这五处原本就有居民,"前因民户无多,且与各岛毗连,是以附列各大岛之内"①;到乾隆五十七

① (清)护理山东巡抚江兰:《奏为循例查明乾隆五十六年东省所属续加海岛并按户编排保甲各情形事》,朱批奏折,档号:04-01-01-0436-015,乾隆五十六年十二月二十日。(清)山东巡抚惠龄:《奏报山东省本年海岛户口数目并向无居民各岛查无建房搭寮事》,朱批奏折,档号:04-01-01-0427-056,缩微号:04-01-01-055-1700,乾隆五十五年十二月二十一日。

年(1792)吉庆的奏报：有居民岛屿33处，3315户，23067口。除了人口增加54口外，其余均有减少，而仅人口一项增加可因海岛原住人口繁衍而并非一定是新迁徙人口所致①；乾隆五十八年（1793）巡抚福宁的奏报为3289户，23090口，户数也有减少。乾隆六十年（1795），改任浙江巡抚的吉庆在奏折中强调了对禁止增添人口的贯彻，其所奏报相较乾隆五十九年(1794)减少了508户，590口，减少的居民是由岛民迁回内地引起的，"太平县所辖之钉钩头一处，宁海县所辖之地盘、深湾二处居民，现有迁往内地者十五户，男女大小四十四名口，又乐清县辖之大、小门山并东、西岙各户内，现回内地者六名，又镇海县所辖之上、下梅山有农期住居，种作事毕，仍回内地者四百九十三户，五百四十名口外"②。由于这些数字并不包括鱼汛时暂搭寮厂者，故存在常住居民瞒报为潜住搭厂之人的可能性，因沿海岛屿居民的大幅增加，意味着地方官员和兵弁稽查时的疏漏，因此官员所呈报的数字会呈现人口减少，至少是户数减少的特点，对这些数字必须审慎对待。

中央并未因类似的数字而放松警惕，原因在于对岛民的编查未曾使海盗消减，如乾隆六十年七月闽省海盗"由浙江衢山外洋南遁，官兵在各处岛屿连日遍历巡逻"③，洋匪充斥，纠众登岸抢夺炮械。乾隆六十年闽浙总督魁伦等奏，"本月二十日，有洋匪在福宁镇所属东冲汛上岸，拒伤兵丁，抢夺炮械而逸，又于二十四日连江营所属定海地方有洋匪登岸，扰害兵民，抢夺炮位"④。为防止海盗匿居海岛，督催地方奏报海岛居民的谕令一再重申。尽管如此，岛民却并未控制在最初规模内，这可从政策推行情况及乾隆以后海上人群发展中找到答案。

① （清）山东巡抚吉庆：《奏为遵旨岁底查明五十七年东省海岛民数及并无新建房屋事》，朱批奏折，档号：04-01-01-0444-051，乾隆五十七年十二月二十三日。
② （清）浙江巡抚吉庆：《奏为查明本年浙属海岛居民数目事》，朱批奏折，档号：04-01-02-0022-006，缩微号：04-01-02-001-1567，乾隆六十年三月十九日。
③ 《乾隆朝上谕档》第18册，乾隆六十年七月初十日，第668页。
④ 《乾隆朝上谕档》第18册，乾隆六十年十一月十七日，第895页。

第四节　岛屿居民的清查实效

中国海岸线绵长,自然地理条件、民众生活习性等各方面的差异毋庸赘言,自乾隆五十五年(1790)至乾隆六十年(1795),各省督抚向乾隆皇帝奏报岛屿及居民情况,那么,如此大范围的谕令是否得到一致贯彻? 由奏报可以看出,各省编查情况差异显著(见表7)。其中,山东和浙江两省奏报较为细致,包括居民户数、口数、有居民岛屿数、封禁岛屿数、搭寮岛屿数、内迁岛民数等,且奏报较勤,福建、广东省的数字最为模糊,广东只提供了有居民岛屿的户数,而对于清代的"户"有一定了解的人都知道,户与赋税征收相挂钩,不能代表家庭和人口。而且,广东省奏报的有居民岛屿数只有83处,与实际情况相差甚远,涠洲、斜阳两个禁岛的焚毁拆除情况也未见奏报。福建省奏报有居民岛屿189处,但并没有提供户口数,只说"各岛自数十户至千余户不等"。

清代并没有专门负责户口登记的地方政府和保甲机构,那么直接对岛民进行编查和统计的是哪些官员呢? 由广东巡抚福康安的奏报略知地方运行之梗概:

> 饬令州县会同营员亲往剀谕,询明各户本籍住址,妥为抚恤,分别安插,勿致失所。其议留处所,查明未经编甲者,即就地编排分给门牌,开载户口、年岁,设立牌头、甲长、澳保,俾资约束,简叙保甲条款,出示晓谕,俾知儆戒。该管营县按月亲赴点查,季底责成道府复查通报。凡有现经拆毁及向无寮屋,各岛专责营弁于月巡、季巡、分巡、统巡之时,顺稽查勘将有无续占之处,报查岁终汇折具奏,如有虚应故事、捏饰容隐,查出纠参治罪。①

---

① (清)广东巡抚福康安:《奏为海岛占盖房寮遵旨逐一查明酌拟去留事》,朱批奏折,档号:04-01-01-0427-040,缩微号:04-01-01-055-1605,乾隆五十五年五月初八日。

　　清代对居民编查原本是文官之责，因文官并未额设船只，故州县官和水师营弁共同承担了编查海岛居民的任务，营员驾船巡洋时还需稽查岛屿有无新增人户和续占岛屿。这种文武协同编查的方式在沿海五省皆是如此，如据护理山东巡抚江兰称，他所奏报的数字由"各该州县亲往稽查照内地一律编排保甲，并添委游击汪亮、同知朱炘复往查点"①，州县官和营弁在遇到未经编甲之民即就地编排、遇到匪徒立即缉拿，并对各处就地编排保甲的岛屿居民设立户口门牌②。

　　此次编查岛民的政令出台直接针对乾隆末年的盗乱，意在辨别奸良、清除隐患，虽囊括了此前已被编查的岛屿，编查重点理应在那些鞭长莫及的小岛。然而，州县官常因涉海波涛或县事繁忙不能前往，差遣佐贰官员赴岛又难以弹压。山东巡抚惠龄奏请委任同知专司其事：

　　　　至此编查之后，每年应专委委员巡查稽察以重责成，查该府州县或辖远鞭长不及或事繁不能兼顾至，佐贰官员尤不足以资约束，惟登、莱、青三府同知责任海防官阶较崇，易资弹压，似应于三府同知中按年酌委一员专司其事，前往巡查一次，先期移会营员酌派弁兵轻骑减从，赴各岛按户验牌，确切查考，如有牌上无名之人，立即跟究来历，从严办理。③

　　此后，山东省派出同知一员亲赴岛屿编查，"臣惠龄议奏有地亩钱粮各岛屿仿照内地令各州县一体编立保甲，并每年酌委同知、游击大员会同按岛巡查一次，遵行在案"，并能够上报详细的岛屿居民清册，"严饬沿海各州县

　　① （清）护理山东巡抚江兰：《奏为循例查明乾隆五十六年东省所属续加海岛并按户编排保甲各情形事》，朱批奏折，档号：04-01-01-0436-015，缩微号：04-01-01-056-1498，乾隆五十六年十二月二十日。

　　② 《奏为遍行查访山东省属地方海岛居民均设立户口门牌等地方情形事》，附片，档号：04-01-01-0436-017，缩微号：04-01-01-0436-017，乾隆五十六年八月二十二日。

　　③ （清）山东巡抚惠龄：《奏为海岛居民与内地悬隔筹拟仿照内地一体编立保甲并酌定章程事》，朱批奏折，档号：04-01-01-0436-005，缩微号：04-01-01-056-1445，乾隆五十六年四月初三日。

会同委员按岛实力巡查,毋许外来匪徒混迹其中,并令将房屋、居民确数详查造册呈送"①。笔者虽暂未找到这类清册,不过从奏报内容来看,山东省岛民编查行动更具实效:

> 臣查海岛居民上居原查共三十岛,今续行查出五岛,据报业照内地按户编排保甲,惟内有南隍城岛,仅止男丁十六名,又宫家岛仅止男丁四名,虽据查明安分守业,究恐难以稽察,现已饬令该二岛居民迁移附近数里向有居民岛内,一体编入牌甲。②

浙江省对岛内居民的流动情况,奏报也较为详细:

> 太平县所辖之钉钩头一处,宁海县所辖之地盘、深湾二处居民,现有迁往内地者十五户,男女大小四十四名口,又乐清县辖之大、小门山并东西舍各户内,现回内地者六名,又镇海县所辖之上、下梅山有农期住居,种作事毕,仍回内地者四百九十三户,五百四十名口。③

海盗多来自于福建、广东,但相较而言,这两省的奏报反倒相当含糊,浮于表面,因此,很有必要对地方的行动实效一探究竟。从岛民清查活动的波及范围、持续时间、统治者的重视程度来看,乾隆末年推出的政策皆是空前的。然而,笔者并未找到地方志对此事的记载,这令人费解。虽然无法直接从地方文献中得到印证,对于各省在多大程度上执行了中央的谕令,仍然可以通过审视当时的编查制度获得一个间接判断。雍正朝摊丁入亩的赋役制

① (清)山东巡抚吉庆:《奏为遵旨岁底查明五十七年东省海岛民数及并无新建房屋事》,朱批奏折,档号:04-01-01-0444-051,缩微号:04-01-01-057-1746,乾隆五十七年十二月二十三日。
② (清)护理山东巡抚江兰:《奏为循例查明乾隆五十六年东省所属续加海岛并按户编排保甲各情形事》,朱批奏折,档号:04-01-01-0436-015,缩微号:04-01-01-056-1498,乾隆五十六年十二月二十日。
③ (清)浙江巡抚吉庆:《奏为查明本年浙属海岛居民数目事》,朱批奏折,档号:04-01-02-0022-006,缩微号:04-01-02-001-1567,乾隆六十年三月十九日。

度改革之后,保甲编户逐渐取代了里甲编审,承担了赋役征收、人口编审、地方公务等多项职责,每遇地方大吏新任,循例通饬编查①。以人口居住状况及出入状态为重点的保甲制,无论其户籍哪里、何种人口,都要被编入当地相应类型的保甲体系内,如民户、僧道户、丐户、灶户等等。随来随编,迁出则销,"各户如有迁移、生故、婚嫁、增减等项,随时令牌丁告知甲长,公同于牌册内某项之旁添注、涂改,下书甲长花押","村庄不许遗漏烟户,惟凭现在,不必问其已往"②。乾隆二十二年(1757)更定保甲之法,进而将漂泊于内河、内港的船户、疍民编入册内并将"渔船、网户、水次搭棚趁食之民,均归就近保甲管束"③。乾隆三十二年(1767),五年一次人丁编审制度最终废除,保甲制度在人口登记方面成了唯一的凭据。不准遗漏的编审原则遂逐渐将临时搭棚、搭寮、边檄之民皆纳入控制,"凡编保甲,户给以门牌,书其家长之名与其丁男之数,而岁更之。十家为牌,牌有头;十牌为甲,甲有长;十甲为保,保有正,稽其犯令作匿,前匿者而报焉。城、市、乡、屯、灶、厂、寺观、店、埠、棚、寮、边徼,皆编之。凡海船,亦令编甲焉"。这里的"寮"即包括了"浙江、福建、广东沿海附近炮台、塘汛、各岛寮民"④。可见,乾隆末年政府之所以允许岛民就地编甲虽源于盗乱频仍的直接推动,但却是建立在全国保甲户口登记系统之上。

保甲制是以民众居住地为基础,令其自我管理的治安教化组织。保甲长由士民公举,报官验充,由地方官给与"执照"、"委牌",有的地区加发戳记,以明确其替官方行事的身份地位。保甲制的核心在于邻里间的稽查与连坐,以户为单位组成保甲,保甲长对于每户的迁移、生故、婚嫁诸事都要汇

---

① （清）署理福建巡抚周学健:《奏为办理编查保甲以靖地方事》,朱批奏折,档号:04-01-01-0090-024,缩微号:04-01-01-014-1735,乾隆八年九月二十五日。关于清代的人户管理可参见孙海泉:《清前期的里甲与保甲》,《中国社会科学院研究生院学报》1990年第5期;孙海泉:《清代赋役制度变革后的地基层组织》,《河北学刊》2004年第6期;卞利:《清代户籍法的调整与农村基层社会的稳定》,《安徽大学学报》2004年第1期;张研:《清代县以下行政区域》,《安徽史学》2009年第1期。
② （清）陈宏谋:《培远堂文檄》卷30《饬造简明户册缴》,《陈榕门先生遗书》第6册,民国三十二年编印本,第2页。
③ 《清朝文献通考》卷19《户口考》,第5030页。
④ 《清会典》卷17《户部》,第180—181页。

报入册交给地方官。在州县官难以直接联系散居乡村的百姓时,保甲能使政府的控制力扩展到最基层单位,以弥补权力真空。但这需要切实推行保甲的州县官和保甲长的共同而持续的努力,"古法之良,莫良于保甲,地方官非不遵行,但无真精神贯注其中,则悬一门牌,造一户籍,究属于事无济"。① 即使每任州县官能贯彻和监督保甲编排,保甲长的积极性也是非常难以调动的,"他们经常因为没有及时报告或迅速执行差使而被州县官笞惩"②。乾隆帝曾说:"州县编查保甲……有司每视为迂阔常谈,率以具文从事。各乡设保长甲长,类以市井无赖之徒充之,平时并不实心查察。"③

维护社会治安、缉匪弭盗是保甲制最重要的目的,但与明代中叶的半民半兵的保甲制不同,清代前期的保甲没有武器,也无须定期练兵。保甲制的重点变成了强制性地使基层民众连保连坐、相互监视、相互控制。雍正以后,有一些地方设有乡长、族正等名目承担赋税征收,同保甲长的治安维护并行构成地方基层组织,但对于基层组织结构不完善的地区来说,保甲长承担了人口编查、征收赋役及地方各种公务的职责,从单纯的治安组织变为承应政务的行政组织④。这样一来,保甲维护治安的职能必然受到影响。乾隆六十年(1795),廉州府知府陈世纶禀称:"现在乡村亦仿保甲之意,设有地保、练总、乡长各色人役,但系官派充当奔走,应付各项杂差,而于缉匪事宜转泛而不切",于是政府又通过在民间选派牌头等名目承担治安稽查,

---

① （清）程含章:《岭南集》,《皇朝经世文编》卷80《经武部十一·海防》。

② 瞿同祖:《清代地方政府》,第10页。对于清代保甲制推行实效,学者们有不同的看法。瞿同祖认为直到19世纪,"除了皇帝和地方官员们发布的一大堆强调保甲制的命令外,保甲很少实行过;在实行了保甲的那少得可怜的场合,也没有发生什么实效"。见《清代地方政府》,第255页。何炳棣从户口登记这项职能认为,从乾隆四十一年到道光三十年,尽管存在局部地区的缺漏,但总体而言,保甲户口登记制度"得到了忠实的施行"。见《明初以降人口及其相关问题(1368—1953)》,第59页。

③ 《清高宗实录》卷548"乾隆二十二年十月庚午"条,第985页。

④ 地方社会中的保甲、乡约、族正等基层组织,不同地方其职能有不同的交叉和融合,又有多种形式并行的现象。参见［韩］金钟博:《明清时代乡村组织与保甲制之关系》,《中国社会经济史研究》2002年第2期;常建华:《乡约·保甲·族正与清代乡村治理——以凌焞〈西江视臬纪事〉为中心》,《华中师范大学学报》2006年第1期;冯尔康:《政府规制与民间舆情的互动——以清代族正制的制度内涵及存废推展为中心》,《社会科学辑刊》2011年第2期。

"令各村士民另举老成奉法之人充牌头,在保长之下各有牌头,量村之大小,三四五人不等,分段稽查。村内各户某人作何营业,与某某往来。如有游手好闲、行踪诡谲、忽出忽归、乍贫乍富,一经访实即密禀查拿"①。学者张研认为:"其实质是将上层政权的'官',与基层社会固有权力体系下的'民'对立起来,将其放在被'管制'、被'镇压'的对立面",保甲长成为基层民众特别是士绅蔑视的官府狗腿子和贱役,从而受到士绅良民的鄙视和抵制②。乾嘉时期,曾长期任基层官吏的汪辉祖曾言:"往余佐州县幕二十余年,欲赞主人行之,竟不可得。"③由于保甲长承担了过多的基层杂务,民众视保甲长一职为畏途,到嘉庆年间,皇帝通谕天下,令其专责稽查匪徒,此外不得承担任何杂务:

　　至各州县于所属之牌头甲长,当令本牌本甲公同结保,择诚实可信之人,专责以稽查匪徒,缉安同党,其一切供应拘遣杂差,不得概令承充,以致良民惧干赔累,视为畏途。该州县仍不时查察,其能举发奸宄、秉公奉法者,加以奖赏。如有窝藏匪类、诬诈善良者,严行究办。④

　　另一方面,保甲制以家庭为单位,以地缘关系为纽带,地缘关系的稳定是其维系的基础。在陆地上,清代保甲制有其推行和崩溃的过程。将民众固定在保甲系统的尝试时刻面临着民众不断流窜的现实,乾隆十一年(1746),闽浙总督马尔泰和福建巡抚周学健奏称闽省居民搬离是因为编排保甲引起的,"因编查保甲,流寓闽地之粤民无甲可归,不得不搬回粤省"⑤。在海岛上,这个问题极为突出,特别是附居于东南沿海的海岛民众,流动性

　　① 《广东海防汇览》卷33《保甲》,第855页。
　　② 张研:《清代县级政权控制乡村的具体考察——以同治年间广宁知县杜凤治日记为中心》,大象出版社2011年版,第25、38页。
　　③ (清)汪辉祖:《学治臆说》卷下《保甲可以实行》。
　　④ 《清仁宗实录》卷305"嘉庆二十年乙亥夏四月己卯"条,第53页。
　　⑤ (清)福建巡抚周学健:《奏为遵旨查明漳诏二属未有民人惊窜入粤事》,朱批奏折,档号:04-01-01-0130-066,缩微号:04-01-01-020-1338,乾隆十一年五月二十八日。

强,规模也更为庞大,他们有些甚至在帆船或舢板上出世、结婚、死亡,建造在岛屿上的草屋常在台风之后重修、变换地方。因涉海风涛,负责稽查保甲事宜的县官又往往假手书史汇册,胥吏赴岛饮食等各类需索带来的骚扰使得岛民更加倾向于流窜的生活。如果对具有行政机构的较大岛屿来说尚属可行,派遣官员吏役远涉风涛、赴孤悬海中的小岛上进行编排就不那么容易。即使官员能够不辞辛苦赴岛选任保甲长,大多岛民没有读过书,这使他们不但很少与官府接触、也尽量减少这样的机会。如此一来,起初编排的保甲册、房屋上悬挂的门牌到后来都无法与实际人户对应。相当数量的海岛民众游离在稽查之外,"定海之西道头、临海之海门、金沙滩,太平之狗洞门、石板殿、鲎壳吞……皆奸民偷漏之地"①。即使有海岛认真执行过保甲制,也难奏长效。实际上,沿海地区的保甲制非但不能如政府之所愿实现"联甲以弥盗",还很容易成为民众联结更为紧密的纽带,他们"比户皆盗"、"同结为风"。雍正七年(1729),广东巡抚傅泰曾言:

> 窃照粤东素称多盗,而广州府属番禺县之茭塘、沙湾、市桥等处尤为盗贼之薮,屡年以来窃劫之业及伙贼供出党犯甚多。日久未获,案悬未结。臣细加确访,沙湾内之碁村一处,较之茭塘、市桥为更甚,几有比户皆盗,互相同结之风,兵丁捕役,有计莫施。②

嘉庆年间任东莞知县的仲振履(生于乾隆二十四年,卒于道光二年)在其《虎门览胜》中道:

> 盖番、东、顺、香、新五县濒海之地,去县窎远,贫蜑奸民,或搭寮于山凹,或驾艇于水次,形迹诡秘,迁徙无恒,村中间有富监耆老,类多由盗贼起家,大者驾红单船,装载酒米、糖果赴各路贩卖,小者家置虾筍艇,出洋采捕鱼虾,遇有客船载重者,一呼而集,恒数十人,杀劫货物,驶

---

① (清)阮亨:《瀛舟笔谈》卷1,第8页。
② 《署广东巡抚傅泰奏报番禺县沙湾等处盗贼情形暨拿获奸商郭裕观折》,雍正七年三月二十九日,《雍正朝汉文朱批奏折汇编》第14册,第909页。

至外洋偏僻之地，分携赃物而窜。官为查拿，则生者出结保领，委系贸易良民，而实则以盗保盗也。①

沿海富监耆老本是指沿海村落中有一定功名身份或有一定财富和威望的人，由文献可知，他们祖上多是盗贼起家，却在村落中有相当的号召力，往往由官府指派为保甲长，负责为村民出具保结，令其出海。出海船只遇到载有重货的商船即抢劫一空，在此过程中，这些"富监耆老"参与了"分携赃物"，由于利益均沾，事发之后再出结担保，即仲振履所言的"以盗保盗"。

从乾隆五十五年（1790）至嘉庆十年（1805）间，从中国海盗的惊人增长已经看得出保甲编排效果不彰。他们与外国势力联合起来组成了大规模的帮派船队，据美国学者穆黛安统计，华南海盗在高峰时约有5万—7万人，甚至形成了拥有6个联盟的船队、至少1800艘帆船的海上联盟②。与此同时，闽盗蔡牵、粤盗朱濆等人的海盗船队从嘉庆五年（1800）到十年在浙江、福建、广东、台湾甚至远至山东、江苏等海域进行着海盗活动③，"诸贼倔强岛中，殊未易破"④。海盗对岛民利诱与威逼兼施，"庄民不助官兵概不加害，若充当义民定行杀害"⑤，大批岛民被纳入政府以外的组织。

嘉庆十五年（1810）各盗帮平定后，两广总督百龄整顿岛民编查时称此前海岛未曾大力整顿，"著名盗薮如吴川县之硇洲、广州湾遂溪县属之东海、西海，廉州府属之涠洲等处，或孤悬海面或僻处海滨，向来聚泊盗船，隐

① （清）仲振履《虎门览胜》卷上，暨南大学图书馆藏汉画轩抄本，第11页。
② ［美］穆黛安：《华南海盗（1790—1810）》，第78页。这只是华南海盗联盟中六帮的数字，并未包括小股海盗在内。而据黄鸿钊认为"当时六帮实际代表了六支海盗舰队，每支舰队规模大小不等，大约分别拥有70—200艘不等船只，海盗总数达57万人，800多条船"。费成康认为6帮中，红旗帮就拥有600多艘船只，8万余徒众。转引自刘平：《清中叶广东海盗问题探索》，《清史研究》1998年第1期。
③ 黄典权：《蔡牵、朱濆海盗之研究》，《台南文化》1958年第6卷1期。
④ （清）阮亨：《瀛舟笔谈》卷1，第5页。
⑤ （清）李长庚：《奏为水陆官兵连日进攻贼匪得获胜仗，现在催请内地陆路大兵过台会剿缘由恭折（附夹片）》，嘉庆十一年正月二十四日，《剿平蔡牵奏稿》第4册，第1449页。

匿奸宄,从未经大加整顿,亟应乘此擒歼巨寇之后,搜剔根株并编查保甲、安抚善良、一清积弊"①。由此可见,乾隆末年编查岛民一事在地方的实际影响和持续作用多么有限。

① 两广总督百龄:《奏为查勘粤洋西路各岛岸搜获余匪盗穴各情并派船分段巡缉海面》,朱批奏折,档号:04-01-03-0044-022,缩微号:04-01-03-002-1082,嘉庆十五年七月二十一日。

第八章　乾嘉之际对岛民的防范与利用

第一节　华夷冲突下的海岛防范

康雍之际,西方人在中国南部海洋的殖民活动已引起时人警觉,蓝鼎元说:"自明嘉靖间割澳门畀红夷,种类不一,源源而至,筑城楼设炮台,蜂房猬聚以长其子孙,奄有斯土,广州香山郊关之外,遂为鬼国异域之区矣。红毛乃西岛番总名,其中有荷兰、弗兰西、大西洋、小西洋、英圭黎、干丝蜡诸国,皆凶狡异常,到处窥觇,图谋人国"①。王朝调整海上部署以防御夷人的逼近,关于清代前后东南沿海的海防调整,已有学者进行过研究②。然清廷针对夷人在海岛占据所采取的防范之策尚有余义,值得放置在本书海岛管理的主旨下进行梳理。

康熙五十七年(1718),两广总督杨琳按照康熙于近岸加强防守的方略,于"各属海口要隘堪以泊船登岸,凡淡水可取之处,均相地堡添设,改筑炮台城垣,共一百一十六座,安置炮位,派拨官兵防守"③。除葡萄牙外,其他国家的船只不准在澳门驻泊必须到黄埔靠岸,每年六、七、八等月候风信

---

① （清）蓝鼎元:《鹿洲初集》卷11《论·粤夷论》,第821页。
② 卢建一:《清东南海防体系发展看防务重心南移》,《东南学术》2002年第1期;曾小全:《清代前期的海防体系与广东海盗》,《社会科学》2006年第8期;霍启昌:《浅谈"澳门模式"与明清港澳地区海防》,《明清广东海运与海防论文集》,澳门大学出版社2008年版;侯俊云:《雍正朝东南海疆治理研究》,暨南大学2007年博士学位论文;鲁延召:《明清时期广东中路海防地理研究》,暨南大学2010年博士学位论文;等等。
③ 《广东海防汇览》卷31《方略二十》,第807页。

顺利,西洋船只陆续寄碇于外洋洲岛,经守口官弁查明商船准入黄埔湾泊,向皇帝汇报夷船停泊状况成为广东官员的重要事务,"洋船一到虎门必先赴守口汛官报明某国船只、载何货物、夷商姓名及梢水炮位数目、税口人役,始引导入港"①。夷船的驻泊使清廷的军事戍守逐渐向外洋推展。雍正年间,"红夷英吉利者频年与吕宋挑衅外洋",雍正八年(1730)吕宋兵败红夷,红夷"屡入粤求市"②,雍正六年(1728),清廷驻军于外洋岛屿老万山,"中路之老万山虽属外洋,实与香山县之澳门对峙,离澳门水程相隔一百五六十里,其山周围三十余里高耸海中,凡洋船入广与各省商船往赴南洋者,收口放洋俱以此山为准,须安兵设立烟墩瞭守"③。鉴于洋番南船出入必经上、下川二岛,雍正十三年(1735),在此添设二汛④。

与康雍时期面临的国际形势不同,乾隆年间,英商在中国沿海的贸易和非法走私活动愈加频繁。乾隆二十年(1755),英商洪仁辉在浙江舟山一带岛屿驻泊赴宁波贸易,后又于乾隆二十二年(1757)携带更多货物和武器赴舟山一带驻泊贸易。在多次赴浙贸易受阻后,洪仁辉北上天津状告粤海关官员贪污舞弊,在此事的激化下,早就对洋商不满的乾隆很快禁止西方商船赴福建、浙江、江苏海关贸易,只保留粤海关供西洋人贸易,即"一口通商"⑤。乾隆认为洪仁辉之所以能绕开广州进入天津海域是借助国内民众的帮助,为防范本国民众与外商的勾结,限制措施更加严厉。乾隆二十四年(1759),两广总督李侍尧奏请于夷船驻泊之处驻宿防守,"泊船处所均系滨海浮沙,不能建设营房,向例于夷船收泊到彼时,酌拨广州协标外委一员带兵十二名,即于附近沙坦搭寮驻宿防守",并于夷船进口之日派拨候补守备一员专驻于该处⑥。

① 《雍正朝汉文朱批奏折汇编》第7册,雍正四年六月十五日,第451页。
② 《澳门纪略》上卷《官守篇》,乾隆十六年修,嘉庆五年重刊本,第128—129页。
③ 《两广总督孔毓珣奏报访闻日本情形暨广东洋面防犯缘由折》,《清宫粤港澳商贸档案全集》第1册第85条,第369—370页。
④ 《新宁县志》卷1《民俗册·岛居》,乾隆三年刻本,第321页。
⑤ 所谓一口,只是针对西洋人,而东洋以及国内商船并未被局限在广州一港。
⑥ 《两广总督李侍尧奏陈防范外夷规条折》,乾隆二十四年十月二十五日,《清宫粤港澳商贸档案全集》第4册356条,第2013页。

　　乾隆中后期来到中国的西方人与明代中叶有很大不同,此时英国产业革命初兴,急需商品原料产地和倾销地,中国这个大市场对于新兴资本主义具有极大的吸引力,他们占据海岛并非仅仅为了获得贸易口岸,更是作为进入大陆的跳板。乾隆五十八年(1793),英国政府为了替资本主义开拓市场,派使臣马戛尔尼觐见乾隆,上表文恳请扩大贸易权利,其中一条为"于直隶、天津、浙江宁波等处海口贸易并恳赏给珠山小海岛一处及附近广东省城地方一处居住夷商收存货物"①,窥伺之意已经显露,乾隆帝严词拒绝,"天朝尺土俱归版籍,疆址森然,即岛屿沙洲亦必划界分疆,各有专属"②。马戛尔尼访华后,乾隆认为英夷觊觎海岛是民人私行勾引所致,"毋任滨海奸民勾结外夷,此为最要",故一再谕令禁止浙江牙行、铺户与夷人私相贸易③。

　　一口通商以后,洋商仍在中国江浙等省海岛非法驻泊,为免海岛落入夷人之手,政府在夷船驻泊之处加强了防守,"宁波之珠山等处海岛及附近吞门岛屿皆当相度形势,先事图维,毋任英吉利夷人潜行占据"④。"外夷贡船五只泊于五奎山之外,五奎山系南北商渔船舟楫经由要道"⑤,乾隆五十八年,闽浙总督伍拉纳奏请在定海县五奎山添设一汛,"珠山即舟山,距定海县城五里对岸有岛一座名五奎山,隔洋面六里,峰势高出众山,全洋岛屿俱可瞭望,且外洋船只前赴定海者,皆于此停泊,实为扼要,请添设一汛",乾隆五十九年(1794)兵部议复"于定海镇标中、左、右三营内抽拨水师兵五十名,派千总一员率领驻扎,并拨驾营船往来巡哨,以资防守"⑥。嘉庆七年(1802),英国商船兵于鸡头洋,欲在老万山居住⑦,这里有淡水可汲且险隘

----

① 《乾隆朝上谕档》第17册,乾隆五十八年八月三十日,第546页。

② 《清高宗实录》卷1435"乾隆五十八年八月己卯"条,第186—187页。关于乾隆五十八年马戛尔尼访华可参见[英]马戛尔尼:《一七九三乾隆英使觐见记》,天津人民出版社2006年版。

③ 《乾隆朝上谕档》第17册,乾隆五十八年九月初八日,第556页。

④ 《乾隆朝上谕档》第17册,乾隆五十八年八月三十日,第546页。

⑤ 《定海厅志》册二《营缮志》,民国十三年铅印本,第158页。

⑥ 《清朝续文献通考》卷224《兵考二十三·水师外海》,第9705页。

⑦ 老万山位于新安县西南百余里海中。见《新安县志》卷3《地理志》,康熙二十七年刻本,第22页。另见《广东通志》卷83《舆地略一·广州府图》标记为"老万山"的一带,道光二年刻本,第1400页。

天成。嘉庆十三年(1808)强行占据澳门三个月之久,又借保护澳夷为由再次企图占据老万山。其东北方向不远的大屿山有三十六个小岛,距新安县城南水程九十里,山中有村落多盐田,东涌一处可守口泊船,居民稠密但一直无汛无房。嘉庆二十一年(1816),英国政府再派阿美士德访华团觐见嘉庆商谈通商事宜,清政府于嘉庆二十二年(1817)在大屿山东涌口"添建汛房八间,围墙五十丈,抽拨大鹏营外委一员,兵丁二十名分驻"以兼顾防范[①]。

综上来看,一方面,针对夷人从海上的逼近,王朝曾采取积极的应对之策,岛屿防守逐渐从内洋向外洋拓展。另一方面,统治者对本国民人与夷人的勾结显示出高度的警惕,尽量将夷人与民众的接触范围缩减到最小。正如马克思对清王朝的评价,"推动这个新的王朝实行这种政策的更主要的原因,是它害怕外国人会支持很多的中国人在17世纪的大约前半个世纪里即在中国被鞑靼人征服以后所怀抱的不满情绪。由于这种原因,外国人才被禁止同中国人来往"[②]。

第二节　流动的人群

清朝政府通过对洋面的划分和船只的种种限制将沿海人群控制在近海活动,潮水涨落的滩涂地带和近海养殖区域往往由地方豪势控制,浅海地区被划分为网格状,用来养殖海产。在福建漳浦,"邑之东南,弥望无际,潮至而网取鲜物者,谓之网门。有深水网,有浅水网。潮涸而手取鲜物者,谓之泊,网门之下即泊也,有泥泊,有沙泊。泥泊鲜盛,沙泊次之。网泊以水涨涸为限,各有主者。往百年,滨海民以力自疆界为己业有之……环海之利,岁收不啻四五千金,其所输官课未及五十分之一也。利广,故争辄起,往往斗夺以必得为快,其势必归于巨室。"[③]。福建金门:"濒海之乡,画海为界。非

---

①　《广东海防汇览》卷3《舆地》,第68页。

②　《马克思恩格斯全集》第9卷,人民出版社1965年版,第115页。

③　(清)顾炎武:《天下郡国利病书》,《续修四库全书》第597册,上海古籍出版社2002年版,第302页。

其界者不可过而问焉。越澳以渔，争竞立起。”①“厦岛田不足于耕，近山者率种番薯，近海者耕而兼渔，统计渔倍于农（水田稀少，所耕多硗确山园，无陂塘、江湖可以溉注。但于陇头凿井，立石为桔槔以灌之）。海港腥鲜，贫民日渔其利。蚝埕、鱼簖、蛤田、蛏漵，濒海之乡画海为界，非其界者不可过而问焉。越澳以渔，争竞立起，虽死不恤，身家之计在，故也。”②

土地与海洋资源的竞争将濒海贫民排挤到更为偏远和艰险的海域，这种状况在山多地少的东南沿海省份更为普遍，不只是“缯艍海舶”，包括“橹船渔舟皆可出海”③。蓝鼎元对东南沿海百姓依海为生感受较深，他在《鹿洲初集》卷3《论南洋事宜书》中说：广东等地“人稠地狭”，田地不够耕种，只能向海洋发展，出现了“望海谋生，十居五六”的局面。到乾隆时期广东“商渔大小船只，每州县不下一二千艘”④。嘉庆朝，“闽海港澳共三百六十余处，每澳渔船自数十只至数百只不等，合计舵水不下数万人，其眷属丁口又不下数十万人。沿海无地可耕，全赖捕鱼腌贩”⑤。据乾隆四十三年（1778）海安营禀称：“顺德、新会、东莞、阳江、电白等县各船远至流沙汛属采捕，并带盐前往腌鱼”⑥，这里的流沙汛位于雷州府海康县境内，有二十名汛兵巡视⑦，这说明珠江三角洲附近的渔民已绕到雷州半岛西侧进行渔猎活动。

星罗棋布的港汊岛屿为民众出海提供了众多的驻泊地，并逐渐成为栖息之所。海岛之所以对滨海民众相当重要，是因为相当一部分海洋活动是在海岛上完成的：打鱼的人需要海滩来停泊、修理和晾晒或补缀渔网，岛民也提供消石灰一类的必需品，给渔民填补船只的缝隙，以及提供盐给渔民腌制渔获。打鱼的人也常常到岛上丘陵地带割草，以供清扫他们的小船和作

① 《金门志》卷13《礼俗·耕渔》，民国十年修，第335页。

② 《厦门志》卷15《风俗记》，道光十九年刊本，第323页。

③ 《广东海防汇览》卷2《舆地一》，第33页。

④ 《广东海防汇览》卷33《保甲》，第863页。

⑤ （清）汪志尹：《议海口清形疏》，《清经世文编》卷85《海防下》，第2115页。

⑥ 《广东海防汇览》卷33《保甲》，第864页。

⑦ （清）雷学海修，陈昌齐纂：《雷州府志》卷13《海防·海康流沙汛图》，嘉庆十六年刻本，岭南美术出版社，第349页。

为燃料之用。同时，一些渔民提供给在岛居住之人日常急需的生活物资，在频繁往返于大陆和海岛中充当着中间商①。特别在鱼汛到来之时，沿海岛屿和周边海域变得生机盎然。在中国大陆沿岸和近海岛屿之间，渔获、盐、粮食及其他生活用品的交换频密，对于中央政府这里是一个边缘地带，对于海洋社会这里却是一个中心。

自然条件、历史发展、国家政策、移民主体的差异使得海岛居民以各自不同的方式开发着海岛。各个海域的不同海岛之间存在差异的同时又维持着紧密的交通，联络性、流动性、散漫性的水上世界自成体系。相互依赖的联系形成了供渔民晒网、农民垦种、灶户晒盐以及举行仪式、买卖货物的海岛村落，语言、技术、经济、信仰等因素影响着民众对驻留岛屿的择取。以打鱼、养殖、运输、煎盐、织网为业的民众出海驻留岛屿，"新安则海外岛屿甚多，皆有村落"②，"大鹏沿海皆盐田，西乡、混州、屯门为尤多"③，顺德县南江尾堡"海岛之居民业星卜，习舟楫，渔盐之利，耕者亦多海中，故其俗智悍。海通古镇崖门、蚝境，半日可至潢池，出没叵测，亡赖于复倚豪右闭匿迹捕，惟难勾摄"④。大鹏湾吉澳岛曾氏"祖父世居吉澳孤岛，搭盖楼房，捕鱼营生"⑤，雷州半岛沿岸的岛屿，"渔箔横列，以海为田"⑥。《玉环厅志》中载："礁头山下海涂，居民种蚶为利"，"海滨人围涂为田，收苗种之，俟其长然后起卖，其利甚溥"。有种蚶诗曰："瓦垄名争郭赋传，江乡蚶子莫轻捐。团沙质比鱼苗细，孕月胎含露点园。愿祝欧凫休浪食，好充珍惜入宾筵。东

①　参见［美］穆黛安：《广东的水上世界：它的生态和经济》，汤熙勇主编：《中国海洋发展史论文集》第七辑（上册），"中研院"中山人文社会科学研究所，1999 年，第 152 页。

②　（清）舒懋官修，王崇熙纂：《新安县志》卷2《舆地略》，嘉庆二十四年刻本，岭南美术出版社 2007 年版，第 228 页。

③　（清）杜臻：《粤闽巡视纪略》卷 2，第 42 页。

④　（清）姚肃规修，畲象斗、薛起蛟纂：《顺德县志》卷首《图经》，康熙二十六年刻本，第 41 页。

⑤　《奉两广总督部堂大人批行给示勒石永遵照额例碑》，科大卫、陆鸿基、吴伦霓霞合编：《香港碑铭汇编》第一册，香港市政局 1986 年版，第 58—59 页。

⑥　（清）强兆纶纂修：《电白县志》卷 8《艺文》，光绪十八年版本，顺治知县相斗南《观海记》，第 156 页。

南美利由来擅,近海生涯当种田。"①垦种、渔盐,抑或从事海上运输和贸易,沿海人群总是能在孤岛中找到适合的生存方式。

尽管岛民与大陆沿岸居民的联系十分紧密,但区别也同样突出。大多数的岛民没有稳定的物质收入和强大的血缘组织、地缘组织,以户籍登记为基础的地域认同意识较为薄弱。在大陆沿岸,渔业同农业村落分布有着显著的区分和界限,农渔界限随着农业向海洋推进的方向逐步外移。打鱼的人分布在濒海地带,间歇在围垦沙田种植一些勉强能够生长的作物。耕地的人住在山地与丘陵地带,对渔民身份有着集体的排斥。而海岛普遍存在渔、农、灶等混合的村落,这里的人对于身份的区分并没有那么敏感。在笔者的考察中,明清两代,海岛聚落极少有族谱,这与大陆的濒海地带又不相同,为了与农业人减少区别,即使大陆滨海地带的渔民也在努力建构着自己的身份认同。

岛屿自然条件的局限性使岛民生存环境相当脆弱,大多数岛民以食盐、海产品向岛外购得粮食,这使岛民的海上活动高度商品化,"民间交易多用钱文,以钱易银"②,"撒网放钓、商贾齐银买鲜就近晒鲞,海岸成市"。由于捕捞需要购买船只、渔具、鱼饵,而且越往深海,需要花费的人力、物力、财力越大,渔民往往需要筹措资金,最终,打鱼由渔民与陆地上的债主共同来安排,岛民也因此与大陆有着更为错综复杂的联系。有时为了筹措资金,岛民很容易形成合伙、合股、借贷、抵押等融资机制。收入不稳定所带来的风险在海岛渔户中体现尤为明显,"向来渔户得利则返,无利则易于在洋为匪"③。然而,除了所获微薄,在穆黛安看来,观念的因素要比现实逼迫等其他原因重要得多,正如他对渔民的评价,"由于倾向于长期脱离特定村庄,而在适宜季节定期漂泊,从而阻断了他们重视定居生活和依恋本土的陆地

① （清）杜冠英修,吕鸿焘纂:《玉环厅志》卷1《舆地志下·物产》,光绪十四年增刻本,第65页。
② 《清高宗实录》卷620"乾隆二十五年九月乙巳"条,第971页,闽浙总督杨廷璋、浙江巡抚庄有恭奏玉环山租谷抵左右二营俸饷事。
③ 《闽浙总督那苏图奏为巡历内外洋面闽浙二省渔期告竣事》,朱批奏折,档号:04-01-01-0095-027,缩微号:04-01-01-015-0435,乾隆八年六月十三日。

社会价值系统的联系"①。

　　明代至清代开海之初,许多海岛及周边海域处于政府的非控制区,活动着游离在政府权力之外的人群,"出入风波岛屿之间,素不受有司约束"。这些地方长期成为反官府与非官方性质的人群活动的地带。在明清官方文献记载中,那些失去控制的海洋社会群体常被政府指为"岛寇"。前文已述,为防止海上人群游离在政权控制之外,清前期政府禁止民众在外洋岛屿定居,限制船只建造规格,鼓励船民上岸定居,并积极地在内洋建立绝对控制。

　　水师与海上人群对界限了然于胸,因为这不仅意味着民众活动范围的边界,更意味着稽查终止之地。但事实上,政府在海上精心建立的网格辖区与实际的海洋经济地理相差甚远。对于想要越过稽查的人们来说,边界帮助他们脱离不同辖地的控制与追捕,不愿受制的海上人群逐渐聚集在远离水寨和哨所的小岛和海湾,他们惯于在政府控制区与失控区来回穿梭,甚至公然与水师对抗。到了乾隆时期,越来越多的"盗"、"贼"很容易地将分散的海上人群凝聚成声势浩大的武装力量,他们尽管在内港、沿岸劫掠,却能很快游弋于外洋。

第三节　武装力量的争夺

　　康熙开海以后,统治者意识到若完全禁止沿海民众在海洋的生计,无异于将他们推向非政府组织。为便于控制,清代试图将沿海民众限制在近海。相较于明代和清初,由禁海转变为有限开海。但事与愿违的是,很多人走向了更遥远和偏僻的海域,从事着走私、劫掠等活动。近些年,不少学者们特别注意去纠正精英阶层记述中的"盗寇"概念,然而,大量非官方史料证明这些人的确有抢掠行为。武装力量在海上集结,这自然引起水师和地方政

---

① ［美］穆黛安:《华南海盗(1790—1810)》,中国社会科学出版社1997年版,第14页。

府的高度警惕，进而切断他们与大陆沿岸的生活用品特别是粮食的交易，在经济封锁之下，海上武装力量劫掠沿岸村落变得不可避免，如阳江海陵岛上"粪箕澳市在闸坡市西南，乾隆五十余年间为洋匪劫散"①。当然，类似于"反清复明"这样富有反抗精神的口号也常常被用作吸引更多的人加入队伍。不过，到乾隆年间，大批沿海民众加入非政府的海上武装力量，更多是出于生活所迫。

由于政府机构并未能随着人口和贸易的增长相应扩充，这使得政府管理鞭长莫及，拥有武装力量的海盗组织迎合了那些需要互助互卫的私商、渔民、船户、盗匪的需要。据学者张中训对嘉庆年间闽浙海域109名海盗的考察，这些人入盗前为渔民者88人，砍柴者17人，挑夫2人，小偷1人，补网1人②。学者季士家针对入伙蔡牵帮的33名成员身份统计，其中渔民17人，雇工2人，小商贩6人，小农7人，会党1人③。这些人或在海盗行劫之时被迫入伙"每将客船之舵工、水手及捕鱼之渔户、蛋户抢掳过船协逼入伙，甚至将被虏之人用木棍捆缚系于船旁，令其手执器械惊怖客商"④；或是利益所诱"在海滨招伙，给丁壮等安家银，每人数十两，诱令下海"⑤。被拉入非政府海上武装力量的多是无力建造大型帆船只能划着舢板船的海上贫民，当在内洋所获不多时，追着鱼汛飘至外洋是常有之事。出于强迫抑或自愿，艰难度日的贫民极易加入海盗的队伍，"有沿海居住，畏其焚杀，又不能远徙，致为胁从，凡沿海地方多不能免"⑥。海盗船上常常放几艘小型舢板船，待大船停泊后，放舢板船下去城市、村庄或贸易或劫掠，之后舢板船重回

---

① 《阳江县志》卷1《地理志》，道光二年续修刻本，第40页。
② 张中训：《清嘉庆年间闽浙海盗组织研究》，《中国海洋发展史论文集》第二辑，"中研院"三民主义研究所1986年版，第186—187页。乾嘉之际的海盗多来源于沿海渔民，参见［美］穆黛安：《华南海盗（1790—1810）》，中国社会科学出版社1997年版；另（清）袁永纶：《靖海氛记》："张保，新会江门人子，其父业众，日取鱼于海外。十五岁，随父在舟中取鱼，遇郑一游船至江门劫掠，保遂为所掳"，下文所提到的盗首郭婆带也为郑一所虏。
③ 季士家：《蔡牵研究九题》，《历史档案》1992年第1期。
④ 《乾隆朝上谕档》第17册，乾隆五十九年三月初十日，第792页。
⑤ 《广东海防汇览》卷26《方略十五》，第715页。
⑥ 《清仁宗实录》卷162"嘉庆十一年六月癸未"条，第100页。

母船,进入自由穿行的外洋以及更远海域,其活动范围之宽广以及迅速集散的能力,使他们能够更为有力的攻击,更迅速的退守。

海上从事走私和劫掠的首领大力吸收和利用沿海民众,他们寻找荒僻岛屿为巢穴,强制来往航行商船购买"打单"、渔船缴纳"渔规"①,以作为商渔船只海上安全航行的凭借,"贼船在外洋游奕皆恃有打单接济之资,足以度日谋生"②。没有购买打单或缴纳渔规的船只会面临被劫掠的危险,海盗将抢得的战利品在有市场的海岛上出售,许多岛民的经济来源和生活所需都要依靠和海盗的贸易获得,海盗由此控制了海上居民的经济基础,"蔡牵私收商税任意挥霍,与沿海居民久相浃洽"③。

海岛上的渔民和农民参与周期性的海盗活动,东南沿海的许多离岛成为了"海盗村","东海(岛)地方与广州湾遥对,方圆约计百数十里,土地衍沃,烟户稠密,内中居民通盗者十居八九",如巨寇吴十一指即为东海岛人,群盗称其为"东海伯",郑一、乌石二等也是附近之人④,被强行掳入海盗队伍的也不在少数,"道经新会长沙,亦焚劫铺户数百,虏去男妇百余人"⑤。在盗首郭婆带的降书中如是说,"欲脱身归故里而乡党不容,欲结伴投诚而官威莫测,不得不逗留海岛,观望徘徊"⑥。一般来说,加入海盗的人所用的名字并非其在家族里的名字,这也就意味着保甲连坐很难确认海盗的真实身份。他们或者原本就是岛民,或者从盗后将家人安置于海岛。乌石二、乌石、大宋帼与海甸九等人就在硇洲岛海边置有房屋共十所并屯米于此⑦,"该匪等各有室庐,各有眷属。其抢掠货物,仍随时携回家中,销赃度日,以故习俗相沿,竟视作匪为恒业"⑧。乾嘉年间,郑一嫂、张保仔、郭婆带等以

① (清)阮亨:《瀛舟笔谈》卷1,第16页。

② 《清仁宗实录》卷217"嘉庆十四年八月壬辰"条,第910页。

③ 《清仁宗实录》卷117"嘉庆八年七月壬戌"条,第565页。

④ (清)章佳容安辑:《那文毅公两广总督奏议》,第1661、1672页。

⑤ (清)袁永纶:《靖海氛记》上卷,道光十年刊本、道光十七年续刊,第13页。

⑥ (清)袁永纶:《靖海氛记》下卷,道光十年刊本、道光十七年续刊,第12页。

⑦ (清)两广总督百龄:《奏为查勘粤洋西路各岛岸搜获余匪盗穴各情并派船分段巡缉海面》,朱批奏折,档号:04-01-03-0044-022,缩微号:04-01-03-002-1082,嘉庆十五年七月二十一日。

⑧ 《广东海防汇览》卷4《舆地三》,第102页。

潤洲、硇洲、大奚山等岛屿为巢穴组成了大规模的海盗联邦并掌握着大型船只和枪炮，对平定张保仔记述详尽的《靖海氛记》载，"惟潤洲、硇洲孤悬海外，往来人迹罕到，其地四周高山拱峙，中一大渚，可容洋舶数百艘"，"贼遂据之以为巢穴，凡装船造器，皆聚于此"①。而朱濆、蔡牵等盗帮游弋在江、浙、闽、粤一带洋面，倒头岙、狗洞门、铜山、布袋岙等岛屿皆曾为他们的据点。

相对来说，海岛作为海盗出没之地，岛民的生活所需与海盗的劫掠活动休戚相关，"海岸奸民每于积沙穷岛之间，搭盖草寮，或托名捕鱼，或藉开小铺，通盗济匪"②。在嘉庆登基后的前十五年，沿海岛屿已几尽"盗区"，将岛民纳入官方防御力量非常困难，闽浙一带广阔的海域任由各帮盗船驻泊游弋，表8即是依据浙江巡抚阮元从弟阮亨在《瀛舟笔谈》中所记录的海盗船队驻泊情况。甚至原先设有驻防的岛屿也被海盗占据，广东如硇洲营本设都司一员，"乌石二等大帮匪船往来屯米于此，不但该处民人畏其凶横，即该营官兵亦仅防守汛卡，不能随时堵缉"③。再如东海岛向设湛川巡检司，"职微任重，呼应不灵"④而成为郭婆带等人的聚集地。

表8 嘉庆五年至嘉庆十年浙江海域的海盗船队驻泊地⑤

时间	海盗帮派	驻泊洋面
嘉庆五年六月二十六日	蔡牵帮盗船70余只与水澳帮六七十船合帮游弋	浙江三盘洋

① （清）袁永纶撰：《靖海氛记》，道光十年刊本、道光十七年续刊，第4页。转自萧国健、卜永坚笺注：《〈（清）袁永纶：〈靖海氛记〉笺注专号》，《田野与文献——华南研究资料中心通讯》2007年1月15日，第1—49页。叶灵凤的文章曾提及，袁永纶曾为两广总督百龄的幕僚，亲历了张保仔被招安的过程。见《张保仔的传说和真相》，《叶灵凤集》第三卷《香港掌故》，第535页。

② 《广东海防汇览》卷14《方略三》，第423页。

③ （清）两广总督百龄：《奏为查勘粤洋西路各岛岸搜获余匪盗穴各情并派船分段巡缉海面》，朱批奏折，档号：04-01-03-0044-022，缩微号：04-01-03-002-1082，嘉庆十五年七月二十一日。

④ （清）章佳容安辑：《那文毅公两广总督奏议》，第1661页。

⑤ 表中所列为文献中有详细船只数目和湾泊洋面的盗帮，并非嘉庆五年至十年江浙闽洋面所有的盗帮，未列如凤尾帮、水澳帮、箬黄帮、小肥帮、新兴帮等，还有些零散海盗。

时间	海盗帮派	驻泊洋面
嘉庆六年正月十五日	蔡牵帮盗船 39 只	北关黄沙宫
二月初六日	蔡牵帮盗船 40 余只	冬瓜屿洋
二月初八日	侯齐添盗船	长鸡嘴外洋
二月十七日	侯齐添盗船 17 只	浙江洋面
二月十九日	蔡牵帮盗船 50 余只	北关外洋
三月十四日	侯齐添盗船 15 只;补网帮盗船九只;白面帮盗船 12 只;小猫帮盗船 10 只	分帮在披山外洋、瞿港、倒头岙、鱼山等洋游弋
四月四日	蔡牵帮盗船 50 余只	大衢洋
五月初十日	蔡牵帮盗船 50 余只	潭头洋
五月十九日	蔡牵帮盗船 70 余只	北鹿外洋、三盘洋
六月十一日	蔡牵帮盗船 70 余只	北关外洋驶北
七月十三日	60 余只	披山外洋
十月十四日	卖油帮盗船 4 只	一江洋
十月十六日	30 余只	由川礁外洋窜北
十一月十三日	蔡牵盗船 50 余只	由北鹿外洋窜闽
嘉庆七年三月二十九日	蔡牵帮盗船 30 余只	由闽窜浙之大瞿、竹屿外洋
五月初一日	卖油帮盗船 9 只	官山外洋
五月十一日	蔡牵帮盗船 15 只	由北关窜闽
七月六日	40 余只	潭头外洋
七月二十二日	蔡牵、黄葵两帮盗船 30 余只	三蒜外洋
嘉庆八年二月二十六日	蔡牵帮盗船 20 余只	石塘外洋
闰二月二日	蔡牵帮盗船 30 只	南排洋
四月初一日	蔡牵帮盗船 30 余只	由闽入浙
六月十五日	蔡牵帮盗船 30 余只	普陀、黄大洋
六月二十三日	蔡牵帮盗船 40 余只	大陈、东南外洋
六月二十五日	黄葵盗船 13 只	三蒜外洋
六月二十八日	蔡牵帮盗船蔡牵 30 余只	炎亭外洋
九月十八日	蔡牵帮盗船 20 余只	三蒜外洋
十月二十八日	蔡牵帮盗船 30 余只	自闽入浙
十二月十六日	蔡牵帮盗船 41 只	北关、黄沙宫

续表

时间	海盗帮派	驻泊洋面
嘉庆九年正月十六日	蔡牵帮盗船 31 只	北关、黄沙宫
三月十三日	蔡牵帮盗船 30 余只	由闽入浙
五月二十七日	蔡牵帮盗船六七十只；复有广东红头艚艍盗船 20 余只投入蔡牵	从台湾到福建竿塘洋
七月三日	蔡牵帮盗船 60 余只	大陈洋
七月六日	蔡牵帮盗船 70 余只	莲花洋
七月十五日	蔡牵帮盗船 90 余只分为三帮	江浙交界之马迹、黄龙等洋
九月一日	蔡牵帮盗船 40 余只	马迹、普陀
九月六日	蔡牵帮盗船 52 只	三盘
九月二十二日	蔡牵帮盗船 60 余只	北关洋
十月月初二日	黄葵盗船 12 只	分水礁、马沙门
十二月初三日	蔡牵盗船 60 余只	淡水洋
嘉庆十年正月十六日	蔡牵盗船 50 余只	鹿耳门
二月十九日	黄葵盗船 20 余只	驶往北洋
四月二十三日	蔡牵盗船 60 余只	古镇洋
五月十四日	蔡牵盗船 60 余艘	竹堑、鹿井头、狮公礁、火烧研等
六月十二日	蔡牵帮盗船 40 余只	罗湖洋

资料来源：(清)阮亨：《瀛舟笔谈》卷 2，嘉庆四年，浙江巡抚阮元赴任后与提督李长庚主办海盗，其从弟阮亨根据阮元幕僚逐日记之文案《洋程笔记》，摘录而成此卷。(本表参考了[日]松浦章《清代帆船东亚航运与中国海商海盗研究》所列蔡牵盗帮活动情况，第302—303页)

营弁惰怠为海盗的发展提供了广阔的发展天地，嘉庆皇帝曾痛斥营弁与海盗的勾结，"海洋地方所设营汛兵丁，原以资捕盗之用，今不但不实力查拿而转受盗赃为其通信"①。嘉庆皇帝的愤怒并非平白无故，若没有水师官兵的纵容、支持，海盗组织很难发展壮大。盗首谭华瑞的例子反映出民众、海盗、水师之间的紧密关系，乾隆四十九年(1784)，领有东莞县牌照的谭华瑞成造商船一只在海上驾船渡活，受雇于神安、郴州、永安、乐昌各埠赴场运盐，"船上原有舵工李祥吉、何耀学，水手麦日华、陈锦华、梁占奎、麦亚

---

① 《清会典事例》卷 630《兵部·绿营处分例·海禁二》，第 1165 页。

贵、谭茂兰、陈亚有、周亚始、麦昌贤、袁迥祥、谭作彦即谭爵燕、王亚胜、王五和、尹亚兴、王亚祐、刘成禄并雇工人李进喜共十九人，李祥吉又另雇封亚保煮饭一共二十人。"乾隆五十一年（1786）正月二十五日，"驶至老万山湾泊，米饭将尽，谭华瑞以运盐赚银有限，起意商同李祥吉等行劫过往货船，得赃分用"，此后谭华瑞等人在老万山一带岛屿驻泊劫掠过往船只，一同劫掠的俱为船上舵工、水手，劫掠所获迅速在海上销售，按照出力出资分红：

> 在水东地方将咸鱼二百一十担，雇车载往梅菉镇，陆续卖与义盛、海源二店，共卖得钱三百五十四千文，驾至僻处，将劫得赃钱同卖鱼钱文共三百九十千文，除归还麦日华米饭花银三十二圆，算钱二十二千四百文，余钱二百六十七千六百文，派作二十八股俵分，谭华瑞为首，出船得八股，麦日华先出本，买备酒米，连利钱得两股，舵工李祥吉何耀学各得股半，李进喜、封亚保两人共给一股，余俱单股，每股分钱一十二千五百文，余钱一十七千六百文，同酒米在船食用，李进喜、封亚保畏罪不敢收受，封亚保除得受工钱九百文外，余钱均系谭华瑞、李祥吉自用。

从水师兵弁那里购得武器是小股海盗武装力量的重要来源，"谭华瑞于四月二十九日前往虎门寨，向熟识外委赵承恩捏称出海运盐防备盗贼，租买军器，赵承恩当拣剩喷筒三枝卖给得钱九百文，麦日华亦于五月十二日向熟识现充炮手兵丁吴有亮捏称运盐防盗，买枪炮火药，吴有亮即将旧存过山鸟一杆租给，言定每月租银二圆先收一月租银"。由捏称"出海运盐防备盗贼"可见，广东沿海民众为了海上安全向水师租买武器的现象应时有发生，尽管私卖武器下海在清代会被判以绞刑，仍有水师官兵为利冒险，上文谭华瑞和麦日华行劫的武器即是来自于虎门寨外委赵承恩、兵丁吴有亮。为以儆效尤，赵承恩与吴有亮最终按照"汛兵分赃通贼与盗贼同科例，均拟斩立决枭示"被判处①。

---

① （清）两广总督孙士毅、两广巡抚图萨布：《奏为严审外洋行劫盗犯谭华瑞等及租卖军火外委赵承恩兵丁吴有亮从重定拟等事》，朱批奏折，档号：04-01-08-0072-005，缩微号：04-01-08-003-2363，乾隆五十一年闰七月二十八日。

　　除去私卖武器,下层文武官兵种种需索责难,日复一日。濒海之区,潮汐靡常,风波不测,出海活动常因巡查、挂号的文武官兵责难而延误,"沿海关汛,阳借稽查之名,阴行勒索之术,凡遇船只出入于挂号之时,需索银钱,顺其意即可放行,拂其情需时等候"①。乾隆晚期,军纪废弛、胥役营私越发使这些海上贫民的处境陷入艰难,零星的、业余的、小规模的海盗活动在中国东南沿海变得越来越常见,岛民或加入劫掠活动,或与他们交易,或得益于这些武装力量的庇护,这就是为什么在下达尽徙岛民旨意时,东南沿海的地方督抚首先站出来,担心将岛民逼入绝境。

　　中国沿海小股、临时性的海盗活动之所以演变为组织庞大、职业的海盗活动,和国外势力的推波助澜有很大关系。乾隆末年,安南国内局势动荡,一部分势力流亡海上与中国海盗联合,这些盗船被称为"夷艇"、"夷匪",活动范围北至江浙海域,"洋匪之滋扰浙省者,安南夷艇为尤甚"②,安南西山政权对藏匿海岛的本土海盗提供船只、火力、官爵,本土海盗则为安南海盗提供军事情报和导航协助,这种互惠互利的合作关系使得中国东南沿海各帮海盗日益壮大,"乾隆五十四年以前,沿海穷鱼贫蛋什伍纠结,伺劫商盐船只,并无大伙联艅敢与官兵抗拒之事。迨安南阮光平父子有国,惯以豢贼为能,召集内地亡命,给予炮火、米粮、器械、船只,俾其至闽、粤洋面肆行劫掠"。③ "刺激中国海盗活动转型的因素是越南西山起义。从十八世纪八十年代开始,中国海盗开始应募加入西山海军,作为回报,他们被授予各种官阶头衔……原本属于临时生计的海盗活动变成了一种全天候行当,为贫穷的广东人提供了不断向上攀升的机遇"④,关于西山政权与华南海盗的关系

---

　　① （清）梁廷枏总纂,袁钟仁校注:《粤海关志》卷7《设官》,广东人民出版社2001年版,第121页。

　　② （清）阮亨:《瀛舟笔谈》卷1,第1页。

　　③ 《广东海防汇览》卷26《方略十五》,第715页。

　　④ Evelyn S.Rawski 对穆黛安(Dian Murray) 有关华南海盗研究的评论,载 *Journal of Asian Studies*, Aug. 1988, p.611.转自刘平:《清中叶广东海盗问题探索》,《清史研究》1998年第1期。

已有学者论述,此不赘言①。

除了来自安南海盗的支持,西方人与沿海人群的最先接触也成为了中国近海区域的不稳定因素。为避免民众与"夷人"过多接触,清廷尽量将西方人的活动区域局限在小范围之内,可是约束这些惯于在大洋中穿梭的人并非易事。越来越多的西方人在近海岛屿湾泊驻足,"夷"与民的交往伴随着有利可图的海上营生经年累月地发生着,"凡外番洋船及本港洋船未进虎门之先,必在洋面三门地方湾泊候风进口,其附近三门之南沙、宁州等村,每有乡民渔船接运私货寄顿村内,乘便装运来省,不入虎门,私由镇口走漏,该口虽设有税馆,向止稽查出口之船,征其货税,入口船只从不盘验"②。前文所引史料表明,乾嘉之际的许多海岛成为海盗铸造武器和藏匿军火之地。笔者推测,除了安南政权的武装支持,在沿海居民同世界各地商人贸易往来的过程中,海外军火和船舰最先从海上私下、秘密地流入中国,这也许是19世纪中国骚乱最先从海上开始的重要原因。对于海外军事武器如何流入中国,笔者未有深入研究,不过,由明末清初军事对抗中,沿海岛屿的洋炮在两军胜负中起到的重要作用便可看出,作为西方人活动区域的海岛是中国较早使用和铸造这些新式武器的地方③。

岛民的编甲政策尽管收效甚微,但一直延续到乾隆朝以后,"沿海地方旧有呑长、旗长等名,然往往舞弊弄法。在别择人以任之,不以他事差遣之"④。嘉庆四年(1799),福建巡抚汪志尹奏,"每澳设有诚实澳甲一名。

① 关于东南海盗问题参见张中训:《清嘉庆年间闽浙海盗组织研究》,《中国海洋发展史论文集》第二辑,"中研院"三民主义研究所1986年版,第161—189页;叶志如:《乾嘉年间广东海上武装活动概述——兼评麦有金等七帮的〈公立约单〉》,《历史档案》1989年第2期;刘平:《乾嘉之交广东海盗与西山政权的关系》,《江海学刊》1997年第6期;曾小全:《清代嘉庆时期的海盗与广东沿海社会》,《史林》2004年第2期。

② 《清宫粤港澳商贸档案全集》第1册第136条,雍正十三年八月初六日,第579—582页。

③ 罗香林:《香港新发现南明永历四年所造大炮考》,《文史会》第1卷第1期,第1—2页(1957年6月);黄一农:《红夷大炮与明清战争:以火炮测准技术之演变为例》,(新竹)《清华学报》1996年第1期;金国平、吴志良:《澳门博卡罗铸炮场之始终》,《镜海缥缈》,澳门承认教育学会,2001年,第278—283页。

④ (清)阮亨:《瀛舟笔谈》卷1,第14—15页。

每十户又设一甲长,查拿通盗及为匪之犯,知情不举者,连坐"①。嘉庆四年,广东御史黄照条奏:"责成州县官每年亲到沿海各村庄稽查一次,并令慎选保甲。"②为使人口流动得到控制,对保甲、澳甲长支付薪金,"给以费,使之互纠通贼者,获之有赏"③。针对海岛外来居民的稽查,嘉庆五年(1800),浙江省颁发给各州县的示谕如此说:"沿海厅县有孤悬海外之岛岙,原系内地无业民人,搭寮居住,耕渔为生,闽省寄籍尤多,随潮往来,奸宄易于潜踪,于各岛岙内择其守分耕作者,举充保正,同内地一体编查。若鱼汛外来人居住不常,另立一簿书记人名、年貌、籍贯,以备稽查"④,浙江省将外来流动人口予以登记意在弥补以往保甲册仅登记定居人户的不足。嘉庆六年(1801),奏准:

> 各省海岛除例应封禁者,不许民人渔户扎搭寮棚居住采捕外,其居住多年不便驱逐之海岛村墟及渔户出洋采捕、暂在海岛搭寮栖止者,责令沿海巡洋员弁实力稽查……又奏准山东、浙江二省海岛居民,除不许增添房屋外,其现住居民令沿海各州县并守口员弁实力巡查,并责成该管镇道于出洋之时严密查察,毋使稍有容留,仍于年底查明有无增添,专折具奏。又奏准江南省小羊山地方,如有无照民人偷漏赴山者,守口官照无照民人出口例,一二名者,罚俸一年;三名以上,降一级留任;五名以上,降一级调用;十名以上,降三级调用。巡山员弁,亦照此例议处。⑤

另一方面,为提高保甲组织对抗海盗的能力,地方官进而将保甲组织发展为水军、乡勇、团练⑥。将沿海民众直接纳入水师既可防止民众与夷、盗

---

① （清）汪志尹:《议海口情形疏》,《清经世文编》卷85《兵政十六·海防下》,第2115页。
② 《广东海防汇览》卷33《保甲》,第856页。
③ （清）阮亨:《瀛舟笔谈》卷1,第7页。
④ （清）阮亨:《瀛舟笔谈》卷1,第14—15页。
⑤ 《清会典事例》卷630《兵部·绿营处分例·海禁二》,第1165—1166页。
⑥ [美]罗伯特·安东尼著,梁敏玲译:《国家、社区与广东省镇压海盗的行动1809—1810》,《清史译丛》第10辑,齐鲁书社2010年版。

的勾结,也可弥补水师战船难以进泊浅澳、营弁不熟悉水道的弊端。乾隆六十年(1795),广东地方官奏在沿海"择其精壮出力者挑捕水师兵丁等语,既可杜绝渔户等为贼送水及接济贼粮等事,并可作为眼目"①。嘉庆年间,盗情难以遏制,东南沿海地方官纷纷订立章程,希望把民众吸收到抵御海盗的力量中。嘉庆十一年(1806),闽浙总兵玉德奏请在"本省(福建)沿海乡民内再添募熟悉水势兵二千名"②。两广总督那彦成在沿海组织团练抵御海盗,渔船随水师出洋捕盗均给予枪炮,"地方民人并红单鱼蛋能随同师船出洋剿捕,亦即量给口粮,分配子药,果能擒拿巨魁,立即奏予官阶,但有斩绞贼匪亦即优加奖赏"③。嘉庆十四年(1809),广东巡抚兼署两广总督韩崶奏:"沿海村落随处可达外洋,贼匪易生窥伺,必先固内而后御外。凡属扼要炮台,宜多拨弁兵严固防守;并令沿海地方衿耆董率丁壮互相捍护,各守段落、自卫身家,较为得力。"④待海盗剿灭后渔船所持武器被收回,各自恢复旧业,"各海口渔船从前有协同官兵出洋捕盗者,均给予枪炮,现俱派逐一收回,其自制之器械亦俱押"⑤。

编岛民为水军的方式早在宋元即已采用,宋绍兴间曾招降大奚山岛民,"选其少壮者为水军,老弱者放归立寨,设官弹压"⑥。元至正二十三年(1363),镇守江浙的忙兀台奏:"以贩鬻私盐者皆海岛民,今征日本可募为水工,从之。"⑦明代,政府为控制岛民将其充作军队,洪武年间花茂"请设沿海依山广海、碣石、神电等二十四卫所,筑城浚池,收集海岛隐料无籍等军,仍于山海要害地立堡屯军,以备不虞,皆报可"⑧。永乐六年(1408),命丰

① 《乾隆朝上谕档》第 18 册,乾隆六十年十二月初六日,第 931 页。

② 《剿平蔡牵奏稿》第 4 册,第 1287—1288 页。

③ (清)章佳容安辑:《那文毅公两广总督奏议》,第 1458 页。

④ 《清耆献类征选编》卷 11《韩崶》,《台湾文献史料丛刊》第九辑,第 1388 页。

⑤ (清)两广总督百龄:《奏为查勘粤洋西路各岛岸搜获余匪盗穴各情并派船分段巡缉海面》,朱批奏折,档号:04-01-03-0044-022,缩微号:04-01-03-002-1082,嘉庆十五年七月二十一日。

⑥ 《广东通志》卷 57《岭蛮志》,雍正八年刻本,第 1774 页。

⑦ 《元史》卷 131《列传第一八》,第 3189 页。

⑧ 《明史》卷 134《列传第二二》,第 3908 页。

城侯李彬等缘海捕倭，"复招岛人、蛋户、贾竖、渔丁为兵"①，招蛋户、岛人、商人、渔户为兵，一方面是为控制流动人口，另一方面也为防止他们通倭。为更好地熟悉洋面情形，清代水师官兵大多选自沿海之人，下级武弁的选任也并不会避讳当地人，而且在兵力薄弱的海岛，岛民会被征作水师参与洋面的巡哨，"康熙五十三年，设金州水师营协领一人，佐领二人，防御四人，骁骑校八人，水师五百名，于岛丁内挑选四百七十名发往，谙练水性人三十名"②。受招抚的海盗有一部分被编入水师③，在盗帮平定后，为逃避上缴枪炮，一些曾经由政府配发枪炮的民众"驶泊僻远之地，尚有私留"④，民、盗、军错综复杂的关系由此可见一斑。此后，为利用岛民对付夷人，编岛民为水军的做法在道咸年间更加普遍。道光二十年（1840），林则徐督粤，认为"夷人藐视水师而畏沿海枭徒"⑤，将蛋民编为军队潜伏于岛屿攻打来犯的外夷，"招募渔蛋，董以兵弁，潜伏岛屿，随时挈小船攻扑，先炼钉夷舶四旁，使受火一时难脱，重给赏赀。与兵勇约法七章，训练既娴，人知运用，踊跃争先"⑥。

可以说，在传统的海上中国，军、民、盗本就是同一群人在不同境遇下的不断转换。海上人群被政府诏安编入沿海各地州县保甲，或因生活所迫转为"盗寇"，或因政府需要招募为水师。他们习风涛之险、大洋中进退自如，在与政府力量不断地斗争与妥协中，自愿或被迫地选择着自己的海上谋生之道，这些谋生之道取决于生存环境，又被政府冠以不同的称谓。因为他们源自同一群人，也更容易纠葛在一起，这让政府颇为紧张，当武装力量集结壮大到敢于同政府抗衡，政府会采取争取、分解、隔绝等种种手段，这无非是

---

① 《明史》卷91《志第六七·兵三》，第2244页。

② 《清文献通考》卷182《兵考》，第6429页。

③ 据张中训统计，7043名接受招安的海盗中，有718人被编入水师。见《清嘉庆年间闽浙海盗组织研究》，载《中国海洋发展史论文集》第二辑，"中研院"三民主义研究所1986年版，第187页。

④ 《广东海防汇览》卷26《方略十五》，第722页。

⑤ （清）魏源：《夷艘入寇记》，不分卷，《中国近代史料丛刊三编》第61辑，第124页。

⑥ （清）梁廷枏：《夷氛闻记》卷2，中华书局1959年版，第35—36页。

想斩断军、民与盗的联系。

伴随乾嘉之际海上秩序的失控，不断有官员提出恢复康熙迁界时的禁海令，他们希望效仿康熙年间迁海令的方式来避免岛民落入非政府武装力量，在成千上万的岛民群体已扎根于海上之时，这种主张显然不合时宜。实际上，为断绝海盗接济，中央已接连颁发了限制商渔船只携带米盐、禁止茶叶海运等谕令①。嘉庆初年的地方官也在不同程度地施行海禁，如浙江巡抚阮元在嘉庆初年上任后，"檄埠头、旗长查渔户小船，晨出暮必返；檄汛口私漏者，执之私漏赏以所漏之物；檄海滨冶者，迁入城，私造铁器出城者，有诛；檄兵船漏硝磺以济贼者，斩；檄商船毋独行，贼来则禁，毋出海……"②嘉庆十年三月，广东布政使广厚、按察使秦瀛条议："沿海寮棚能否全行拆毁，不准再有搭盖……"③嘉庆十四年（1809），百龄赴两广总督任后，将米盐海运改为陆运，这一政策的确影响到海盗的生计，他们变为更频繁地劫掠沿岸居民。

与此相反，为避免将岛民逼向绝境，不少官员主张在承认岛民现状的基础上加以利用。嘉庆四年（1799），福建巡抚汪志尹对恢复康熙朝海禁令反驳道：

> 沿海无地可耕，全赖捕鱼腌贩，以为仰事俯育之资。况商船更大，其舵水悉系雇用贫民，更不知其几千万亿众也。若一概令其舍舟登陆，谋生乏术，迫于饥寒，势必铤而走险，将恐海盗未靖而陆盗转炽矣。④

同年，两广总督吉庆也道："滨海之民无可谋生，所关甚重，即如蛋户一项，平日捕鱼为业，以海为生，不异农民以田为命，且粤东关盐向由海运，更

---

① 《清会典事例》卷630《兵部·绿营处分例·海禁二》，第1165页。
② 《定海厅志》卷28《大事志》，光绪十一年刻本，第38页。
③ 《广东海防汇览》卷34《方略二十三》，第875页。
④ （清）汪志尹：《议海口情形疏》，《清经世文编》卷85《兵政十六·海防下》，第2115页。

难禁其出洋。此粤东不能海禁之实在情形也。"①无论支持海禁抑或反对海禁，两种主张说明，自从清初迁海令就困扰政府的问题并未得到根本性的改变，其对后世政府带来的深刻影响持续至当代。

最终为使海盗"无从托足"，广东地方官对海岛再次仿照清初迁界荒弃的办法。嘉庆十四年（1809）六月，两广总督百龄因海岛民众"通盗济匪"，故逐一确查沿海岛屿，"概令拆毁，移居附近村墟人烟稠密之地，安户编查，通行保甲之法"②。嘉庆十五年（1810），曾被据为巢穴的海岛由水师扫平，对广州湾一带岛屿"贼匪"与民众，"一面解省究办，一面编查保甲"③。该年七月，刚刚将广东六帮海盗一一平定的总督百龄解除海禁后，将招抚盗匪安插入内地，并立即在沿海澳屿编排民众：

> 硇洲周围三十里，烟户二千七十余家……东海围约二百余里，迤东一带皆系砂土，惟西南毗连之东山墟地方，居民分为上、中、下三社，共烟户五千八百八十余家……广州湾周围六十余里，其烟户只有零星村落一百余家，皆编列牌保甲长，造册备查……至西海岸傍之草潭、北罗、旧庙、杨甘墟、乐民、江洪及海康县属之乌石埠、徐闻县属之锦囊山、狗吼、青铜、东场等处村庄，相距或五六十里，或二三十里，港岸毗连烟户错处，亦均经该镇道等逐一编查……并将各渔户编列澳甲，出具连环保结，朝出暮归。④

材料所涉及的不只有硇洲、东海等岛屿还有粤西大陆沿岸草潭、北罗等地，此时编排民众距离百龄迁徙岛民的时间仅一年，由岛屿的烟户数目来看，嘉庆十四年迁徙岛民的范围非常有限，就笔者目前所见文献，仅涠洲岛

---

① 《广东海防汇览》卷34《方略二十三》，第874页。
② 《广东海防汇览》卷14《方略三》，第423页。
③ （清）章佳容安辑：《那文毅公两广总督奏议》，第1673页。
④ （清）两广总督百龄：《奏为查勘粤洋西路各岛岸搜获余匪盗穴各情并派船分段巡缉海面》，朱批奏折，档号：04-01-03-0044-022，缩微：04-01-03-002-1082，嘉庆十五年七月二十一日。

民被迁徙至雷、廉二府居住,详见后文。嘉庆十四年(1809)八月二十六日,
闽浙总督张师诚等人奏报了歼灭蔡牵帮的奏折,朱濆也于同年十一月率众
三千余人在闽省投降①。广东地方官以分化瓦解的办法平息了近二十年的
骚结②,嘉庆十五年(1810)二月,最大一股海盗红旗帮首领张保仔接受招
安。在这个被学者称为海盗的"黄金时代"结束之后,并非意味着海盗活动
的终结。鸦片战争爆发前后,海盗再次横行于洋面,与英国人的侵略活动一
起威胁着清政府的海洋安全③。然除了重申编排保甲或加重惩罚甚至拆毁
房屋外,似再无其他办法,政府试图控制沿海人群与船只的行动陷入一场无
休止的战斗。

第四节　防夷与防盗下的海岛禁区设置:
以广东涠洲岛为例

因逼近夷洋,涠洲、斜阳二岛自乾隆五十五年(1790)禁止民众居住、晾
晒鱼类。安南问题,成为涠洲岛无法解禁最重要的外部原因。涠洲岛(今
属广西省北海市海城区涠洲镇)位于雷州府"遂溪县西南二百里大海
中"④,今雷州半岛西南,是北部湾最大的岛屿,面积为 24.716 平方千米,又
名"大蓬莱"、"涠洲墩"、"马渡"等,涠洲岛地处亚热带,海况稳定,周边海
域是重要的渔场,这里盛产海参、珍珠、鲍鱼等名贵海产品,岛的西南是虾
场,水深 36—43 米,出产赤须虾、长足鹰爪虾和斑节对虾等。涠洲岛南部有

---

① 有关清廷对蔡牵和朱濆的剿灭可参见季士家:《清军机处〈蔡牵反清斗争项〉档
案述略》,《历史档案》1982 年第 1 期;季士家:《蔡牵研究九题》,《历史档案》1992 年第 1
期;陈启汉:《清代乾嘉时期朱濆海上起事考辨》,《广东社会科学》2010 年第 3 期。
② 关于广东海盗集团瓦解的原因,可参见[美]罗伯特·安东尼著,梁敏玲译:《国
家、社区与广东省镇压海盗的行动 1809—1810》,《清史译丛》第 10 辑,齐鲁书社 2010 年
版。
③ 姜修宪、王列辉:《开埠初期闽浙沿海的海盗活动初探》,《安徽史学》2006 年第
2 期。
④ 《廉州府志》卷 2《疆域》,乾隆二十一年刻本,第 26 页。

南湾港渔港,港口坐北向南,是由火山口形成的天然港湾,宋元以来,该港口一直是商渔船只停靠和避风的重要港口。涠洲岛东南方向三四十里处有斜阳岛(又称斜洋、蛇洋,今属广西省北海市海城区涠洲镇)①,斜阳岛不仅盛产各种鱼类,其南部海域是重要的虾场,该虾场水深 17—27 米,主捕赤虾、须赤虾、刀额新对虾等。涠洲岛土壤为火山灰质,土地肥沃,今涠洲岛有旱田 14409 亩,水田有 491 亩,玉米、水稻、香蕉、红薯皆可大量种植。然而,因涠洲岛无天然河流,地下水分布不均,即使今天已修建了一座小型水库,并有 19 座机井(深水井),涠洲岛仍面临严重缺水②。可以想见在传统中国,涠洲岛的淡水资源多么稀少。

晋代刘欣期《交州记》曾记载过这里的采珠人③。明洪武三年(1370),设涠洲巡检司。明中叶,涠洲岛因有珠池而备受政府关注,万历八年(1580)迁雷州民于岛上为政府专职采珠,并在此设军看守珠池,"(万历)十七年定设涠洲游击一员,兵一千六百六名,战船四十九,分五哨驻守。"④涠洲游击作为廉州府最重要的军事据点,布有一千多名兵弁,相当于当时一个水寨的兵力⑤。政府控制珠池,私自采珠的人被冠以"珠盗"之名,万历二十八年(1600)后,因采珠所获不多遂罢。明末这里是各方势力的据点,"珠禁弛则驾大船以盗珠;珠禁严则驾小艇以行劫交通捕快,接济番舶"⑥。

清初迁界时,涠洲岛民被安插至雷、廉两府。展界后,明代的涠洲游击

① 《廉州府志》卷 2《山川》,乾隆二十一年刻本,第 26 页。涠洲岛距北海 21 海里,面积 24.98 平方千米,9 海里东南方向为斜阳岛,面积 1.89 平方千米。北海市地方志编纂委员会:《北海市志》,广西人民出版社 2002 年版,第 105 页。
② 《涠洲岛志》,广西人民出版社 2012 年版,第 179 页。
③ (清)张国经修,郑抱素纂:《廉州府志》卷 14《外纪》,崇祯十年刻本,《稀见中国地方志汇刊》第 49 册,中国书店出版社 1992 年版,第 256 页。
④ 杜臻:《粤闽巡视纪略》卷 1,第 34 页
⑤ 黄中青:《明代的水寨与游兵》,宜兰(台北市)明史研究小组,1990 年。
⑥ (明)王在晋:《海防纂要》卷 1《广东事宜》,万历四十一年刻本,《续修四库全书》第 739 册,上海古籍出版社 2002 年版,第 662 页;明末清初涠洲附近海域形势可参见李庆新:《濒海之地:南海贸易与中外关系史研究》,中华书局 2010 年版,第 267—279 页。

官兵并入龙门协水师营①,龙门协水师所驻钦州府正南面六十里海中的龙门岛(今属钦州市)②,是清初南明残余"邓耀、杨彦迪等盘踞之地"③。涠洲游击向龙门协水师营的变化,既是出于清廷对南明势力死灰复燃的担心,也有加强对安南防范的意图。展界后的涠洲岛属距六百里远的海安营巡视范围,因相隔遥远,营弁并不认真稽查。而从康熙二十二年(1683)展界至乾隆末年承认沿海岛屿岛民的合法身份,涠洲岛始终未能获得王朝的承认,其间不断有绅士请求开复涠洲岛,但未得允许。军事上的真空使得这里成为海盗的藏匿之所。乾隆十八年(1753),廉州知府周硕勋因涠洲"漫无专辖,恐聚匪藏奸,请饬水师相机控制",后经各方商议方划归距离一百五十里的永安营专责管辖:

> 查雷协海安营距涠洲六百余里,龙协永安营距涠洲一百五十里,涠洲本隶雷郡,若海安营因相隔路遥而竟置不问,殊非定界分疆之道,若永安营以涠洲非廉郡所属,近在肘腋竟膜不相关,亦非急公趋事之议,应令龙门协副将永安营游击每年上下班统巡时,各赴涠洲亲查,结报月巡应归永安守备以专责成,议属平允,上于两院通饬遵行。④

此后,永安协兵弁须按期赴涠洲稽查,但如前文述,此时民众赴外洋深海捕捞的活动愈加频繁,地方政府虽对招民垦种意见不一,但对渔民搭寮暂住的情况一直是默许的,兵弁即使严厉稽查涠洲也只是针对盗匪并不会干涉搭厂居住的渔民,所以涠洲和斜阳岛"附近贫民率往栽薯刈草"。直到乾

---

① "康熙元年迁界,将涠洲官兵改入廉镇左营,珠场陆营官兵改设乾体水师营,其沿海八寨以及永安所城皆系水师营分拨官兵防守。康熙十四年伪逆变乱,营制废弛,十七年复行,题设乾水师营,康熙二十三年改设龙门协水师"。见《廉州府志》卷6《武备志》,康熙六十年刊本,第440页。关于龙门岛的军事设防可参见邢泷语、刘正刚:《明清时期北部湾海防探析——以龙门岛为例》,《北部湾海洋文化论坛论文集》,广西人民出版社2010年版,第19—38页。
② (明)林希元纂修:《钦州志》卷1《山川》,嘉靖年间,第12页。
③ 《廉州府志》卷6《武备志》,康熙六十年刊本,第440页。
④ 《廉州府志》卷2《疆域·合浦县》,乾隆二十一年刻本,第26页。

隆五十四年(1789)，福康安反对不作区分地驱逐岛民，实际上承认了沿海民众数百年来的开发成果，涠洲、斜阳二岛却在此时被封禁：

> 粤东如雷州府属之海康、遂溪等县洋面涠洲、斜阳二岛，地堪种植，山有淡泉，附近贫民率往栽薯刈草，而奸匪因之藏匿。臣因该处逼近夷洋，断难任其占住，叠饬文武严切查拿，尽行散逐……并询明各户本籍住址，抚恤安插。①

沿海岛屿居民就地编排保甲被作为国策推行的同时，涠洲、斜阳岛也由此开启了禁岛的历史。乾隆五十五年(1790)谕令将涠洲、斜阳二岛居民递回原籍安置，并将寮房概行烧毁②。福康安建议若条件允许可驻扎兵弁看守，继任地方官核查后认为不可，"涠洲四面大洋，时有飓风猝发，飞沙走石，猛烈非常，从前沿海民人潜赴樵采零星搭盖草寮，每被暴风掀揭……若兵丁在彼驻防即须运米接济，重洋险阻，输载殊费周章，该岛又不产竹木，春夏只生茅草，过此更无可资炊爨。"③"重洋险阻"的涠洲岛仍作为永安营汛哨兵弁定期巡视之地，"无业游民有偷渡私(往者)，为数(不少)"④，营弁相互推诿带来的管理松懈问题并未得到改善。

自乾隆二十二年(1757)，一口通商政策使中国南部海域独享海上贸易的繁荣景象。此时清政府除军械、硝黄外，还将大米、铁器等物都列入禁止贸易的名单内，而安南等东南亚国家对铁的需求和广东等地对大米的需求

---

① （清）两广总督福康安：《奏为查改外海内河船只及清查海岛占住居民请展限办理事》，朱批奏折，档号：04-01-30-0495-007，缩微号：04-01-30-030-1662，乾隆五十四年十一月十五日。

② 《清会典事例》卷158《户部七·户口》，第1002页。

③ （清）署理两广总督郭世勋：《奏为确勘涠洲海岛情形及筹办巡哨请旨事》，朱批奏折，档号：04-01-01-0446-002，缩微号：04-01-01-057-2058，乾隆五十七年七月二十九日。

④ 见百龄嘉庆十五年立于涠洲岛的封禁碑文，括号里的字因模糊难辨由搜集碑文的陈辉东添加。禁碑载于北海市地方志办公室编：《北海史稿汇纂》，方志出版社2006年版，第569—573页。

使得走私贸易猖獗，涠洲因靠近安南，成为走私据点，常为"海盗"盘踞①。乾隆五十四年(1789)，安南黎氏集团衰微，阮光平父子(西山起义首领)篡位，引起社会动乱，亡命之徒流亡海上，在我国东南沿海形成武装海盗，劫掠商船、渔船，西山政权不仅利用中国海盗，甚至直接指示西山军到中国沿海劫掠。从乾隆中叶到乾隆末年，广东海盗以越南为基地时常对中国沿海进行侵扰，北至江浙海域，清政府不断加强北部湾龙门协一带汛哨兵力，并照会安南国王督同逮捕海盗，但成效极为有限。

嘉庆八年(1813)，西山政权灭亡，海盗失去了赖以容身的大本营，"其在闽者皆为漳盗蔡牵所并"②，其他则转为小股海盗藏匿于涠洲、斜阳、东海、硇洲等各岛屿上。这些小股海盗联合起来开始大规模的集团行动，成为与当时闽浙沿海蔡牵集团实力相当的海盗团体③。在海盗最猖獗的时期，地方官为杜绝民众接济将清空岛屿作为剿盗之方，"嘉庆十一二年间，洋匪与岸匪相同，踞为贼巢。两广总督百龄巡边至雷，饬(涠)洲内居民徙入雷廉居室，田亩禁毁"④。

嘉庆十五年(1820)，两广总督百龄刚刚剿灭海盗各帮即下令对广东沿海岛屿逐一编查，但唯独对涠洲、斜阳岛重申禁令，驱赶住在岛上的470余口雷州府男妇，堵塞岛上崖洞山穴，并立禁碑于涠洲岛。据百龄所说，涠洲岛470余口被迁岛民皆是春至冬回，这说明对于渔民搭寮暂住也开始禁止，其在奏疏中如是说："此等海外孤屿并无殷实土著之人，亦无庐墓可守，距内地遥隔大洋，既未便设官远戍，亦不值召垦升科，自应照旧永远封禁，免至

① 《廉州府志》卷2《山川》，乾隆二十一年刻本，第26页。

② (清)魏源：《嘉庆东南靖海记》，《台湾文献丛刊》第七辑，第81—82页。

③ 关于广东海盗问题可参见[美]穆黛安著，刘平译：《华南海盗(1790—1810)》，中国社会科学出版社1997年版；刘平：《清中叶广东海盗问题探索》，《清史研究》1998年第1期；Robert J. Antony, *Like Froth Floating on the Sea: The World of Pirates and Seafarers in Late Imperial South China Sea*, China Research Monograph, Institute of East Asia Studies, University of California(Berkeley), 2003; 曾小全：《清代嘉庆时期的海盗与广东沿海社会》，《史林》2004年第2期。

④ (清)张堉春修，陈志昌纂：《廉州府志》卷13《经政五·海防》，道光十三年刻本，第308页。此处迁徙涠洲岛民时间应为嘉庆十四年，见前文。

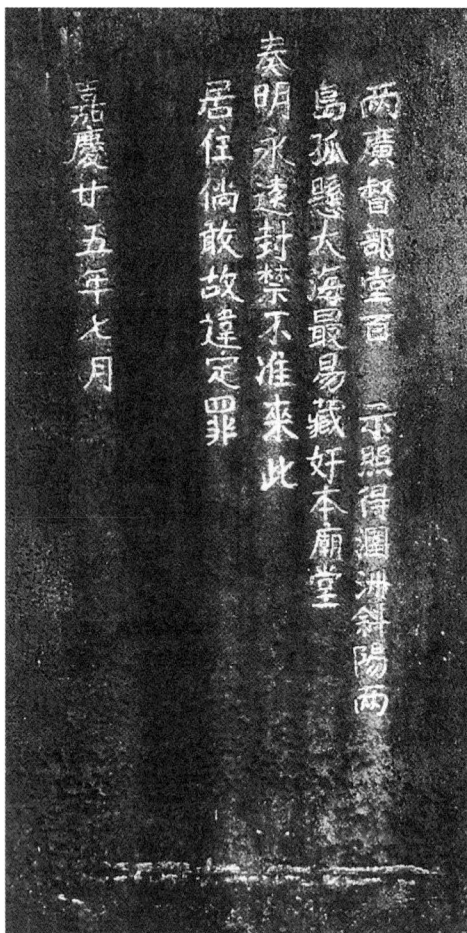

图8　嘉庆二十五年涠洲岛封禁碑（笔者拍摄于涠洲岛三婆庙门前左侧）

注：碑高1.29米，宽0.70米，厚0.12米，碑石取材于
涠洲岛本土的黑色石块。

影射藏奸。"①可见，从乾隆五十五年（1790）福康安禁涠洲岛到百龄竖立禁碑，对涠洲和斜阳二岛的禁令达到了空前严苛的程度。尽管如此，私垦之民禁而不止。嘉庆二十五年（1820），两广总督阮元再次立禁碑于岛上。直到

---

① （清）两广总督百龄：《奏为查勘粤洋西路各岛岸搜获余匪盗穴各情并派船分段巡缉海面》，朱批奏折，档号：04-01-03-0044-022，缩微号：04-01-03-002-1082，嘉庆十五年七月二十一日。

同光年间,西方势力干涉和客民械斗迫使清政府解除岛禁方才改变这种局面①。

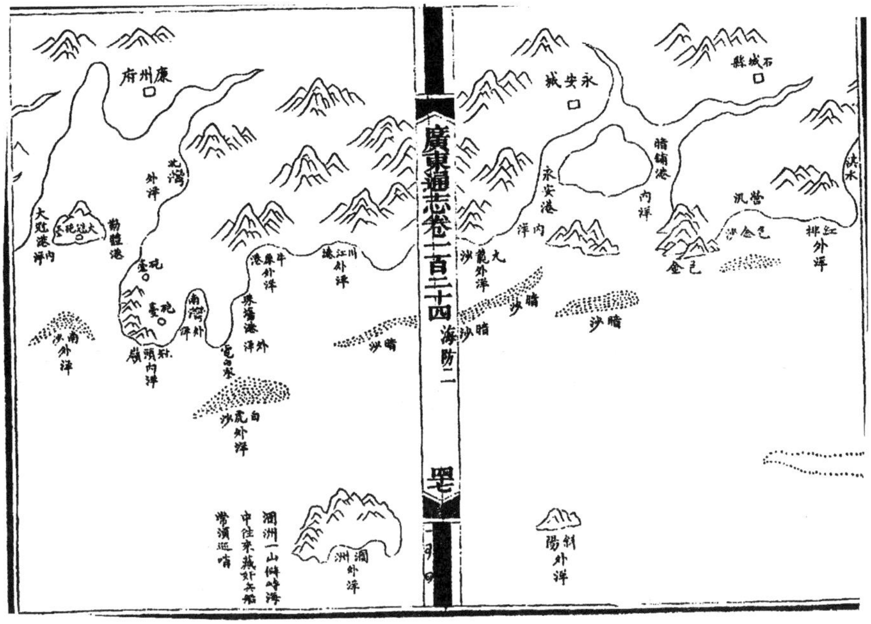

图9　道光《广东通志》中的内外洋面图(二)

小　结

　　不少学者已充分认可了18世纪中国政府所具有的控制力和积极精神②。然而对于岛民治理来说,这种积极精神毋宁说是对现实的妥协。透过本章的讨论,相对于康熙和雍正年间,乾隆时期的海岛政策更为严厉和保守。乾隆帝对"洋利"表现出的担忧和不安同皇帝个人对海洋的消极态度

---

① 可参见陈贤波:《明清华南海岛的经营与开发——以北部湾涠洲岛为例》,《明代研究》(台北)第15期,2010年12月。

② 张研:《十八世纪的中国社会》,昭明出版社2000年版;[法]魏丕信著,徐建青译:《18世纪中国的官僚制度与荒政》,江苏人民出版社2003年版。

有关,也同此时海洋经济发展的势头和人口流动性加剧有关。然而现实中不断涌现出来的新问题和新冲突到乾隆晚期愈加纷繁,乾隆末年,当安置流民成为决策者和地方官员的头等大事时,急于稳定岛民的政策出台就变得不难理解。面临民众如潮水般涌向海岛以及海洋盗案的频发,乾隆政府最终采取了承认既成事实的管理之策,将岛民居住身份予以合法化。对岛民就地编排保甲,试图在海岛人群里寻找民间自治力量与官府配合稽查盗匪。然而,既能稳定地方秩序又可节省管理成本的希望并未能如愿,民间自治的行政机构极易形成海盗组织或被海盗所利用。

与此同时,西方资本主义国家正处于上升期,新兴国家的经济扩张已在所难免。作为叩响国门的前哨站,海岛注定成为中西方矛盾的导火索。但在统治者看来,这并非燃眉之急,统治者面临更大的问题是海盗在东南海疆的大规模兴起,当面对数量众多的海岛聚众人群陷入无秩序的海上活动,继任政府主要是延续前朝的管理模式即对岛民编甲,并对以往的编甲细则有许多改进如将流动人口编入册内、为保甲长发放薪金。但面临人口向海洋的大规模流动、民间海洋经济的发展、水师稽查制度的堕坏、西方人航海东来等一系列内外环境的变化,这种管理之策本身存在的问题就凸显出来,导致海洋人群一度失控。在剿灭大股盗帮后,地方官着手对盗区进行清查以绝后患。在此背景下,乾嘉之际的岛民合法化并未能向涠洲岛敞开门户,涠洲岛最终被贴上了禁岛的标签。

结　语

　　本书力图呈现顺康到乾嘉之际国家对岛民管理的变迁过程。即在海洋经济发展和人口增长的背景下,大量人口逐渐涌向海洋,为将岛民纳入官方有序的管理中,王朝政策如何在地理、政治、文化边缘的众多海岛一步步推及和调整的过程。不难发现,王朝权力在岛屿的推广不仅是王朝权力向海疆推行和表达的过程,同时更是民众开拓海岛逐渐取得合法权利的过程,两者相互影响、相互映照。由本书可看到,在为防岛民而治岛民的初衷下,要解释王朝希图求治却又事与愿违的矛盾,不仅要从海防制度和海洋经济发展的冲突去寻找原因,更应该从王朝所推行的岛民管理政策本身去追寻究竟。

　　自明代中叶以来,海上力量逐渐崛起并在近海一带长期活动,经过长时间积累,流动的海域空间内形成相对稳定的、足以同政府相抗衡的组织结构,加上外部力量的推动,沿海人群被周期性地卷入非政府力量。在经历了明清之际的海岛割据与政权对垒后,清廷施行展界,但同时确立了一系列海洋禁规以限制沿海民众的出洋范围,岛屿开复进程深受影响。而各朝君臣对岛屿开复的态度、岛屿自身的地理状况、开发程度等因素也一同影响着岛民管理的模式。

　　尽管清代以前已在个别海岛设置行政机构,但对于大多数岛民来说,仍置身于王权之外,康熙朝展界后,将沿海分割成内外洋面进而实行不同的稽查防御制度,民众被禁止赴外洋搭厂居住,并通过编甲、给照等方式将这群海上游众限制在王朝划定的畛域内。同时,康熙、雍正两朝恤养贫民、鼓励拓垦的一系列政策实施对岛民群体的增长发挥着重要作用,地方官员对沿海人群谋求生计的默许,水师营弁巡洋的懈怠为岛民远拓提供了可能。乾隆末年,在岛民增多又难以驱逐的情况下,各地巡抚上报沿海岛屿数目及岛民人数并进行保甲编排,意在承认岛民的开发事实。然而保甲编查却并未能有效将岛民约束在王朝权力之内,乾嘉之际海盗集团的活跃将大批岛民吸附其中即是最好的明证。在此过程中,无论是主动将岛民纳入管理还是被动接受违禁开拓的既成事实,王朝都曾试图将岛民纳入控制。

在政府强化海洋人群管理的过程中,海岛成为控御海洋的支点而得到前所未有的重视。政府在严防岛民向外洋岛屿开拓的同时在准许开复的岛屿,因岛而异采取了不同的管理模式。尤其在雍正朝,海岛被纳入全国政治区划改革范畴下,民事管理的重要性大大凸显,但这种对大陆居民的管理方式在管理岛民时遇到了难题:其一,大量流动的外来人口并未能予以有效管理,在乾隆朝面临日益膨胀的海岛聚众时,这一问题同样没能得到解决。其二,近海地区的海岛军政机构日益密集的同时,民间海上力量以及非政府组织却走向外洋,悄然壮大。

将海洋人群限制在近海,或者说维持对近海海域的绝对控制是清朝政府在海洋管理方面的出发点,也是极大的弱点。由于中央政策与地方执行存在很大差距,将民众限制在内洋的规定并未能真正遏制民众的活动范围。始料不及的是,政府对于"内洋"与"外洋"的界限划分与区别管理,致使大多数并未设治甚至明令严禁的岛屿成为贫民逋逃之地从而滋生了不安定的因素,失控人群逐渐流向"外洋",并反过来形成对内洋及大陆的威胁。不过,某种程度上,乾隆末年东南海域的大规模政府与非政府武装冲突,正是由于政府权力相伴随的农业经济向海上推进,海洋经济受到冲击而引起了海上秩序的混乱。换言之,冲突实质上是清代王朝权力与沿海民众在海上取得了质的进步和量的拓展所产生的结果。虽然不能一概而论,但大致而言,相比明代与清初,海上矛盾与冲突的爆发点已经逐渐远离海岸。

尽管清前期的岛民管理政策存在诸多不足,但从"海外荒岛"到"悉隶版图",清廷对海岛开发与经营所产生的影响不容忽视,所采取的治理方式也最终影响了当时和后来人对于海岛管理模式的理解。乾隆《新宁县志》所载雍正年间知县王晜的话也许能代表地方的声音,"夫岛,宁境也。牧民者,民所是牧,何择于岛"①,这种希望破除海洋阻隔以"牧民"为宗旨在海

---

① 《新宁县志》卷1《民俗册·岛居》,乾隆三年刻本,第321页。

岛进行民事管理的愿望既和王朝此时在海岛派驻文官、设置行政区域有关，也和民众海岛开拓的规模增大有关。对岛民管理的强化甚至被地方官认为是防御之本，乾隆四十七年（1782）任南澳海防同知的齐翀认为防守有三要：第一，"严哨巡、简卒伍、利器械、葺戈船，此防之具也"；第二，"修封疆、守要害，踆堑隧、谨禁防，此防之事也"；第三，"务农、足食、通商、惠工、敬教、勤学、授方、任能，此防之本也"①。在他看来，海岛设镇驻守并不能称为防守，防守之本在于民事管理的完备和成熟。

统治者对海岛"牧民"的强调主要目的在于宁谧海疆，这最终也影响了地方士人对海疆的理解，雍正年间新安知县王暠指出，"今之岛民生于海长于海，皆海戍也，岛也，而垒矣"②。针对炮台在海汊两旁的状况，乾隆《新宁县志》的编纂者将展界初与乾隆朝的沿海防御相比较："时因海氛未靖，迁移沿海居民，是以炮台分布于海汊两旁，而置岛屿险要于不顾。今则户口日增，海岛尽属内地，宜于昔者，不宜于今。若不因时变通，是居民在外，而炮台在内。犹之防守者，重堂檐而轻门户也。"③这段材料清晰地表明岛民管理对海疆拓展的重要作用。

嘉庆《太仓州志》编纂者同样将州属海岛纳入版图之内，"旧志不列洋面，予以崇为州属邑，崇境皆州境也，洋面距邑远者至七八百里，去州且千里，其中海岛纷峙，吾州属之行货于海道者，咸往来出入于其间，而司牧者或慢不加察，岂为民父母之意哉？因于行县时，亲至海口访之识海道者，尽得其曲折以归，旋取营汛所绘之图，目营手画，辨其方位，论其讹误，又参崇邑详案之有涉于洋面者，互相考核，而洋面始有确然可据之界，因附识于此"④。可见，不能遗岛民于化外是海岛纳入国家疆域的重要原因，嘉庆《新安县志》也持同样的观点：

---

①　《南澳志》"序"，乾隆四十八年刻本，第5页。

②　（清）王暠修，陈份纂：《新宁县志》卷1《民俗册·岛居》，乾隆三年刻本，第321页。

③　（清）王暠修，陈份纂：《新宁县志》卷2《兵防册》，乾隆三年刻本，第392页。

④　（清）王昶等纂修：《直隶太仓州志》卷18《水利上·洋面》，嘉庆七年刻本，第302页。

按新安形势，与他处海疆不同，盖他处以抵海而止，而新安则海外岛屿甚多，其下皆有村落，固不能不合计海面，而遗居民于幅员之外也。且以四至定县治，不能以县治定四至，故须统计海洋。开方画界，旧志但即县治陆地而论，此四至八到皆不足凭，即以正南言之，旧志谓抵佛堂门，而佛堂外如蒲台、长洲、大屿山、担杆山各处居民竟不得隶于新安版图乎？府志亦谓新安南抵海四十里，而新安县城外即海，则至海四十里之说亦误。今就现在形势合计海陆，酌定里数，而海面则以极尽处之山为止。①

乾嘉之际，地方士人刻意将海岛纳入州县版图，不仅和岛民的开拓有关，也与王朝将岛民纳入管辖有关。而如上文所述，王朝最终将岛民编户，原本就是对民间开拓海洋疆土的认可，这两者之间是不断互动和调试的过程。

道光以后，在西方人不断从海上威胁中国领土之时，将岛民纳入管理以增强海疆防守的观念得到更充分的发展，士大夫吴曾英（1828—1875）曾发出在沿海岛屿设置郡县以建立海上长城的呼吁：

沿海之沙洲岛屿极多，而悬海之府、厅、州、县极少，长此听其荒废，弃而不守，或永为逋逃渊薮，或如澳门、香港被外夷垂涎占据，可虑亦可惜，如就幅员广狭悉设郡邑，大者分治数县，小者合治一县，俾小民开垦升科，立子孙长久之业，茧丝保障亦足兵足食良图也。古人云：治险以狭，又云：一寸山河一寸金，诚不可忽。况今大海诸山皆饶鱼盐，财用足以供赋税裕度支，即使建置之初，不无耗费钱粮，断不至如西域新疆岁需协济，且彼悬海人多强悍，抚而用之，悉洋防劲卒也。沿海地皆回抱，环以扼之即海国长城也，此其为利于国家，岂浅鲜哉。②

---

① （清）舒懋官修，王崇熙纂：《新安县志》卷2《舆地略》，嘉庆二十四年刻本，第228—229页。

② （清）吴曾英：《设险守国论》，《皇朝经世文续编》卷72《兵政十一·地利上》，第1831—1833页。

另一方面，如文中所述，自康熙开海以来到乾隆末年对岛民居住权的逐步认可，外洋岛屿禁止民众居住的规定已发生了很大变化，如温州府乐昌县境的"外洋山岛曰东白、曰口筐、曰札不断、曰鲳鱼岙、曰山坪、曰鹿西共毗连六处"，嘉庆十二年（1807），"所有该六山烟户嗣后改归该（玉环）厅编查造报"①。对于此六岛之前的居民情况不得而知，但至少可说明内外洋作为民众能否居住的界限已经发生改变。甚至永行禁止的岛屿也并非无人樵采，兵弁贿纵渔户在禁岛私搭寮厂的现象难以避免②。据载，道光年间，"海中诸岛殆无有草莱不辟者，有禁之名无禁之实"③。晚清，在乾隆末年仍被列为禁岛的陈钱、马迹等"皆有居民，或数千人或数百人不等"，这些居民常以劫掠为业且有自己的首领，"每岛各有岛长，称曰柱首，一岛之事，皆柱首主之"，而此时官员已主张在这些"教化所不及"的岛屿上编行保甲、设立义学、宣讲圣谕④。清后期国家对岛民的管理面临着外敌入侵下海权意识的增强，笔者将在今后的研究继续深入探讨，必须承认的是，正是清前期的岛民管理为后来政府在海岛治理上的开拓提供了依据和可能。

总之，本书梳理了清前期王朝对岛民管理之策的演变过程，从决策者和推行者等不同人群的考察，力图呈现国家制度与地方官、士绅、普通民众之间复杂互动的面貌。学者杨国桢在探讨海盗和海洋社会秩序时指出，"海洋社会不遵守陆地社会规则，不按陆地社会常规运行，是沿海民众生存方式

① 　（清）闽浙总督阿林保、浙江巡抚清安泰：《奏请将温州府属外洋各山岛改隶玉环厅版图其洋面改归玉环营管辖事》，朱批奏折，档号：04-01-01-0503-044，缩微号：04-01-01-064-0668，嘉庆十二年九月初十日。此六山之前是否已经编查不得而知，仅查到其中五岛的大概位置，"东白山，在黄门山南隔海十里许，东西亘二十余里，中为山坪，西北为口筐隩，山麓有杨府庙，逾岭面南为鹿西可以避风泊船，东南为凤山头，重冈叠巘，仄径崎岖，又东为鲳鱼礁，折北有西金坑。嘉庆五年海寇林阿孙歼于此"，见《玉环厅志》卷1《舆地志》，光绪十四年增刻本，第42页。

② 　（清）署理两江总督萨载：《奏为遵旨审拟崇明镇标把总何德外委王大年贿纵渔户私搭寮厂捕鱼游击童天柱贿包庇事》，朱批奏折，档号：04-01-16-0074-015，缩微号：04-01-16-010-2758，乾隆四十六年六月初四日。

③ 　（清）吕璜：《南田弛禁议》（道光二年），王瑞成修：《宁海县志》卷17《艺文外编·议》，光绪二十八年刊本，成文出版社1975年版，第1575—1576页。

④ 　（清）丁日昌：《批复苏松太应道等核议水师章程》，《皇朝经世文编续编》卷90《兵政十六·海防》，第3295—3296页。

的另一种选择。还原海洋社会的生存状态，才能对海盗问题得出比较符合历史事实的理解"①，对岛民管理问题的研究亦是如此。笔者深深地感受到，尽管在传统中国，海洋开发最持久和普遍的形式即是海洋交通、海洋贸易和海洋捕捞，然于近海岛屿来说，地方和王朝却在尽力将其装扮成农业文明在海上的延伸。明清以来，海洋经济的发展使得这部分群体增长迅速，但在保守内缩的政治环境下，这部分人始终处在王朝正统化的边缘，甚至被视为"弃民"、"盗贼"。而且从农业文明的本位来看岛民，其驾船漂泊的生活方式也与王朝所宣扬的守本故土格格不入，记载岛民的史料也就稀少且分散，大多数的岛民消失于历史记忆之中。这样一来，即使有记载岛民的历史碎片，除了经过小农经济体系吸纳的半渔半农之民即是官府眼中"垂涎海利"的地棍刁民甚至"海寇"，这使得还原岛民本来的海洋特征变得十分困难，也导致本书在反映这一群体对国家政策的反应和推行情况存在很多局限性。

而且由于本书篇幅和笔者学力所限，无论是本书对王朝政策变迁的勾勒还是选取个案分析政策推行的实态，都无法将本书主旨完整呈现。正如本书强调，王朝政策依各岛的战略地位、发展程度、自然地理条件的差异而有区别，只有将不同海域不同岛屿军政设置、移民活动、经济开发、社区演变等历史过程联系起来，考察王朝政策在不同时期不同岛屿的推行变化，才能更加全面地把握近海岛屿岛民被纳入王朝国家的复杂而曲折的历程。故而，对于不同海岛上的岛民与王朝制度之间的互动关系，本书仅是抛砖之作，要全面把握清前期岛民管理的变化过程，这仅仅是一个开始。

---

① 杨国桢、张雅娟：《海盗与海洋社会权力——以 19 世纪初"大海盗"蔡牵为中心的考察》，《云南师范大学学报》2011 年第 3 期。

参考文献

一、正史与文集

(唐)刘恂:《岭表录异》,中华书局 1985 年版。

(宋)周去非:《岭外代答》,中华书局 1985 年版。

(宋)赵汝适:《诸藩志》,中华书局 1985 年版。

(宋)李昉等编:《太平广记》,中华书局 1961 年版。

(宋)范成大:《桂海虞衡志校注》,广西人民出版社 1986 年版。

(元)脱脱等:《宋史》,中华书局 1977 年版。

(元)马端临:《文献通考》,浙江古籍出版社 2000 年版。

(元)汪大渊著,苏继顾校释:《岛夷志略校释》,中华书局 1981 年版。

(元)赵世延:《大元海运记》,《续修四库全书》第 835 册,上海古籍出版社 2002 年版。

(明)宋濂等:《元史》,中华书局 1976 年版。

(明)胡广等:《明实录》,"中央研究院"历史语言研究所 1962 年版。

(明)申时行等修:《明会典》,万历朝重修本,中华书局 1989 年版。

(明)李东阳:《大明会典》,江苏广陵古籍刻印社影印出版,1989 年。

(明)李贤等:《大明一统志》,三秦出版社 1990 年版。

(明)张燮:《东西洋考》,中华书局 1985 年版。

(明)张升:《瀛涯胜览集》,中华书局 1991 年版。

(明)费信:《星槎胜览》,中华书局 1991 年版。

(明)顾玠:《海槎余录》,《明代笔记小说》第 25 册,河北教育出版社 1995 年版。

(明)沈德符:《万历野获编》,中华书局 1959 年版。

(明)王在晋:《海防纂要》,《续修四库全书》第 739 册,上海古籍出版社 2002 年版。

(明)王在晋:《三朝辽事实录》,全国图书馆文献缩微复制中心 2002 年版。

(明)戚继光:《纪效新书》,中华书局 1991 年版。

(明)俞大猷:《正气堂集》,《四库未收书辑刊》第 20 册,北京出版社 2000 年版。

（明）应槚纂，刘尧海重纂：《苍梧总督军门志》，台湾学生书局 1970 年版。

（明）叶盛：《水东日记》，中华书局 1980 年版。

（明）王士性：《广志绎》，《四库全书存目丛书》第 251 册，齐鲁书社 1997 年版。

（明）顾炎武：《肇域志》，上海古籍出版社 2004 年版。

（明）顾炎武：《天下郡国利病书》，《四部丛刊》，上海书店出版社 1985 年版。

（明）郑若曾著，李致忠点校：《筹海图编》，中华书局 2007 年版。

（明）郑若曾著，邓钟重辑：《筹海重编》，《四库全书存目丛书》第 227 册，齐鲁书社 1996 年版。

（明）郑若曾：《郑开阳杂著》，国学图书馆 1932 年版。

（明）梁梦龙：《海运新考》，《四库全书存目丛书》第 274 册，齐鲁书社 1996 年版。

（明）姚虞：《岭海舆图》，中华书局 1985 年版。

（明）黄省曾著，谢方校注：《西洋朝贡典录校注》，中华书局 2000 年版。

（明）陈子龙辑：《皇明经世文编》，上海古籍出版社 2002 年版。

（明）周亮工：《闽小记》，成文出版社 1975 年版。

（清）张廷玉等：《明史》，中华书局 1974 年版。

（清）允禄等监修：《大清会典》，文海出版社 1995 年版。

（清）昆冈续修：《清会典》，商务印书馆 1936 年版。

（清）赵尔巽等：《清史稿》，中华书局 1976 年版。

（清）和珅重纂：《大清一统志》，上海赛善斋，光绪年石印本（线装）。

（清）胡林翼、严树森撰：《大清一统舆图》，全国图书馆文献缩微复制中心 2003 年版。

（清）陈梦雷辑：《古今图书集成》，台湾学生书局 1989 年版。

（清）席裕福辑：《皇朝政典类纂》，文海出版社 1982 年版。

《清实录》，中华书局 1986 年版。

（清）贺长龄等编：《清经世文编》，中华书局 1992 年版。

（清）葛士濬辑：《皇朝经世文续编》，文海出版社 1972 年版。

（清）盛康辑：《皇朝经世文编续编》，文海出版社 1980 年版。

（清）托津等奉敕纂：《钦定大清会典事例》，文海出版社 1992 年版。

《清会典事例》，中华书局影印本，1991 年。

（清）乾隆官修：《清朝通志》，浙江古籍出版社 2000 年版。

（清）乾隆官修：《清朝通典》，浙江古籍出版社 2000 年版。

（清）允禄等监修：《大清会典》，文海出版社 1994 年版。

（清）乾隆官修：《续文献通考》，浙江古籍出版社 2000 年版。

（清）乾隆官修：《清朝文献通考》，浙江古籍出版社 2000 年版。

刘锦藻：《清朝续文献通考》，浙江古籍出版社 2000 年版。

（清）方略馆编：《清代方略全书》，北京图书馆出版社 2006 年版。

（清）顾祖禹：《读史方舆纪要》，中华书局 2005 年版。

（清）施鸿保：《闽杂记》，福建人民出版社 1985 年版。

（清）李士桢：《抚粤政略》，文海出版社 1988 年版。

（清）张泰交：《受祜堂集》，康熙四十五年刻本。

（清）杏花樵子编辑：《粤匪始末纪略》，据同治间抄本影印。

（清）谢清高口述，杨炳南笔录：《海录》，中华书局 1985 年版。

（清）翁洲老民：《海东逸史》，浙江古籍出版社 1985 年版。

（清）张渠著、程明校点：《粤东闻见录》，广东高等教育出版社 1990 年版。

（清）陈微言著，谭赤子校点：《南越游记》，广东高等教育出版社 1990 年版。

（清）刘统勋：《大清律例》，海南出版社 2000 年版。

（清）龙文彬：《明会要》，中华书局 1998 年版。

（清）梁廷枏：《夷氛闻记》，邵循正点校，中华书局 1959 年版。

（清）梁廷枏：《粤海关志》，袁钟仁校注，广东人民出版社 2002 年版。

（清）梁廷枏：《海国图说》，中华书局 1993 年版。

（清）阮旻锡：《海上见闻录定本》，福建人民出版社 1982 年版。

（清）杜臻：《粤闽巡视纪略》，文海出版社 1983 年版。

（清）杜臻：《海防述略》，《四库全书存目丛书》第 227 册，齐鲁书社 1996 年版。

（清）芍唐居士：《防海纪略》，文海出版社 2003 年版。

（清）吴伟业：《绥寇纪略》，上海古籍出版社 1992 年版。

（清）卢坤、邓廷桢主编：《广东海防汇览》，河北人民出版社 2009 年版。

（清）施琅：《靖海纪事》，王铎全校注，福建人民出版社 1984 年版。

（清）陈良弼：《水师辑要》，《续修四库全书》第 860 册，上海古籍出版社 2002 年版。

（清）严如熤辑：《洋防辑要》，道光十八年刻本，台湾学生书局 1967 年版。

（清）朱正元辑：《江苏沿海图说》，光绪二十五年刊本，成文出版社 1974 年版。

（清）朱正元辑：《浙江沿海图说》，光绪二十五年刊本，成文出版社 1974 年版。

（清）朱正元辑：《福建沿海图说》，光绪二十八年，上海铅印本。

乾隆《广东海图》，岭南美术出版社 2006 年版。

（清）李曾阶：《外海纪要》，《续修四库全书》第 860 册，上海古籍出版社 2002 年版。

（清）蓝鼎元：《鹿洲初集》，文海出版社 1977 年版。

（清）蓝鼎元：《东征集》，文海出版社 1977 年版。

（清）蓝鼎元：《平台纪略》（附《鹿洲奏疏》），文海出版社 1977 年版。

（清）朱景英：《海东札记》，众文图书公司 1979 年版。

（清）屈大均：《广东新语》，中华书局 1997 年重印。

（清）李调元：《粤东笔记》、《粤风》、《南越笔记》，《中国风土志丛刊》第 56、57 册，广陵书社 2003 年版。

（清）徐栋：《保甲书》，《续修四库全书》第 859 册，上海古籍出版社 2002 年版。

（清）徐继畬：《瀛环志略》，中华全国图书馆文献缩微复制中心 2000 年版。

（清）姚莹：《东槎纪略》，文海出版社 1980 年版。

（清）佚名编纂：《夷匪犯境闻见录》，中华全国图书馆文献缩微复制中心 1995 年版。

［英］C.R.博克舍编注，何高济译：《十六世纪中国南部行纪》，中华书局 1990 年版。

［意］利玛窦著，何高济、王遵仲、李申译：《利玛窦中国札记》，中华书局 1983 年版。

［阿拉伯］伊本·胡尔达兹比赫：《道里邦国志》，中华书局 1991 年版。

［罗］米列斯库：《中国漫记》，中华书局 1990 年版。

［西班牙］门多萨：《中华大帝国史》，中华书局 1998 年版。

［荷］邦特库：《东印度航海记》，中华书局 2001 年版。

［英］马戛尔尼：《一七九三乾隆英使觐见记》，天津人民出版社 2006 年版。

二、方 志

（明）何汝宾：《舟山志》，天启六年刊本。

（清）张垣熊：《特开玉环志》，雍正十年修。

（清）杜冠英修、吕鸿焘纂：《玉环厅志》，光绪十四年增刻本。

（清）齐翀纂修：《南澳志》，乾隆四十八年刻本。

（清）薛起凤等纂：《鹭江志》，乾隆三十四年修。

（清）陈振藻纂辑：《铜山志》，乾隆十六年初稿，二十五年删定。

（清）史志驯等修，陈重威等纂：《定海厅志》，光绪十一年刻本。

陈训正、马瀛等纂：《定海县志》，民国十三年铅印本。

（清）万友正纂修：《马巷厅志》，乾隆四十二年修，光绪十九年补刊本。

（清）朱衣点修，黄国彝等纂：《重修崇明县志》，康熙二十年刻本。

（清）李联秀纂，林达泉等修：《崇明县志》，光绪七年刊本。

王清穆修，曹炳麟纂：《崇明县志》，民国十九年刻本。

左树瓘修，刘敬纂：《金门县志》，民国十年修。

（清）宋廷模编：《平潭厅乡土志略》，光绪三十二年铅印本抄本。

黄履思修纂：《平潭县志》，民国十二年铅印本。

《中国海岛志》编纂委员会：《中国海岛志》，海洋出版社 2013 年版。

注：元明清及民国沿海各省通志、府、州、县、厅志百余种，具体名目及版本详见正文尾注，此处从略。

三、档案及史料汇编

中国第一历史档案馆编：《康熙朝汉文朱批奏折汇编》，档案出版社 1984—1985 年版。

中国第一历史档案馆编译：《康熙朝满文朱批奏折全译》，中国社会科学出版社 1996 年版。

中国第一历史档案馆编：《雍正朝汉文朱批奏折汇编》，江苏古籍出版社 1989—1991 年版。

中国第一历史档案馆译编:《雍正朝满文朱批奏折全译》,黄山书社 1998 年版。

台北故宫博物院编:《宫中档康熙朝奏折》,1977 年。

台北故宫博物院编:《宫中档雍正朝奏折》,1977—1978 年。

台北故宫博物院编:《宫中档乾隆朝奏折》,1984—1985 年。

(清)鄂尔泰等编:《雍正朱批谕旨》,北京图书馆出版社 2008 年版。

中国第一历史档案馆编:《英使马嘎尔尼访华档案史料汇编》,国际文化出版公司 1996 年版。

中国第一历史档案馆编:《乾隆朝上谕档》,中国档案出版社 1998 年版。

中国第一历史档案馆编:《乾隆朝军机处随手登记档》,广西师范大学版社 2000 年版。

中国第一历史档案馆编:《嘉庆道光两朝上谕档》,广西师范大学出版社 2000 年版。

全国图书馆文献缩微复制中心编:《剿平蔡牵奏稿》,《国家图书馆藏历史档案文献丛刊》,全国图书馆文献缩微复制中心 2004 年版。

(清)章佳容安辑:《那文毅公(彦成)两广总督奏议》,《近代中国史料丛刊》正编第二十一辑,文海出版社 1968 年版。

中国第一历史档案馆:《清代档案史料丛编》,中华书局 1981 年版。

朱彭寿著,朱鳌、宋苓珠整理:《清代大学士部院大臣总督巡抚全录》,国家图书馆出版社 2010 年版。

中国第一历史档案馆:《清代中国与东南亚各国关系档案史料汇编》,国际文化出版公司 1998 年版。

中国第一历史档案馆:《清宫粤港澳商贸档案全集》,中国书店出版社 2002 年版。

中国第一历史档案馆:《香港历史问题档案图录》,生活·读书·新知三联书店 1996 年版。

秦国经主编:《中国第一历史档案馆馆藏清代官员履历档案全编》,华东师范大学出版社 1997 年版。

张伟仁主编:《明清档案》,台湾"中央研究院"历史语言研究所 1986—1995 年版。

中国人民大学清史研究所、中国第一历史档案馆合编:《天地会》,中国人民大学出版社 1986 年版。

厦门大学台湾研究所、中国第一历史档案馆编辑部编:《郑成功满文档案史料选译》,福建人民出版社 1987 年版。

牛鉴:《鸦片战事奏档》,全国图书馆文献缩微复制中心 2006 年版。

谭棣华编著:《广东碑刻集》,广东高等教育出版社 2001 年版。

朱保炯、谢沛霖编:《明清进士题名录索引》,文海出版社 1981 年版。

中国第二历史档案馆编:《中国海关史料》,京华出版社 2001 年版。

郑鹤声、郑一钧编:《郑和下西洋资料汇编》,齐鲁书社 1984 年版。

沈云龙选辑:《明清史料汇编》,文海出版社 1967 年版。

台湾"中央研究院"历史语言研究所编:《明清史料》,北京图书馆出版社 2008 年版。

张星烺编注：《中西交通史料汇编》，中华书局 1977 年版。

吴晗辑：《朝鲜李朝实录中的中国史料》，中华书局 1980 年版。

厦门大学台湾研究所、中国第一历史档案馆编：《康熙统一台湾档案史料选辑》，福建人民出版社 1983 年版。

福建师大郑成功史料编辑组：《郑成功史料选编》，福建教育出版社 1982 年版。

《台湾文献史料丛刊》，大通书局 2000 年版。

陈支平主编：《台湾文献汇刊》，厦门大学出版社、九州出版社 2004 年版。

中国社会科学院中国边疆史地研究中心编：《中国边疆史地资料丛刊》，全国图书馆文献缩微中心 1988 年版。

北海市地方志办公室编：《北海史稿汇纂》，方志出版社 2006 年版。

李毓澍主编：《近代史料丛书汇编》，大通书局 1968 年版。

天龙长城文化艺术公司编：《海疆史志》，全国图书馆文献缩微复制中心 2005 年版。

四、族　谱

《朱氏族谱》，光绪二十六年朱下瀚修辑，2007 年影印本（广州南沙区塘坑村朱氏后人藏）。

施德馨纂辑，施世纶补辑：《浔海施氏大宗族谱》，《台湾关系族谱丛书》第 1 种，龙文出版社 1993 年版。

《武功郡苏氏宗谱（玉环）》，1948 年重修（中山大学吴滔教授惠赠）。

《高桥李氏宗谱（玉环）》，2004 年重修（同上）。

《玉环县三合潭西山周氏宗谱》，1992 年重修（同上）。

《廉江黄氏族谱·竹围支谱》，1994 年据嘉靖、光绪老谱重修，（防城港冲口村黄氏后人藏）。

《豪丫黄氏族谱》，1995 年（防城港黄昭荣存，厦门大学杜树海副教授惠赠）。

温华湛编：《新会王井头温氏族谱》，1996 年（顺德市方志办公室藏）。

五、研究论著

常建华：《清代的国家与社会研究》，人民出版社 2006 年版。

刘志伟：《在国家与社会之间——明清里甲广东赋役制度研究》，中山大学出版社 1997 年版。

张研：《十八世纪的中国社会》，昭明出版社 2000 年版。

张研：《17—19 世纪中国的人口与生存环境》，黄山书社 2008 年版。

萧琼瑞：《岛民·风俗·画——十八世纪台湾原住民生活图像》，东大图书公司 1999 年版。

孙喆：《康雍乾时期舆图绘制与疆域形成研究》，中国人民大学出版社 2003 年版。

高王凌：《活着的传统：十八世纪中国的经济发展和政府政策》，北京大学出版社

2005 年版。

杨启樵:《雍正帝及其密折制度研究》,广东人民出版社 1983 年版。

庄吉发:《清代奏折制度》,故宫博物院 1979 年版。

张仲礼:《中国绅士研究》,上海人民出版社 2008 年版。

秦宝琦、孟超:《秘密结社与清代社会》,天津古籍出版社 2008 年版。

陈桦编著:《多元视野下的清代社会》,黄山书社 2008 年版。

尹树国:《盛衰之界:康雍乾时期国家行政效率研究》,黄山书社 2008 年版。

杨文鹤主编:《中国海岛》,海洋出版社 2000 年版。

李文治、江太新:《清代漕运》,中华书局 1995 年版。

倪玉平:《清代漕粮海运与社会变迁》,上海书店出版社 2005 年版。

李士豪、屈若搴:《中国渔业史》,商务印书馆 1965 年版。

丛子明、李挺:《中国渔业史》,中国科学技术出版社 1993 年版。

欧阳宗书:《海上人家:海洋渔业经济与渔民社会》,江西高校出版社 1998 年版。

曾仰丰:《中国盐政史》,商务印书馆 1936 年版,1998 年影印。

郭正忠主编:《中国盐业史》,人民出版社 1997 年版。

唐志拔:《中国舰船史》,海军出版社 1989 年版。

叶显恩主编:《广东航运史(古代部分)》,人民交通出版社 1989 年版。

孙光圻:《中国古代航海史》,海洋出版社 1989 年版。

杨国桢:《闽在海中——追寻福建海洋发展史》,江西高校出版社 1998 年版。

黄公勉、杨金森编著:《中国历史海洋经济地理》,海洋出版社 1985 年版。

张耀光:《中国海洋政治地理学》,科学出版社 2004 年版。

王赛时:《山东沿海开发史》,齐鲁书社 2005 年版。

杨强:《北洋之利:古代渤黄海区域的海洋经济》,江西高校出版社 2005 年版。

吕淑梅:《陆岛网路:台湾海港的兴起》,江西高校出版社 1999 年版。

蓝崇钰、王勇军等:《广东内伶仃岛自然资源与生态研究》,中国林业出版社 2001
年版。

姜彬主编:《东海岛屿文化与民俗》,上海文艺出版社 2005 年版。

李庆新:《滨海之地:南海贸易与中外关系史研究》,中华书局 2010 年版。

司徒尚纪:《中国南海海洋文化》,中山大学出版社 2009 年版。

司徒尚纪:《岭南海洋国土》,广东人民出版社 1991 年版。

张炜、方堃主编:《中国海疆通史》,中州古籍出版社 2003 年版。

安京:《中国古代海疆史纲》,黑龙江教育出版社 1988 年版。

王日根:《明清海疆政策与中国社会发展》,福建人民出版社 2006 年版。

马汝珩、马大正主编:《清代的边疆政策》,中国社会科学出版社 1994 年版。

马大正主编:《中国边疆研究经略史》,中州古籍出版社 2002 年版。

章永俊:《鸦片战争前后中国边疆史地学思》,黄山书社 2009 年版。

马楚坚:《明清边政与治乱》,天津人民出版社 1994 年版。

顾颉刚、史念海：《中国疆域沿革史》，商务印书馆1999年版。

张耀光编著：《中国边疆地理》（海疆），科学出版社2001年版。

曾昭璇：《岭南史地与民俗》，广东人民出版社1994年版。

陈序经：《蛋民的研究》，商务印书馆1946年版。

秦璞、徐桂兰：《河蛋与海蛋珠蛋》，黑龙江人民出版社2009年版。

黄新美：《珠江口水上居民（疍家）的研究》，中山大学出版社1990年版。

杨熙：《清代台湾：政策与社会变迁》，台湾天工书局1985年版。

李金强：《区域研究——清代福建史稿》，香港教育图书公司1996年版。

李文治：《晚明民变》，上海书店出版社1989年版。

谢国桢：《南明史略》，上海人民出版社1957年版。

曹树基：《中国人口史·清时期》，复旦大学出版社2001年版。

杨国桢等：《明清中国沿海社会与海外移民》，高等教育出版社1997年版。

葛剑雄：《中国移民史》，五南图书出版事业公司2005年版。

瞿同祖：《清代地方政府》，法律出版社2011年版。

萧公权：《中国乡村：论19世纪的帝国控制》，联经出版公司2014年版。

周振鹤：《地方行政制度志》，上海人民出版社1998年版。

黄鸿钊：《澳门同知与近代澳门》，广东人民出版社2006年版。

黄中青：《明代的水寨与游兵》，宜兰（台北市）明史研究小组1990年版。

张铁牛、高晓星：《中国古代海军史》，八一出版社1993年版。

史滇生主编：《中国海军史概要》，海潮出版社2006年版。

王宏斌：《清代前期海防：思想与制度》，社会科学文献出版社2002年版。

杨金森、范中义：《中国海防史》（上、下册），海洋出版社2005年版。

鲁延召：《明清伶仃洋区域海防地理研究》，人民日报出版社2014年版。

郑广南：《中国海盗史》，华东理工大学出版社1998年版。

余光弘：《清代的班兵与移民：澎湖的个案研究》，稻田出版社1998年版。

万明：《中国融入世界的步履——明与清前期海外政策比较研究》，社会科学文献出版社2000年版。

晁中辰：《明代海禁与海外贸易》，人民出版社2005年版。

林仁川：《明末清初私人海上贸易》，华东师范大学出版社1987年版。

欧阳琛等：《明清中央集权与地域经济》，中国社会科学出版社2002年版。

马楚坚：《明清边政与治乱》，天津人民出版社1994年版。

陈尚胜：《开放与闭关——中国封建晚期对外关系研究》，山东人民出版社1993年版。

陈尚胜：《怀夷与抑商——明代海洋力量兴衰研究》，山东人民出版社1997年版。

中国海洋发展史论文集编辑委员会编：《中国海洋发展史论文集》，"中央研究院"三民主义研究所1984年版。

中国海洋发展史论文集编辑委员会编：《中国海洋发展史论文集》第二辑，"中央研究院"三民主义研究所 1985 年版。

张炎宪主编:《中国海洋发展史论文集》第三辑,"中央研究所"三民主义研究所 1989 年版。

吴健雄主编:《中国海洋发展史论文集》第四辑,"中央研究院"中山人文社会科学研究所 1991 年版。

张彬村、刘石吉主编:《中国海洋发展史论文集》第五辑,"中央研究院"中山人文社会科学研究所 1993 年版。

张炎宪主编:《中国海洋发展史论文集》第六辑,"中央研究院"中山人文社会科学研究所 1997 年版。

汤熙勇主编:《中国海洋发展史论文集》第七辑(上、下),"中央研究院"中山人文社会科学研究所 1999 年版。

朱德兰主编:《中国海洋发展史论文集》第八辑,"中央研究院"中山人文社会科学研究所 2002 年版。

刘序枫主编:《中国海洋发展史论文集》第九辑,"中央研究院中"中山人文社会科学研究所 2005 年版。

汤熙勇主编:《中国海洋发展史论文集》第十辑,"中央研究院"中山人文社会科学研究所 2008 年版。

曹永和:《中国海洋史论集》,联经出版事业公司 2000 年版。

李庆新主编:《海洋史研究》(一至八辑),社会科学文献出版社 2010—2015 年版。

刘志伟:《大洲岛的神庙与社区关系》,刊郑振满、陈春声主编《民间信仰与社会空间》,福建人民出版社 2003 年版,第 415—437 页。

[英]R.G.柯林武德著,何兆武、张文杰译:《历史的观念》,中国社会科学出版社 1987 年版。

[英]莫里斯·弗里德曼著,刘晓春译:《中国东南的宗族组织》,上海人民出版社 2000 年版。

[英]格林堡著,康成译:《鸦片战争前中英贸易通商史》,商务印书馆 1961 年版。

[英]华德英:《从人类学看香港社会——华德英教授论文集》,大学出版印务公司 1985 年版。

[美]牟复礼、[英]崔瑞德编:《剑桥中国清代史》,中国社会科学出版社 1998 年版。

[美]马汉著,安常荣等译:《海权对历史的影响 1660—1783》,解放军出版社 2006 年版。

[美]何柄棣:《明初以降人口及相关问题(1368—1953)》,生活·读书·新知三联书店 2000 年版。

[美]曾小萍著,董建中译:《州县官的银两——18 世纪中国的合理化财政改革》,中国人民大学出版社 2005 年版。

[美]韩书瑞、罗友枝著,陈仲丹译:《18 世纪中国社会》,江苏人民出版社 2009 年版。

[美]穆黛安著,刘平译:《华南海盗(1790—1810)》,中国社会科学出版社 1997

年版。

〔美〕魏斐德著,王小荷译:《大门口的陌生人:1839—1861 年间华南的社会动乱》,中国社会科学出版社 1988 年版。

〔美〕魏斐德著,陈苏镇、薄小宝译:《洪业:清朝开国史》,江苏人民出版社 2010年版。

〔美〕王业键著,高风等译,高王凌、黄莹珏审校:《清代田赋刍论》,人民出版社 2008年版。

〔美〕马士著,区宗华译:《东印度公司对华贸易编年史》,中山大学出版社 1991年版。

〔美〕马士著,张汇文译:《中华帝国对外关系史》,上海书店出版社 2000 年版。

后　记

本书能够顺利付梓,得益于杨国桢先生的大力支持。先生在海洋史学理论与海洋史学队伍的培养中筚路蓝缕,高掌远跖。拙作通过面谈或是电话的方式得到先生的诸多宝贵意见,感念之情,难以言表。

本书由我的博士论文修改完成,暨南大学刘正刚教授对我的成长付出了很多心血。2007年蒙老师不弃,被收入门下攻读明清史专业硕士,后又硕博连读。博士一年级时,业师建议我从广东地方社会的研究转入海洋史研究。这个领域涉及层面庞杂,研究成果丰硕,让学力浅薄的我尝到了很多艰辛,但此后我在学习和研究中看到的广阔天地让我对业师的指引感念万分。在校期间,业师以其严谨的治学方式推助着我学术意识的成长,让我逐渐领悟到历史研究的意蕴和趣味。毕业后,业师仍不断在学术上给予我督促与鼓励,让我能时时自省。

毕业后进入广东省社科院历史所工作,所长李庆新研究员对我的谆谆教诲与悉心栽培,铭感于心。他所创建的广东海洋史研究中心有着优秀的研究队伍和严谨融洽的学术氛围,能够成为其中的一员,我倍感荣幸。在此,也要感谢历史所每一位师友对我工作与生活上的关怀与帮助。其中,徐素琴研究员、陈贤波研究员、周鑫副研究员曾对该书的部分内容提出过意见,感谢他们。

此外,感谢暨南大学李龙潜教授、张其凡教授、勾利军教授、郭声波教授、范立舟教授、吴宏岐教授、王元林教授、马建春教授、张廷茂教授,中山大学黄国信教授、温春来教授、吴滔教授,南昌大学黄志繁教授等诸位老师的教导之恩。感谢暨南大学图书馆特藏室罗志欢老师及其他工作人员的热忱相助。也要感谢乔玉红、黄建华、张曼、孙靖国、刘文霞、叶锦花、李晓龙、李贝贝、张慧、刘兴亮、魏超、刘黎等诸位学长与友人的真挚情谊与慷慨相助。

这本书能够面世，特别要感谢我的先生贺志鹏多年来的理解与包容、分担与分享。感谢我的父母和公婆一直以来的默默支持。家人无私的爱是我不断前行的动力，感谢那些晴雨与共的时光。

最后，感谢人民出版社赵圣涛编辑的辛苦付出，谨此一并致谢！

王　潞

2015 年 9 月写于广州

责任编辑:赵圣涛
封面设计:肖　辉　孙文君
责任校对:吕　飞

图书在版编目(CIP)数据

中国海洋文明专题研究:1—10卷/杨国桢 主编. —北京:人民出版社,2016.7
ISBN 978－7－01－016291－1

Ⅰ.①中⋯　Ⅱ.①杨⋯　Ⅲ.①海洋-文化史-研究-中国　Ⅳ.①P7－092

中国版本图书馆 CIP 数据核字(2016)第 121822 号

中国海洋文明专题研究

ZHONGGUO HAIYANG WENMING ZHUANTI YANJIU

(1—10卷)

杨国桢　主编

人民出版社 出版发行

(100706　北京市东城区隆福寺街99号)

北京新华印刷有限公司印刷　新华书店经销

2016 年 7 月第 1 版　2016 年 7 月北京第 1 次印刷
开本:710 毫米×1000 毫米 1/16　印张:183.75
字数:3000 千字　印数:0,001－3,000 册

ISBN 978－7－01－016291－1　定价:698.00 元(全 10 卷)

邮购地址 100706　北京市东城区隆福寺街 99 号
人民东方图书销售中心　电话 (010)65250042　65289539